刘敦桢全集

第三卷

中国建筑工业出版社

图书在版编目（CIP）数据

刘敦桢全集. 第三卷／刘敦桢著 .—北京：中国建
筑工业出版社，2007

ISBN 978-7-112-08978-9

Ⅰ. 刘 … Ⅱ. 刘 … Ⅲ. 古建筑－中国－文集
Ⅳ.TU-092.2

中国版本图书馆 CIP 数据核字 (2007) 第 001067 号

　　本卷收录了刘敦桢先生 1936 年至 1940 年期间发表的论文及著作，主要内容有：苏州古建筑调查记；河北古建筑调查
笔记；河南古建筑调查笔记；龙门石窟调查笔记；河南、陕西两省古建筑调查笔记；云南西北部古建筑调查日记；川、康
古建筑调查日记等。

　　本书可供有关专业师生、建筑设计人员、建筑历史及理论研究人员等参考。

责任编辑：许顺法　王莉慧
责任设计：冯彝诤　赵明霞
责任校对：孟　楠　兰曼利

刘 敦 桢 全 集

第三卷

＊

中国建筑工业出版社出版、发行(北京西郊百万庄)
各地新华书店、建筑书店经销
北京广厦京港图文有限公司制作
北京中科印刷有限公司印刷

＊

开本：880×1230 毫米　1/16　印张：21$\frac{1}{2}$　字数：635 千字
2007 年 10 月第一版　　2007 年 10 月第一次印刷
印数：1-2500 册　定价：**73.00** 元
ISBN 978-7-112-08978-9

(15642)

出版说明

刘敦桢先生（1897-1968年）是我国著名建筑史学家和建筑教育家，曾毕生致力于中国及东方建筑史的研究，著有大量的学术论文和专著，培养了一大批建筑学和建筑史专业的人才。今年恰逢刘敦桢先生诞辰110周年，值此，我社正式出版并在全国发行《刘敦桢全集》（共10卷），这是我国建筑学界的一件大事，具有重要的意义，也是对建筑学术界的重大贡献。作为全集的出版单位，我们深感荣幸和欣慰。

《刘敦桢全集》收录了刘敦桢先生全部的学术论文和专著，包括了以往出版的《刘敦桢文集》（4卷）中的全部文章、《苏州古典园林》、《中国住宅概说》、《中国古代建筑史》（刘敦桢主编）和未曾出版的一些重要的文章、手迹。全集展示了刘敦桢先生在中国传统建筑理论著述、文献考证、工程技术文献研究、古建筑和传统园林实地调研等多方面的成就，反映了刘敦桢先生在文献考证方面的功力和严谨的学风，也表现了他在利用文献考证古代建筑方面所作出的卓越贡献。《刘敦桢全集》无疑是一份宝贵的学术遗产，具有非常珍贵的历史文献价值。对于推动我国建筑史学科的发展，传承我国优秀的传统建筑文化，将起非常重要的推动作用。

全集前九卷收入的文章是按照成稿的时间顺序而相应编入各卷的。

第一卷编入了1928～1933年间撰写的对古建筑的研究文章和调查记等。

第二卷编入了1933～1935年间撰写的对古建筑调查报告和研究文章等。

第三卷编入了1936～1940年间撰写的对古建筑的调查笔记、日记和研究文章。

第四卷编入了1940～1961年间撰写的对古建筑调查报告和研究文章等。

第五卷编入了1961～1963年间撰写的对古建筑、园林等方面的研究文章以及关于《中国古代建筑史》编辑工作的信函等。

第六卷编入了1943～1964年间撰写的中国古代建筑史教案及1965年间写的古建筑研究文章。

第七卷编入了《中国住宅概说》和《中国建筑史参考图》。

第八卷是《苏州古典园林》。

第九卷是刘敦桢先生主编的《中国古代建筑史》。

第十卷编入了未曾发表过的对古建筑的研究文章、生平大事、著作目录、部分建筑设计作品以及若干文稿手迹与生前照片等。

为了全集的出版，哲嗣刘叙杰教授尽最大可能收集了尚未出版过的遗著，并花费了大量的心血对全集所有的内容进行了精心整理，包括编修校核已有文稿、补充缺失图片以及改补文稿中的错漏等，对于全集的出版给予了大力支持。同时，在全集的出版过程中，我社各部门通力合作，尽了最大努力。但由于编校仓促，难免有不妥和错误之处，敬请读者指正。

中国建筑工业出版社

2007年9月

目 录

苏州古建筑调查记 *

记　游

民国 25 年（公元 1936 年）夏，余因暑期休假之便，南游新都，盘桓旬日，意犹未阑，忽忆金、阊名迹，相距密迩，复为苏州之游。八月九日，搭沪宁车东行，晚九时，抵苏州站；雇车入平门，寓新苏饭店。其地旧北局也，近岁辟为商场，市声嘈杂，午夜犹未稍息。翌晨，天微雨，首游玄妙观。有三清殿者，建于南宋淳熙间（公元 1174～1189 年），重檐九间，外列石柱，厥状甚伟；而内部中央数间，施上昂及插栱，尤为海内不易多睹之例，无意获之，惊喜无艺。午后趋车出金门，沿山塘，至虎丘；山门附近，妇孺售土物者纷随左右，清旷之景，为之嚣然。次二山门，柱上无普拍枋，内部次间，复于斗栱后尾各施平闇。就余所知，自河北蓟县辽独乐寺观音阁与山西五台山佛光寺外，此门与之鼎足而三耳。自门后陟蹬道，至千人石，观周显德石幢及明金刚塔。次经剑池，上为云岩寺。其西砖塔七层，雄踞山巅，俗称虎丘塔者是已。时乍雨乍晴，湿气蒸郁，热不可耐。回忆十载前，月夜步剑池石梁上，野风吹裾，遥闻铃铎声，清越可爱，惘然竟如梦境焉。归途绕道平门，至护龙街北端，访报恩寺；寺之大殿，新构未久，规制虽宏，徒增伧俗，无足取也。惟殿北砖塔 9 层，宏壮雄丽，甲于苏城他刹。循级而登，南及石湖，西届天平，皆收眼底，为之徘徊浏览，不忍遽去。下塔返寓，已万家灯火矣。

十一日雨益剧，上午访城东双塔寺。寺久废，现改为双塔小学校。其东北有砖塔二基，檐牙凋落，古色斑驳，式样结构，审系宋构。嗣赴城西南瑞光寺，寺自太平天国后，佛殿僧寮存者什不及一，惟孤塔一座，矗立蔬圃中，就形制判之，亦天水旧物也。时大雨倾盆，乃至府文庙访宋平江、天文二碑。因遍观庙内建筑，仅大成殿上檐斗栱用上、下昂，尚存旧法，余无足述。午后观开元寺明无梁殿，即搭车返宁。

此行草草二日，涉猎所及，不啻万一。然双塔与玄妙观三清殿，未获详细测绘，萦系胸中，无时或已。返平后，出所摄像片示梁思成先生，相与惊诧，以为大江以南，一城之内，聚若许古物，舍杭州外，当推此为巨擘。适首都中央博物馆征求建筑图案，聘梁先生与余为审查员，因决计乘南行之便，再作第二次考察。

九月七日晨，与梁先生自南京同道赴苏城，寓城外铁路饭店。解装后，偕赴玄妙观、双塔、府文庙、开元寺等处视察。翌晨，社友卢树森、夏昌世二先生联袂莅苏参加工作，乃议先自园林建筑着手。是日凡调查怡园、拙政园、狮子林、汪园 ** 四处。前二者皆布局平凡，无特殊之点可供纪述。狮子林叠山传出倪瓒手者，亦曲径盘纡，崎岖险阻，了无生趣，与瓒平生行事，殊不相类。惟汪园结构特辟蹊径，在诸园中最为杰出。园在申衙前路北，题"耕荫义庄"，自庄门经甬道，至东北隅，有门西向。门内建方亭，下为小池一泓，横亘南北；池东假山峥嵘直上，纯用大劈法，其下析为幽谷，深窅婉转，势若天成。池北复构敞轩，一径蛇蟠，经小亭导至山巅，深树参差，蓊蔚四合，几忘置身尘市中。园为乾隆间蒋楫所建，全园面积，不足一亩，而深谷洞壑，落落大方，一洗世俗矫揉造作之弊，可云以少许胜多许者矣。

九日晨七时，自阊门乘长途汽车，经胥门，折西南约一小时，抵木渎镇，游严家花园。园面积颇广，院宇区划，稍嫌琐碎。然轩、厅结构，廊、庑配列，下逮门、窗、阑槛，新意层出，处处不肯稍落常套。最后得小池一处，中跨石梁，作"之"字形，环池湖石错布，修木灌丛，深浅相映，为境绝幽（图版 27 [甲]、[乙]）。大抵南中园林，地不拘大小，室不拘方向，其墙院分割，廊庑断续，或曲或偏，随宜施设，无固定程式（图版 26 [乙]、[丙]）；墙壁则以白色、灰色为主，间亦涂抹黑色，其上配列漏窗与砖制之边框，雅素明净，能与环境调和。而木造部分，亦仅用橙、黄、褐、黑、深红等类单纯色彩；故人为之美，清

* 本文原载《中国营造学社汇刊》第六卷第三期（1936 年 9 月）。现依据刘敦桢先生手校本重新发表。

** 即环秀山庄，当地称"汪义庄"。

幽之趣，并行而不悖，而严氏此园又其翘楚也。

出园乘竹舆赴灵岩山，沿途重岗小涧，颇饶野趣，时赤日炎炎，且行且息，至山巅灵岩寺。寺为吴馆娃宫故址，大殿七间重檐，鸠工数载，犹未完峻，为苏匠者宿姚补云先生 * 所擘画也。东院有砖塔九级，残毁过半，传建自赵宋。其前钟楼 3 层，崒然山举，虽建造年代稍晚，亦足窥此寺旧日规模之宏巨矣。自寺西北下山，约行五里，抵天平山东麓，访范坟及文正公祠 **。有御碑亭，八棱重檐，上檐施十字脊；将届檐端，忽析而为八（图版 26 [甲]），盖亭之四隅面稍狭，故上、下檐垂脊不能一致，亦亭制中别开生面者。下午返木渎，复至严氏园补摄像片。五时，乘车返苏城。

十日，测绘玄妙观三清殿须弥座及外檐斗栱，并至双塔摄影。是日下午，夏先生于西塔第二层东北面素枋上，发现南宋绍兴五年（公元 1135 年）墨笔题字，证二塔确建于北宋初期，一行为之惊喜无似。是夕梁先生因事回平，次日夏先生亦返南京。余与卢先生量三清殿内檐斗栱，及双塔尺寸，凡三日竣工。又于塔北发现大殿故基，及原有石柱数处，镌刻精审，迥出意外。十四日，至府文庙、报恩寺塔、虎丘塔等处补摄像片，并便道访阊门外留园。园别为中、东、西三部，平面配置，庸俗无足观，惟西部有石栏似明代物（图版 27 [丙]），不审自何处移置于此。是夜与卢先生离苏。

此行工作，荷姚补云先生，及苏州工业学校邓着先、沈宾颜二先生，双塔小学陶蓉初先生，玄妙观刘仙根先生多方匡助，获益良深。残余事项，则托张至刚君代为调查补充。统志于此，谨表谢意。

本文以介绍苏州古建筑概况为主旨，凡所论述，仅以重要特征为限，故于双塔详细结构，略而未载，希读者参阅本社《古建筑调查报告》第一辑为盼。又范祠、灵岩寺及各园林建筑，为篇幅所限，悉从割爱，亦祈谅焉。

圆妙观三清殿

圆妙观概状　圆妙观亦作玄妙观，位于城之中央，南临观前大街。《府志》谓创于晋咸宁中（公元 275～280 年），初名真庆道院，唐称开元宫，宋真宗大中祥符间（公元 1008～1016 年）又更名天庆观 [1]。考其时宰臣丁谓等，迭奏祥异，导帝奉道教，营建宫观，遍于宇内，而谓乃苏人也，故疑此观之昌盛，或始于是时。建炎南渡，金人屠戮平江，观毁于兵，旋经王映、陈岘、赵伯骕等次第修复，雄杰冠于浙右 [1]。据府文庙所藏南宋绍定间（公元 1228～1233 年）所刊《平江府图》（插图 1），观之规模，最外为棂星门三间，次门一重，左、右翼以夹屋，与东、西廊衔接。俱与现状不合，惟其后重檐大殿，殆即今之三清殿？两侧复有夹屋及东、西庑，构成观之主体。自殿以北，则因篇幅所限，略而未载，然亦可窥淳熙（公元 1174～1189 年）重建后大概情状也。洎元世祖至元元年 ***（公元 1264 年），改称圆妙观。明洪武中，置道纪司于此。正统以降，历清乾、嘉诸朝，屡毁屡修，非止一度 [1, 2]。至于最近则稍稍中落，非复旧时盛状矣。

观之山门，重檐歇山顶，南对宫巷北口，乃清乾隆三十八年（公元 1773 年）火后巡抚萨载所重建者 [1, 2, 6]。门之两侧，原有扇面墙，近建商场 3 层，夹峙左、右，似于环境颇欠调和。门内东、西廊久毁，今广场中百贩云集，游人接踵摩肩，纷纭杂沓，与故都庙市无异。其北三清殿，重檐九间，为观之正殿（图版 1 [甲]）。殿后旧有弥罗阁 3 层，重建于清光绪九年（公元 1883 年）[2]。其屋顶中央升高一部，于上

---

* [整理者注]：即姚承祖，字补云（公元 1866～1938 年）。出身苏州营造世家，并为当地梓匠之首。著有《营造法原》。

** [整理者注]：范仲淹，北宋真宗大中祥符（公元 1008～1016 年）进士，吴县人。才高志远，以文学、宦绩名著于时。卒谥"文正"。

*** [整理者注]：元世祖至元元年（公元 1264 年）适为南宋理宗景定五年，时江南仍为赵宋统治，不审为何于此处用蒙元之朔？

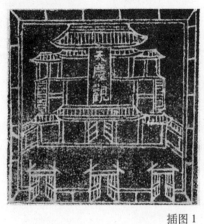

插图 1

图版 1 [乙] 圆妙观三清殿山面

图版 1 [甲] 圆妙观三清殿正面

另加歇山顶，颇富变化（图版 8 [乙]）。惜民国初不戒于火，近岁苏人就其故址建中山堂，形制拙陋，方诸原构，不啻上下床之别矣。左、右诸殿，或零落败坏，或全部倾圮，无关弘旨，悉从节略。

三清殿建置沿革 殿之沿革，南宋以前无可考矣。惟淳熙重建后，历代修葺碑记，方志蒐罗，尚称完备。兹摘要表列如次，以供参考：

宋孝宗淳熙	二年至四年	（公元 1175 ~ 1177）年	郡守陈岘，吴县尹黄伯中等奉敕重建大殿 [1、3、4]。
	六年	（公元 1179 年）	殿毁于火，提刑赵伯骕摄郡，重建 [1]。
	八年	（公元 1181 年）	赐额"金阙寥阳宝殿" [1]。
理宗宝祐	二年	（公元 1254 年）	住持严守柔重覆屋 [4]。
景定	二年	（公元 1261 年）	住持蒋处仁重加修饰，施以栏楯 [4、5]
元世祖至元	二十六年	（公元 1289 ~ 1290 年）	住持严焕文、张善渊，左辖朱文清等重

	至二十七年		修[4、5]。
清世祖顺治	间	（公元 1644～1661 年）	三清殿圮[1]。
圣祖康熙	十二年	（公元 1673 年）	道士施道渊重修[1、6]。
康熙	末		道士胡得古重加藻绘[6]。
仁宗嘉庆	二十二年	（公元 1817 年）	殿西北隅毁于雷火[1、2、7]。
	二十三年	（公元 1818～1819 年）	韩对、蒋敬董、封如兰等重修[1、2、7]。
	至二十四年		

据上表所载，此殿自南宋淳熙六年赵伯骕重建后，迄今七百五十余年，虽迭经修治，然迄无再建之纪录。且其结构式样，如下文论列，亦确属南宋所构。故在今日江南木造建筑中，年代之古无逾于此矣*。至于《府志》中所载略有疑义者亦有三事：

（一）至正末兵毁[1]。

（二）顺治间三清殿圮[1]。

（三）嘉庆二十二年三清殿毁于雷火[1]。

按第（一）项又见于明·胡溁所撰重建《弥罗阁记》。然是碑仅云："元末至正间毁于兵燹……迨今百余年，殿堂殿庑，渐次修建"[5]。所云殿堂，是否即指三清殿而言，无由判断。而第（二）项似本于清·彭启丰《重修圆妙观碑》："国朝康熙间，有施炼师道渊殚心营建，募白金四万两有奇，大殿宝阁，钜工悉成。"数语[6]，顾所称"营建"，系全毁后重新建造，抑局部修缮？因原文界说不清，无术强为诠释。今以式样判之，三清殿决非成于明、清二代，固甚明也。至于第（三）项纪载，证明清·石韫玉《重修圆妙观三清殿记》[7]，当时雷火范围仅限于西北一隅，极为明显，足征《府志》所记过于含混，不足为据。

平面

殿前建月台，正面与东、西面各设踏跺一处，周以石栏（插图 2）。惟殿之本身仅南面有栏，而以西南角者年代较古。

殿面阔九间，广 43 米有奇，除当心间最阔外，其东、西第一、第二次间皆为 5.21 米，东、西梢间与东、西尽间依次略为减小。进深显六间，深 25 米余，除南、北第一间因方檐转角之故，须与正面尽间相等外，其中央四间又与正面梢间同为 4.41 米。故各柱间之距离，纵、横双方仅有四种（插图 2）。面阔与进深之总比例，约为五比三。

内部之柱与外部一致（插图 2），较之北宋、辽、金遗物，酌量情形需要变动柱之位置者，其配列方法异常简单，似已下启明、清殿阁平面之先声矣。而内槽于中央五间后内柱处，筑砖壁直达内额下皮，亦与明长陵享殿同一方式。此壁之前有砖砌须弥座，面阔五间；进深则自后内柱起，至前部内柱止，两端突出作"冂"字形（插图 2），与山西大同下华严寺薄伽教藏殿大体类似。

殿正面中央三间各施长槅四扇。东、西第二次间与梢间施壶门式之窗及障日板（图版 2 [乙]）；东、西尽间则筑以檐墙（插图 2）。前面当心间施长槅；尽间筑墙；其余诸间与东、西山面之中央四间，则俱于阑额下直接装直棂窗一列。窗身比例矮而阔，颇不多睹。

柱及柱础

殿之檐柱用不等边八角形石柱，柱之正面镌刻佛号，惟背面中央四柱镌刻较粗，石质亦异，似经后代更换者。内部之柱，不论内槽、外槽大多数仅至内额上皮为止，而外槽柱（即前、后槽内柱及东、西尽间之柱），因承受上层外檐斗栱，故副阶地位十分迫促，仅能为彻上明造（图版 6 [乙]）；而内槽诸柱

---

*[整理者注]：此时宁波保国寺大殿等宋构，尚未发现。

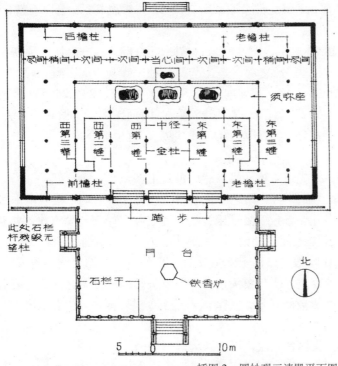

插图 2　圆妙观三清殿平面图

图版 2 [甲]　三清殿檐柱柱础

图版 2 [丙]　三清殿下檐柱头铺作及补间铺作

图版 2 [乙]　三清殿木窗

（即中央六缝之前、后内柱与中柱）则于斗栱之上更施平棊,体制较为崇伟（图版5 [甲]）。内额以上部分,皆于斗栱上用叉柱（图版5 [甲]）,支载殿顶梁架,惟中央三间之后内柱则延长于内额以上（图版5 [乙]）,故其内转角铺作皆用插栱插于柱内（即日本之天竺样）,为国内现存最古之实例。

柱础计二种（插图3）。（甲）檐柱之础,方广88厘米,不及柱径二倍,上刻素覆盆与盆唇各一层,平面皆作圆形;再上雕八角形柱脚,式样比例,显系模仿木造之栌（图版2 [甲]）。（乙）内部之柱,则于素覆盆与盆唇上再施石鼓一层,高32厘米,但此部系原来所有,抑系木栌腐朽后,易以石鼓,俱难断定。

材、栔

此殿材分二种。（甲）下檐之材,高19厘米,宽9厘米,横断面约为二与一之比。栔高8厘米,依《营造法式》所载之原则推之,约等于材高十五分°之六·三,与蓟县独乐寺观音阁一致。（乙）上檐之材,因木料年久伸缩,或制作草率,或迭经修理之故,其高度有22、22.5、23.5、24、24.5厘米数种;材宽则有16、16.5、17厘米数种。平均计之,高23.8厘米,宽16.5厘米,断面比例较下檐更与《法式》接近。栔高以9.5厘米者占据多数,约合材高十五分°之六,与《法式》规定,适相契合。

斗栱

斗栱结构,经余辈调查者共计八种。兹先述下檐斗栱,然后再及上檐。

（甲）下檐柱头铺作,系四铺作单昂（插图4）。昂之形状最足注意者,其前端下垂异常平缓,与山东长清灵岩寺千佛殿及河南登封会善寺大殿几无二致。足证宋、金、元之际,昂之卷杀方法,共有两种:一为山西应县净土寺、河北定兴慈云阁、安平圣姑庙等处前端下垂较甚之昂;一即灵岩、会善二寺与此殿是也。又昂之下缘,自宋迄清无不成一直线。独此殿之昂向上微微反曲,亦为国内鲜见之例（图版2[丙]）。昂下近栌斗处雕刻华头子,上口施交互斗及令栱,使与耍头相交。而耍头乃内侧月梁之延长,前端所刻宋式楷头形状亦属初见。惟此项耍头仅正面西侧数间如是,其余皆未延至令栱外侧。令栱之上再施橑檐枋及升头木,以承托檐椽。

栌斗左、右二侧施泥道栱、慢栱及柱头枋各一层,再上即为圆形之槫。

栌斗背面仅出华栱一跳,托于月梁下。

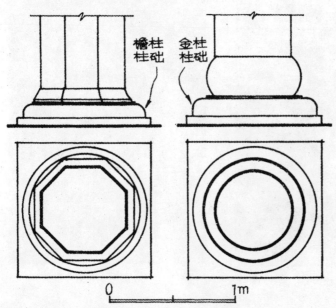

插图3 圆妙观三清殿柱础二种

（乙）下檐补间铺作（插图5）,除正面尽间与山面南、北两间用一朵外,其余各间胥为二朵。其结构皆用真昂,后尾挑斡斜上施小斗及令栱,即《法式》卷四·飞昂制度:"跳一材二栔"者是也。栱上再置素枋一层,高一材,直接贴于槫下,并无襻间。其余结构悉准柱头铺作,从略。

（丙）下檐转角铺作（图版3 [甲]、[乙]）,各于转角栌斗正、侧二面出单昂,跳上施令栱。栱之外端延长于侧面,承受橑檐枋。枋之前端亦刻作楷头。

栌斗转角处施角昂与由昂各一层,宽、广均各相等（图版3 [甲]）。由昂之上原应有角神或宝瓶,但现已遗失。

上述下檐斗栱之分件尺寸,依《营造法式》材高十五分°为标准,推算其与材高之比例,大

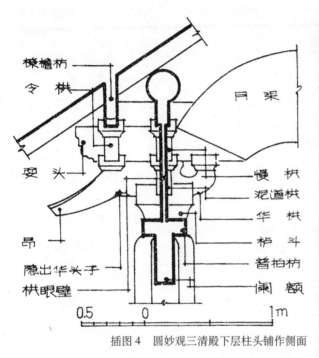

插图 4　圆妙观三清殿下层柱头铺作侧面

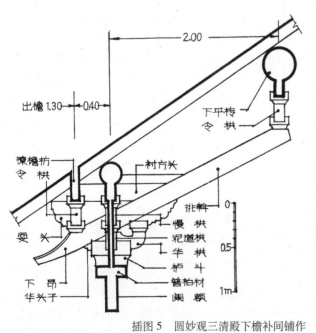

插图 5　圆妙观三清殿下檐补间铺作

图版 3〔甲〕　三清殿下檐转角铺作（其一）

图版 3〔乙〕　三清殿下檐转角铺作（其二）

抵较《法式》规定者稍大。

分件名称	实测尺寸	合材高十五分°之若干	《营造法式》之比例
栌斗通长	44.0厘米	三四·七分°	三二·〇分°
底长	33.5厘米	二六·三分°	二四·〇分°
通高	27.0厘米	二一·二分°	二〇·〇分°
耳高	10.5厘米	八·二分°	八·〇分°
平高	6.5厘米	五·一分°	四·〇分°
欹高	10.0厘米	七·九分°	八·〇分°
散斗通长	20.5厘米	一六·一分°	一六·〇分°
底长	13.0厘米	一〇·二分°	一〇·〇分°
进深	20.5厘米	一六·一分°	一四·〇分°
通高	13.0厘米	一〇·二分°	一〇·〇分°
耳高	6.0厘米	四·八分°	四·〇分°
平高	2.5厘米	二·〇分°	二·〇分°
出跳长	40.0厘米	三一·五分°	三〇·〇分°
耍头出跳	27.0厘米	二一·二分°	二五·〇分°
泥道栱长	85.5厘米	六七·三分°	六二·〇分°
慢栱长	124.5厘米	九八·〇分°	九二·〇分°
令栱长	97.5厘米	七六·七分°	七二·〇分°

（丁）上檐外檐柱头铺作与补间铺作，均用重抄重昂，结构完全一致（图版4［甲］）。后者每间仅用一朵。第一跳华栱偷心。第二跳华栱施令栱与罗汉枋。第三跳用假昂，跳头结构同前。第四跳亦假昂。惟此二昂之形状，虽前端下垂甚平，但其下缘则用直线，不似下檐之昂呈向上反曲之状也。昂上施令栱与耍头十字相交，但耍头未伸出栱之外侧。令栱上所载橑檐枋狭而高，与下檐同（插图6）。

栌斗左、右两侧，施泥道栱、慢栱与柱头枋各一层。自此以上为遮椽板所隐蔽，详状不明。

栌斗背面出华栱四跳（图版4［乙］）。第一跳偷心。第二、第三两跳各施令栱及罗汉枋一层。第四跳施令栱承托算桯枋与平棊，惟耍头则延长于令栱外侧，前端所刻花纹，较下檐稍为复杂，不与《法式》楷头类似也。

各分件尺寸与材高之比例如次：

分件名称	实测尺寸	合材高十五分°之若干	《营造法式》之比例
栌斗通长	61.0厘米	三八·三分°	三二·〇分°
底长	47.5厘米	二九·九分°	二四·〇分°
通高	40.0厘米	二五·一分°	二〇·〇分°
耳高	16.5厘米	一〇·四分°	八·〇分°
平高	7.0厘米	四·三分°	四·〇分°
欹高	16.5厘米	一〇·四分°	八·〇分°
散斗通长	27.0厘米	一七·〇分°	一六·〇分°
底长	20.0厘米	一二·六分°	一〇·〇分°
进深	27.0厘米	一七·〇分°	一四·〇分°
通高	16.0厘米	一〇·〇分°	一〇·〇分°

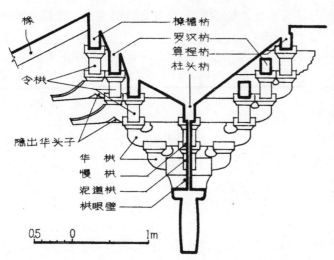

插图6　圆妙观三清殿上檐外檐补间铺作

图版4［甲］　三清殿上檐外檐柱头铺作

图版4［乙］　三清殿上檐外檐柱头铺作后尾

图版4［丙］　三清殿上檐外檐转角铺作

耳高	6.5厘米	四·〇八分°	四·〇分°
平高	3.5厘米	一·八四分°	二·〇分°
欹高	6.0厘米	四·〇八分°	四·〇分°
第一跳长	45.0厘米	二八·五分°	三〇·五分°
二跳长	37.5厘米	二三·五分°	三〇·〇或二六·〇分°
三跳长	27.0厘米	一七·〇分°	
四跳长	26.5厘米	一六·七分°	
泥道栱长	105.0厘米	六六·〇分°	六二·〇分°
慢栱长	161.0厘米	一〇一·二分°	九二·〇分°
令栱长	112.0厘米	七〇·四分°	七二·〇分°

前表中可注意者：（一）栌斗、散斗之比例，大抵较《法式》稍大。（二）出跳之长，较《法式》短。（三）

上檐第二、第三跳上仅施单栱素枋，栱之长度与橑檐枋下之令栱相等，适符《法式》卷四："铺作全用单栱造者，只用令栱。"

又栱之卷杀均系三瓣，较《法式》华栱、泥道栱、瓜子栱、慢栱用四瓣，令栱用五瓣者，根本不合。而与当地北宋太平兴国七年（公元982年）所建罗汉院双塔内檐斗栱完全符契。各瓣之长，除华栱较短外，其余各栱大抵同在9厘米上下。

（戊）上檐外檐转角铺作之结构（图版4[丙]），最奇特者计三事。（一）转角栌斗正、侧二面之第二、第三两跳上所施令栱，未曾延长与角昂相交，与河北蓟县辽独乐寺观音阁下檐转角铺作第四跳上之令栱，同一方式。（二）正、侧二面用双杪双昂（即华栱二层，昂二层），而转角处则用角栱一层，角昂三层，未能一致。（三）第三层角昂上未施由昂。

（己）内槽中央四缝上所用六铺作重杪上昂斗栱，为国内惟一可珍之孤例（图版5[甲]、[乙]）。其结构程次（插图7）：自栌斗两侧各出华栱二跳；第一跳偷心，第二跳计心，上施令栱、罗汉枋各一层。第三跳则自第二跳内侧出上昂，昂下承以鞾楔四瓣，跳上施令栱及算桯枋以支承平棊重量。此项斗栱在栌斗两侧取对称方式，如插图7所示。

前述上昂斗栱，如与《营造法式》卷四·飞昂制度对校，其全体铺作之高度，自第一跳华栱下皮，至第三跳算桯枋上皮，共高六材五栔；而《法式》卷四·上昂制度六铺作重杪上用者，自平棊枋至栌斗口，亦高六材五栔。惟《法式》所云之平棊枋，据同书卷五·梁制度，实系算桯枋之误。故此殿上昂之总高，与《法式》所载，完全一致。至于出跳之长，此殿第一跳约合材高二十八分°，第二跳二十一分°，第三跳三十二·七分°共长八一·七分°，较《法式》规定："第一跳华栱心长二十七分°，第二跳华栱心及上昂心共长二十八分°"之和，几增出三分之一。而《法式》之连珠斗与骑斗栱，此殿废而不用，另于第二跳上，施令栱与罗汉枋，皆其差违最甚之点（插图8）。然就大体言之，此殿之上昂结构，似较《法式》更为简化。

以上系就上昂而言，其与华栱成90°之柱头缝上，则施重栱素枋与单栱素枋（插图7、9），即栌斗上施泥道栱、慢栱及柱头枋各一层，后者高一材一栔，其上无齐心斗，直接置令栱与柱头枋，再上则为压槽枋。

（庚）内槽内转角铺作在后内柱上者（图版5[乙]），皆用插栱插入柱内，无施栌斗，亦为此殿最重要之特征。在平面45°斜角线上，自柱出斜华栱二跳。第一跳偷心。第二跳计心，跳头上施平盘斗及令栱二具，在平面上十字相交。最后于上昂跳头上，亦施平盘斗及十字相交之令栱承托算桯枋。其余各面插栱之出跳，略如（己）项，从略。

（辛）内檐东、西第三缝上之斗栱，为外观调和起见，其外侧（图版6[甲]）须与外檐斗栱后尾一致，而内侧又须与东、西第二缝斗栱遥相对称，故内、外两侧未能取同样之方式。其柱头缝泥道栱上之结构与（己）项同。

枋、额及其他

下檐仅施阑额一层，横断面狭而高。至隅柱外刻作楂头形状（图版3）。普拍枋之宽只及柱上径三分之二，其下缘呈斜削状，殊不常见。至隅柱外两角刻海棠纹曲线（图版3），与北地金、元遗物大体符合。

外槽梁架（即东、西尽间，及南、北檐柱与内柱间之梁架），于檐柱上端先施顺栿串，以联络檐柱与内侧之内柱（图版6[乙]）。次于柱头铺作上架乳栿月梁，梁上复用隔架科，载于顺栿串之上。此月梁上又施栌斗，置十字交叉之令栱，以承受上层月梁与槫下素枋。此项结构如与《营造法式》及辽、金遗物对照，仅乳栿、搭牵改为月梁形状，及槫下未施襻槫间，其余尚能符合。

上檐阑额用两层，极似明、清之大、小额枋，但外部为博脊所遮，仅内部因彻上明造之故，犹能辨析耳（图版6[丙]）。其下更施一枋，用鱼形之柱支于枋上承受阑额，乃非《法式》所有。

内额在中央四缝者皆以数木拼合，高二米余，庞硕逾恒（图版5[甲]）。其余则与前述上檐外檐阑额

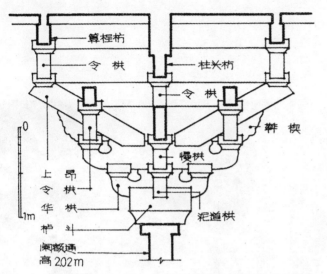

插图7　圆妙观三清殿上檐内檐补间铺作

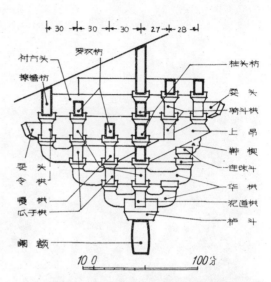

插图8　《营造法式》六铺作重栱出上昂斗栱

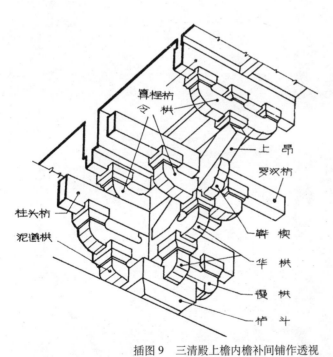

插图9　三清殿上檐内檐补间铺作透视

图版5［甲］　三清殿内檐当心间斗栱及平棊

图版5［乙］　三清殿内檐当心间斗栱详部

图版6［甲］ 三清殿内檐东第三缝斗栱

图版6［丙］ 三清殿内檐西第三缝及梢间梁架

图版6［乙］ 三清殿内檐尽间梁架

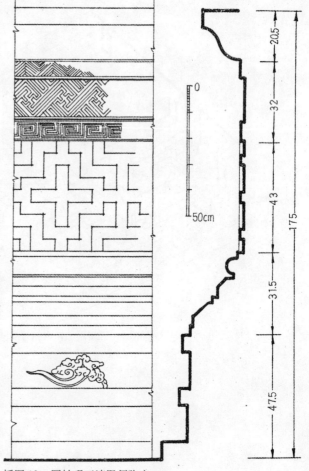

插图10 圆妙观三清殿须弥座

约略相等（图版 6 [丙]）。又后者之下另施一枋，中点置蜀柱、栌斗及一斗三升构成之隔架科，托于内额下皮，与明、清宫殿之结构法极为接近。然此式未见于《营造法式》及北部辽、金、元遗物中，甚疑明永乐以苏匠营北京，此式乃随之远被幽燕耳。

殿内平棊支条皆同一高度，已无《法式》桯贴之分（图版 5 [甲]）。

须弥座

内槽砖制须弥座高 1.75 米，全体式样略如《法式》而繁密过之（插图 10）。兹分上、中、下三部，自下而上，述其梗概如次。

下部最下层为单混肚砖。其上置牙脚砖与罨牙砖各二层互相重叠。而下层牙脚砖刻龟脚，上层刻卷云及凤，颇为生动（图版 7 [乙]、[丙]）。次用线脚二组，每组以水平线与斜线组合，渐次向内退收，似代替《法式》之仰覆莲。再上施混线一层。

中部束腰约占台高四分之一，表面浮雕几何形华文（图版 7 [甲]）。

上部于束腰上施线道一层，表面刻香印文。其上一层向内收进，如束腰形状，刻斜卍字文。次复有凸出之线道与下部对称，刻斜三角文。再次施枭混曲线。至顶，覆以方涩平砖。

塑像

殿内中央三间奉三清像，趺坐于方座上（图版 8 [甲]），较河南济源县奉仙观唐武后垂拱元年（公元 685 年）《太上老君石像碑》，及其他明、清道像用莲座、背光者，雅俗之别不可同日而语。诸像虽经后世涂抹，但姿态凝重，神采俨然，在宋塑中尚非下乘。其下裳垂于座下者，褶纹拳曲，与曩岁所见河北曲阳清化寺石像如出一手，亦足为南宋旧物之证。

图版 7 [甲] 三清殿须弥座

图版 7 [乙] 须弥座详部（其一）

图版 7 [丙] 须弥座详部（其二）

图版 8 [甲] 三清殿当心间塑像

图版 8 [乙] 圆妙观弥罗阁（自柏尔斯曼《中国建筑》转载）

双塔寺双塔及大殿遗迹

双塔寺概况

寺在定慧寺街路北，《府志》称唐咸通中（公元 860 ~ 873 年）州民盛楚建，初名般若院。吴越钱氏改为罗汉院[8、9]。宋太宗太平兴国七年（公元 982 年），有王文罕兄弟创建砖塔二座，一称舍利塔，一称功德舍利塔，八角七层，式样结构完全一致。故自宋以来，苏人皆呼为双塔寺焉。太宗至道（公元 995 ~ 997 年）初，颁赐御书，改称"寿宁万岁禅院"。高宗南渡，金人破平江，寺遭池鱼之殃，一部被毁。旋经比丘惠先等修复，见西塔第二层绍兴五年（公元 1135 年）墨笔功德题记。记凡二段，一在东北面井口枋上（图版 10 [丙]），一在西南面井口枋上，为此寺最重要之文献。惜自绍兴五年至余辈调查时，历时八百寒暑，残余墨迹已如粉状浮于枋之表面，一经触手即归乌有。原文每行五字，可辨识者犹一百四十字，现移录于次，倘亦留意当地史迹者所乐睹也。

东北面井口枋题字："大宋国平江府长州县□□碑蒋□□□□□弟子卫□寿□□八娘男□□□与家眷等□心施钱□□□塔第二层井口功德，保扶家眷，庄严福智，成就菩提。绍兴乙卯题。宋都绅陈明。"

西南面井口枋题字："双塔乃太平兴国七年岁次壬午建，□王氏□一方所□至今绍兴乙卯□□□一百五十三载。缘金□□城，寺宇□□，惟北二□□□□□□比丘师□惠先等九人，努力募缘，次第修整，时绍兴五年岁在乙卯三月十三日，同修□塔比丘□□□□文上用记岁月矣。刊字比丘。"其后五十余载，即光宗绍熙中（公元 1190 ~ 1194 年），寺改为提举常平祝圣道场[9]。自此以后，经宋嘉熙，明永乐、嘉靖、万历、崇祯及清康熙、乾隆、道光数度重修，大体维持原状[8、9、10、11]。惟咸同之际，苏州为太平军及清军蹂躏，寺之大部荡然无存。同治初，军事底定，僧却凡稍事修葺，但未能规复旧观[8]。

寺现改为双塔小学校，旧日建筑仅存砖塔二座及大殿残基、石柱，矗立蔓草中，其外绕以竹篱与乱砖墙，零落荒寥不堪寓目。墙西刻辟为操场，南部则为小学教舍与附属建筑，俱兴建未久，而无一利用旧日殿宇者。足证咸、同间此寺曾受重大打击，后无力恢复，竟至于废弃也。

双塔建置沿革

塔之建立年代，除前述绍兴五年墨笔题字外，《府志》又有建于太宗雍熙中之记载[8]。然考太平兴国共仅八年，其翌岁即为雍熙元年，距兴国七年，才及二载，意者双塔兴工于兴国七年，至雍熙初始告落成，而《府志》所述乃其落成岁月也。其后塔之修理纪录，见于诸书与碑记铭刻者，依年代前后汇集如后，以供参考。惟泛言重修而界说不清者，悉从删落。

宋太宗太平兴国	七年	（公元 982 年）	王文罕兄弟建双塔（见西塔第二层绍兴五年题字）。
高宗建炎	四年	（1130 年）	金兀术破平江，塔一部被毁（同前）。
绍兴	五年	（1135 年）	比丘惠先等九人募修西塔（同前）。
明世宗嘉靖	元年	（1522 年）	西塔相轮吹折 [10]。
	三十九年	（1560 年）	马祖晓重修双塔 [10]。
思宗崇祯	六年	（1633 年）	双塔圮毁 [11]。
	九年	（1636 年）	修双塔 [11]。
清高宗乾隆中		（1736～1795 年）	东塔相轮毁 [8]。
宣宗道光	二年	（1822 年）	修理双塔 [见西塔顶覆钵铭记]。

前表中以塔顶相轮之修理占据多数，而无重建之纪录。可与下述结构式样，互相参印，证双塔确建于北宋初期。

塔之平面

二塔平面皆等边八角形（插图 11）。其东、南、西、北四面各辟一门，门内经走道，导致中央方室，并无塔心柱之设。按我国砖塔中采取多檐重叠之式而内部可登临者，如北魏嵩山嵩岳寺塔，与唐西安大雁、小雁塔，宋天台国清寺塔等，其内部辟正方形或六角形、八角形之室，自下直达顶部，而各层楼板、梯级则以木材构之。迨北宋中叶定县开元寺料敌塔、长清县灵岩寺辟支塔及武安县常乐寺塔，始于塔内为庞大之砖柱，藏梯级于柱内，或置梯于柱与外壁之间。自是以后，煽为风尚，遂至普及全国。此二塔建于北宋初期，塔之外形虽改为八角形，但其内部配置，仍与杭州雷峰塔、开封繁塔等沿守北魏以来旧法，足为唐、宋间砖塔平面变迁之证物。

自第二层以上至第七层，塔外皆有平座。内部小室则仅第五层用八角形，其余仍为正方形平面。惟可注意者乃室之方向，各层依次掉换 45°，在平面上互相重叠，如✿形。因是之故，各层门、窗位置亦随之变换，不但外观参差错落富于变化（图版 9），且令壁体重量之分布较为平均，足征创建当时经营考案极费匠心。按我国唐、宋砖塔中，如西安大、小雁塔与定县料敌塔等，其各层门、窗皆设于东、西、南、北四面，遂至塔身重量集中于其余四面。而门、窗下复无反券补助，故门券、窗券之上每易发生裂缝，甚至诱致壁体崩溃之危险。就结构言，其不逮双塔之合理，固甚明了。

双塔外观

塔 7 层，每层皆施平座、腰檐，壁面复砌出柱、阑额、斗栱，故其形制纯系踏袭我国固有之木塔式样（图版 9）。至其局部手法如下文论列者，虽不及时代稍晚之河北易县辽千佛塔与涿县辽智度寺、云居寺二塔能为彻底之模仿，然在砖塔采用木造式样过程中，乃不失为重要证物。兹自下而上，摘述如次。

塔下原有之台基现为浮土所掩，当著者调查时，以时

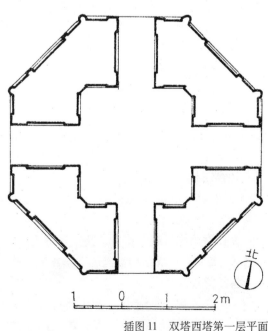

插图 11　双塔西塔第一层平面

图版9 [甲] 双塔寺西塔　　　　　　　　　　　图版9 [乙] 双塔寺双塔全景

间仓促未及穷究。嗣据张至刚君发掘东塔西南角结果，发现塔外另有砖砌台基一层，随塔身回转，约宽2米。

第一层除东、南、西、北四面设入口外，其余四面各于壁面隐出直棂窗。其上壁体凋毁一部，仅于转角处发见角梁榫眼数处，似原有副阶一层，再上始为腰檐平座，如山西应县辽佛宫寺塔之式样，第确否若是，尚非今日所能证实耳。

第二层以上，各层结构大体相同。即最下以叠涩式之"拔檐砖"与"菱角牙子"，及少数砖制之栌斗、替木，构成极简单之平座。平座之上，据现存望柱榫眼推测，其外侧似有勾阑萦绕，但已遗失无存矣。外壁表面则于转角处隐出八角形倚柱，下施地栿，上施阑额。每层配列壸门四处，另四面则隐出槏柱及直棂窗，如木建筑情状 (插图12)。阑额之上无普拍枋。其上斗栱，除转角铺作外，每面仅有补间铺作一朵。而栌斗之欹皆嵌入阑额内，亦古法之一。所有各层铺作，仅第一层出华栱二跳，余皆一跳。跳头上施令栱承受橑檐枋。栌斗左、右仅施泥道栱与柱头枋一层，无慢栱。又柱头枋与橑檐枋之间，隐出支条及遮椽板 (图版10 [甲])，与蓟县辽独乐寺观音阁同一方式。殆因双塔建造年代，较是阁仅早二岁，故其结构方法，亦能符合若是也。

出檐结构

(图版10 [甲]) 于橑檐枋之上以"菱角牙子"与"拔檐砖"各三层逐渐挑出，以代替木造物之檐椽、飞子，至转角处尚微微反翘。其上施瓦陇及垂脊 (插图12)。考"菱角牙子"与"拔檐砖"，皆唐代砖塔惯用之手法，惟唐塔翼角无作反翘形状者。其出檐之上表面，亦仅以叠涩式之砖向内收进，尚未发见瓦葺之例。双塔建于北宋初期，其一部结构虽已濡染木建筑之式样，然其时去唐未远，旧法殆未涤除，故产生如是混杂情状焉。

塔顶之刹

于垂脊上端施须弥座 (插图13)。次覆钵，次露盘，皆铸铁为之。其上于刹杆周围施相轮7层，轮之直径愈向上则愈减小。上置宝盖式装饰。次宝珠。次圆光，平面作十字形，镂刻人物，疏朗有致。再上

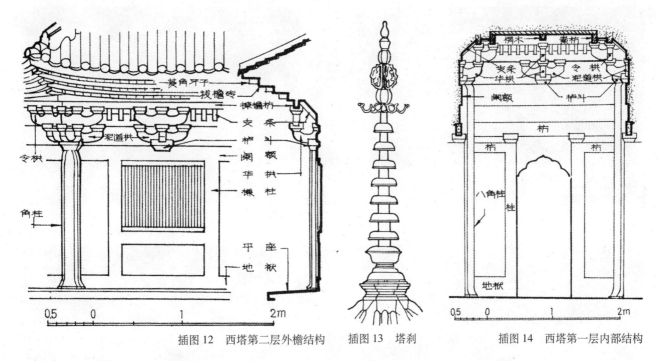

插图12　西塔第二层外檐结构　　插图13　塔刹　　插图14　西塔第一层内部结构

复施宝珠及仰莲，刹顶则置葫芦一具（图版9 [乙]）。全体比例及覆钵、相轮、圆光之形制，极与日本奈良法隆寺五重塔、朝鲜凤岩寺石塔及艾克博士介绍之泉州双石塔类似，足证宋代南方之刹犹大体保存唐刹遗型。而北部辽、金诸塔所用之仰月及相轮下之铁球，则手法较为淆杂矣。

内部结构

塔内各层方室皆装木楼板，亦北魏以来旧法也。惟楼板之下仅一、二、三、四层以木制斗栱承托；第五层改砖斗栱；六、七两层因面积过小，其斗栱、楞木俱皆略去。

第一层结构，于四隅施砖砌八角柱，上置内额，其下复施一枋，载于入口两侧之方柱、栌斗内（插图14）。额上斗栱用五铺作重杪，第一跳施令栱、罗汉枋，第二跳载素枋一层，异常简单（图版10 [乙]）。此枋中央又置楞木承楼板，其上墁以地砖。其余泥道栱、柱头枋、遮椽板、支条等均与外檐一致。

第二层以上，因高度逐渐低之故，内部结构亦渐趋简单，至六、七两层，所有柱、额、斗栱悉皆未用。塔内梯级现均遗失，无由知其原来情状，仅第二层至第五层，依壁面挖削部分观测，似以木梯盘旋而上者。双塔内部虽无直达下部之塔心木，但其刹杆则延至第六层窗台下，以巨梁承之，似为唐以后通行之方法。

大殿遗迹

双塔之北相距18米处，有大殿故基一座。其平面据现存石柱位置，与正方形接近，依辽与北宋之例推之，疑其原来外观乃单檐九脊。石柱之形制凡三种：（甲）正面当心间二柱，平面圆形，表面镂刻莲蕖，宛转连续如卷草形状，其间杂以人物（图版11 [乙]），与北宋宣和七年（公元1125年）所建嵩山少林寺初祖庵檐柱，如出一手。柱下施柱石与覆盆，后者所雕卷草，流丽典雅，确系宋代作品（图版11 [甲]）。（乙）八角柱四处，无雕刻。（丙）海棠纹石柱四处（图版11 [丙]），柱身与石皆刻为十瓣，柱下部所雕花纹，亦极秀丽自然，惟刀法浅而平，颇类明代作风，岂此数柱乃嘉靖间马祖晓重修大殿时所换置耶。然以当心间二柱证之，殿之位置，自宋以来，即已如是，殆无疑也。

图版10［甲］　西塔第二层外檐斗栱

图版10［乙］　西塔第一层内檐斗栱

图版10［丙］　西塔第二层内檐斗栱

图版11［甲］　双塔寺大殿石柱柱础

图版11［乙］　大殿石柱雕刻（其一）

图版11［丙］　大殿石柱雕刻（其二）

报恩寺塔

寺塔概况：

报恩寺在城西北，门南向，与护龙街北端相值，俗呼为北寺。《府志》谓原名通元寺，创于吴赤乌中；唐玄宗改称开元寺；周显德中，吴越钱氏又易名报恩寺。旧有梁正慧所建浮图 11 层，北宋时不戒于火，元丰中改筑 9 层，苏轼尝舍铜龟以藏舍利焉。高宗建炎四年（公元 1130 年），金人蹂躏平江，塔复毁。绍兴间（公元 1131 ~ 1162 年），僧大圆重建，亦只 9 层。其后元至顺，明弘治、隆庆、万历，清康熙凡数度修治，至太平天国战争后，塔复倾圮。光绪二十六年（公元 1900 年）僧继和重修一新，故严整为苏城诸塔之冠 [12、13、14、15]。

塔八角九层，每层施平座腰檐，翼角翚飞，榴廊萦绕，纯仿木塔式样。而塔顶与刹，耸然秀出，约占塔高五分之一，外观雄壮秀丽，兼而擅之（图版 12 [甲]）。塔身结构，最外为外廊；次为外壁；其内设内廊，置梯极；再次复构塔心，内辟方室，供奉佛像（插图 15）；而外壁与塔心，胥以砖甃为之，自南宋创建以来，迭遭兵燹，其骨体犹依然健在，职是故也。兹自外及内，分外廊、内廊、塔心三项，述其特征如后。

外廊

塔之外廊，以第一层为最巨：依现状推测，此层之檐似自原有之腰檐延长于外，被覆塔之台基，致成“副阶”者（图版 12 [乙]）。盖现存之廊，每面面阔三间，砌以砖壁，下有石座，刻以卷云，其描线秀逸，不似近代所制。而台外散水海墁，较现有地面竟低二尺有奇（图版 12 [丙]），足证此部乃塔外原有之台基。其上砖壁与檐皆晚近所构。廊之入口设在正南面，其前有甬道与大殿连接。除入口外，其余诸间各施一窗。

第二层以上之廊，系根据外壁原有砖制斗栱之位置而重建者（图版 13 [甲]），故本文说明外廊之前，应叙述各层外壁表面所隐出之柱、额、斗栱。

（一）外壁表面之平座斗栱，于第二、三、四层者，每面各隐出补间铺作四朵。第五层及以上易为三朵。

（二）外壁表面之各层皆隐出砖制八角柱，划分每面为三间。于当心间设门；门之形状，第二、三、四层用圆券，第五层以上改壸门式。

（三）柱下施碩。柱上仅隐出阑额，无普拍枋。

（四）阑额上之斗栱，除柱头铺作与转角铺作外，当心间于第三、四层用补间二朵，第二、五、六、七、八层用一朵，第九层无。次间皆无补间铺作。

各层柱、额之分配与比例之粗健，以及斗栱卷杀情状，皆与当地虎丘、瑞光二塔大体类似，足证确属赵宋遗构。惟此塔迭经变乱，凡壁面栌斗挑出之华栱与昂俱已无存。现有平座系于旧栌斗口各出挑梁三层，前端垂直截去，护以铅铁板，未施令栱与罗汉枋（图版 13 [甲]）；其上即直接铺板，施栏楯，构成外廊。各层腰檐则于阑额上之栌斗，出重昂或单杪单昂。前者用于上部数层，其华栱前端向外凸出，略似四川汉阙之花茎形栱。而后者跳头上所施令栱，未直接置于交互斗上，亦不常见（图版 13 [乙]）。然此种不规则之方法，皆出于近代匠人之手，则无疑也。

内廊

内廊随塔之平面作八角形，设梯级于其西南、西北二面。廊两侧壁面亦模仿木建筑式样隐出柱、阑额、斗栱（图版 14 [甲]）。转角处于柱之上端施横枋一层，以联络内、外二柱，其法虽蹈袭木建筑之原则，但为应县辽佛宫寺木塔所未有。次于转角栌斗上各出华栱一跳，承载月梁一重。再上以“拔檐砖”与“菱角牙子”各二层相对挑出，中央铺盖楼板，墁砌地砖（图版 14 [甲]、[乙]）。惟上述结构亦有少数例外，即：

（一）第六、九两层壁上未隐出斗栱，月梁下亦无华栱（图版 14 [丙]）。

图版 12 [乙] 报恩寺塔第一层入口

图版 12 [丙] 同第一层副阶须弥座

图版 13 [甲] 报恩寺塔外廊

插图 15 报恩寺塔第一层平面

0   5   10   20m

图版 12 [甲] 报恩寺塔全景

图版 13 [乙] 报恩寺塔外廊斗栱

图版 14 [甲] 报恩寺塔内廊

图版 14 [丙] 报恩寺塔第九层内廊结构

图版 14 [乙] 报恩寺塔第二层内廊结构

（二）第八层月梁下虽施华栱，而壁上无砖制斗栱。

（三）第九层内廊之顶纯用叠涩式之砖，自内、外双方挑出，到中点会合（图版 14 [丙]）。

如上所述，此塔内廊之顶，除第九层外，其余皆施木板。在原则上，虽墨守北魏嵩岳寺以来之旧法，然此项结构足减轻各部分不平均下沉之危险，极可赞美。盖此塔系由外壁与塔心二部结合而成，依工程常例言之，在建造中，或建造后未久，双方即应开始下沉至某种程度，而塔心与外壁轻重既殊，下沉之率自难一致。今于二者之间，构以木制之楼板，则无论何方下沉较多，均不至波及他部之安全。观现存八、九两层内廊地面，向内倾斜甚大，足征此塔塔心之下沉，实较外壁为多，而此二层外壁，并未因此发生重大之危险，其故盖可思也。

塔心

塔心亦作八角形，内设正方小室一间，自内廊辟走道可导至此室。惟走道之位置及其数目，各层不尽一致。如第一层仅在正南面设有一处（插图15），其余各层或二处（图版15［甲］）或三处，随宜改变并无定法。然无论何层，皆限于东、西、南、北四面，从无设于四隅面者。走道之上，或覆以八角形藻井，与宋河北定县料敌塔及当地双塔寺二塔同一方式，而结构复杂与手法之华丽则远过之（图版15［乙］）。

方室之内设佛龛。壁上隐出柱、阑额、斗栱。其要点如次：

（一）室之四隅各设八角柱一处。柱下无碛石。碛之形状与双塔一致。

（二）内额上无普拍枋。

（三）每面施补间铺作一朵。栌斗形状有方角、圆角及角上刻海棠纹曲线者三种，而斗底则皆伸出内额之外。栌斗正面出华栱二跳；第一跳施令栱与罗汉枋；第二跳施令栱、素枋（图版16［甲］）。斗之左、右隐出泥道栱、慢栱、柱头枋各一层。遮椽板下无支条。

（四）转角栌斗随柱之平面作八角形。角上出斜华栱二跳，跳头上各施十字交叉之令栱，其后端因空间关系，长短不一，但皆未延长与柱头缝上慢栱及罗汉枋相交，亦与三清殿同。

上举各点又与前述外壁所示之式样完全一致，足证塔之砖造部分——即外壁与塔心——确为南宋绍兴间僧大圆所构。

塔之刹柱（图版16［乙］），仅限于八、九两层，其下以东西方向之大栿承之，亦与双塔同一作风，足窥当时此式之普及。

图版15［甲］ 报恩寺塔塔心走道

图版15［乙］ 报恩寺塔走道上藻井

图版 16 [甲]　报恩寺塔塔心方室斗栱

图版 16 [乙]　报恩寺塔塔心柱

虎丘云岩寺

二山门

门面阔三间，进深四椽，施中柱，自侧面观之，如清式之显二间。其特征如次：

（一）门之平面，除正面与背面当心间外，皆甃以砖壁。内部则于当心间二中柱之间设门。门之两侧，以砖壁划为前、后二部：前部东、西次间置金刚各一躯，后部庋元、明以来碑记数种。

（二）外观单檐九脊顶，其翼角反翘一如南方建筑常状。惟可注意者，为其檐端之轮廓，自当心间平柱起即开始反翘，故其曲线比较圆和，尚存古法（图版 17 [甲]、[乙]）。

（三）内部梁架分配（图版 18 [丙]）与《法式》卷三十一："四架椽屋分心用三柱"同一原则。仅乳栿、搭牵皆改用月梁，其下承以丁头栱；且中柱较高，柱上置栌斗、令栱及素枋一层，略去襻间耳。

（四）外檐柱头铺作栌斗之四角刻海棠纹曲线（图版 18 [甲]）。正面出华栱一跳，跳头上所施令栱比例单薄，卷杀情状亦与双塔、圆妙观三清殿大相径庭，似经清代掉换者。栌斗背面出华栱一跳承载月梁（图版 18 [丙]），左、右两侧施泥道栱、慢栱与柱头枋，一如常式。

（五）外檐补间铺作（图版 18 [乙]）于当心间用二朵，次间及山面各一朵。栌斗形状及正面出跳悉如柱头铺作。惟斗下未施普拍枋，而直接骑于阑额上，与已毁之角直保圣寺大殿同一做法。栌斗背面出华栱二跳偷心。其上于第二跳华栱心处起挑斡，跳头上施令栱与素枋托于下平槫之下（图版 18 [丙]）。在结构上，挑斡原系下昂之一部，支于槫下，用以完成杠杆作用者。但北宋崇宁间所修《营造法式》，除正规下昂外，又有二种变体：一为插昂，用于四铺作，后尾不起挑斡，无杠杆作用；另一虽用挑斡但外部无昂，与前项适相反对。后者见《法式》卷四·飞昂制度·注释内：

"若屋内彻上明造，即用挑斡，或只挑一斗，或挑一材二栔（谓一栱上、下皆有斗也。若不出昂而用挑斡者，即骑束阑方下昂桯）。"

所谓"若不出昂而用挑斡者"，其性质实与上昂无异，此山门之补间铺作殆其遗制也（图版 18 [丙]）。

（六）东、西次间于上层月梁与槫下素枋之上，施平阁（图版 17 [丙]），亦系较古之做法，惟因时代稍晚之故，其方格分布，较辽独乐寺观音阁更形丛密。

门之建造年代，据前述结构上所示特征，不似建于清代匠工之手。而明永乐、正统二碑所述兴葺工作，又未涉及此门 [19、20]。惟元末至正六年（公元 1346 年）《虎丘云岩禅寺兴造记》谓：

"重纪至元之四年……山之前，为重门，则改建一新" [18]。记文与现门结构式样，尚能一部符合，故疑此门应建于元顺帝至元四年（公元 1338 年）。而门扉、连楹、屋顶瓦饰及一部分斗栱则经近世修葺者。

经幢

剑池东南千人石上，有经幢一座（图版 19 [乙]），下为台座二层，座之下层刻山形文，上刻俯莲，束腰部分则镌佛像。中为幢身八棱，正面题 "佛说大佛顶陀罗尼"，又有 "下元甲子显德五载" 铭刻，盖五代周世宗显德五年（公元 958 年）所建也。上部复分为二层，每层高度与直径皆逐渐收小，与普通之塔同一原则。此二层表面镌琢佛像，其下承以宝盖式装饰或仰莲，至顶覆以八棱之顶。顶上仅存仰莲一层，余皆倾毁。

此幢形制，虽与山东泰安高里山晋天福九年（公元 944 年）所建之幢，属于同一系统，但幢之上部较高里山者多增一层，细部手法亦较纤弱。又显德五年距艺祖陈桥之变仅仅二载，故所镌山形文，与宋代惯用者略同。

云岩寺塔

塔砖制，位于虎丘之巅，俗称虎丘塔。当著者调查时，塔门适封闭不能入观，而各层外檐与塔顶亦大部崩圮。惟壁面、阑额、柱、斗栱尚保存一部，兹就外部未残毁者，介绍如次：

（一）塔之形范八角七层。各层转角处砌圆倚柱，上施阑额。其壁面于各层正中辟壶门式之门，两侧夹以槏柱，分壁为三间（图版 20 [甲]）。

（二）额上无普拍枋。其上除转角铺作外，每面施补间铺作二朵，皆五铺作偷心重栱造（图版 20 [丙]）。但第七层只用补间一朵。

（三）栌斗之形状，转角铺作用石质圆栌斗，补间者虽亦偶用圆形（图版 20 [乙]），但以方角或角上刻海棠纹曲线者居多。

（四）华栱比例雄巨，皆三瓣卷杀。据剥落处所示，栱内参有木骨，以补助其张应力。

（五）栌斗两侧仅隐出泥道栱与柱头枋一层（图版 20 [丙]）。

（六）遮椽板表面塑有写生花，但据剥落部分观之，板下原隐出支条（图版 20 [丙]），如双塔情状。

（七）腰檐结构系于橑檐枋上，施拔檐砖与菱角牙子各二层（图版 20 [丙]）。自此以上，虽已剥落，但依现状测之，殆与双塔同为砖砌之檐。

（八）平座斗栱用四铺作单杪，较腰檐减一跳（图版 20 [丙]）。

如上所述，此塔式样在苏州诸塔中，比较与双塔接近，而详部结构，尤多共通之点，其建造年代，宜亦相去不远。惟塔之沿革，见于《通志》[16]、《虎阜志》[17]、及元、明诸碑者 [18、19、20]，仅载元至元重修以后，明洪武十八年（公元 1385 年）及二十七年（公元 1394 年），寺遭祝融之厄，塔被波及，嗣经永乐修复。宣德八年（公元 1433 年）火复作，又及于灾。洎正统二年（公元 1437 年）、三年，复为大规模之重葺，乃复旧观 [19、20]，盖均详于元、明二代修理纪录也。至其创建年代，稽之载籍，仅有明·张益《苏郡虎丘寺修塔记略》"始建于隋仁寿九年" 一语，然考《宋平江城坊考》卷五引《吴郡图经续记》：

"云岩寺……分为东、西二寺，寺皆在山下，盖自会昌废毁，后人乃移寺山上。"

是唐末以前，寺不在今处，塔乌从而建立？且隋代砖石之塔，据今日所知，无论文献实物，俱无平面采用八角形。而外观模仿木塔式样，施平座、腰檐及柱、额、斗栱者，不但隋代未有，即唐初亦无其例，足证张氏所纪不足凭信。今以实例衡之，其结构式样，最与杭州雷峰塔及当地双塔类似，疑建于五代或

图版 17〔甲〕 虎丘云岩寺二山门背面　　　　图版 17〔乙〕 云岩寺二山门山面

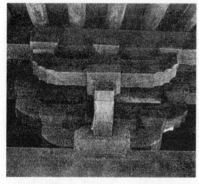

图版 18〔甲〕 云岩寺二山门柱头铺作　　图版 18〔乙〕 云岩寺二山门补间铺作　　图版 17〔丙〕 二山门次间梁架及平闇

图版 18〔丙〕 云岩寺二山门补间铺作　　　图版 19〔甲〕 云岩寺二山门转角铺角后尾　　图版 19〔乙〕 云岩寺经幢
后尾及梁架

图版 20 [甲] 虎丘云岩寺塔全景

图版 20 [乙] 云岩寺塔详部（其一）

图版 20 [丙] 云岩寺塔详部（其二）

北宋之成分居多数也*。

府 文 庙

府文庙在城西南隅，北宋仁宗景祐元年（公元 1034 年），范仲淹以所得钱氏南园创建，其子纯礼增扩之。自是以后，历元、明、清三代，踵事缘饰，遂成现状。然稽之文献，其大成殿与门、庑、桥、池，经明天顺、成化间改作，规模始具 [21]。现存建筑，如棂星门之为明构，与牌楼式样之特殊（图版 22 [乙]、[丙]），及大成门石础之庞巨，均足引人注目。然在结构上，无如大成殿斗栱保存古式较多。而庙内又藏宋舆图、天文图、平江图三石，蜚声海内，为自来金石家所乐道。顾本文为篇幅所限，仅摘述大成殿概状及《平江图碑》中关于平江府治一部分而已。

宋平江图碑

碑立于文庙西侧旧礼门之西次间，东向，额题"平江图"三字，无年代铭刻（图版 21）。图心高 2.02米，宽 1.36 米。公元 1917 年叶德辉等，曾督工深刻一次，然观图内线条，深浅广狭，并不一律，大体犹能保持原有面目。碑之制作年代，近人王謇断为南宋绍定二年（公元 1229 年）郡守李寿朋所作，最为精确可信。其言曰：

"《平江图碑》不详其何时所刻。程氏祖庆《吴郡金石目》亦仅据瞿木夫说，以刻碑人吕挺、张允成、允迪三人姓名，叠见宋理宗、宁宗两朝碑刻，遂断为南宋故物，而未详其年月。余因读赵汝谈《吴郡志序》及《吴郡志》官宇门所载绍定二年郡守李寿朋重建坊市故实，始悟《平江图碑》亦必刻于是年。证以碑中公署、寺观，凡建于绍定二年春、夏以前者，图中悉有，秋、冬以后新建者即无。益信刻行《吴郡志》、兴复古名迹、镌成《平江图》，悉在是年。"

上文见王氏所著《宋平江城坊考》自序中，其详细论点，散见原书各篇，恕不备举。至于是图内容，

---

* [整理者注]：该塔建造年代，由解放后修理中的发现，刘敦桢先生进一步考订为五代吴越钱弘俶十三年（公元 959 年）至北宋初。见《文物参与资料》1954 年第 7 期《苏州云岩寺塔》一文。足见先生早年论断之精辟正确。

关于南宋一代史迹者，王氏博采群书，一一为之考订，无庸重赘。惟图中所示平江府治，乃我国古代官署建筑不可多得之史料，爰为介绍如次。

宋平江府治在州城内，稍偏东南，外具城橹、楼观，异乎常制，俗传创于吴伍子胥，故谓为：吴小城，亦曰：子城。按苏州古为东南大郡，地望优重，异于他州，而子城自汉、唐以来，即为郡治所在。宋代仍之，以为平江军节度使之治所。政和间升为平江府。建炎兵燹，城中建筑大部被毁。绍兴初，高宗欲自浙移驻平江，命漕臣即子城营治宫室。三年（公元 1133 年），行宫成。四年，驻跸平江。七年（公元 1137 年）春，复赐为府治，改都临安（今杭州）。职是之故，终宋之世，平江官制几与临安相埒，其府舍亦雄丽冠于浙右。其时郡守王晚承兵火之余，兴葺官署、学校不遗余力；而晚又能究心艺事，重刊《营造法式》于此，即世所称绍兴本者。故其兴作营缮，犹遵奉汴梁遗法，而此图成于理宗绍定二年，距王氏经营平江仅八十余载，尚能传其盛状也。逮元末张士诚割据吴中，辟为太尉府。张氏败灭，宫阙、台阁咸夷为平地，今之图书馆、体育场一带，俗呼为皇废基者，即其遗址。

宋府治建筑之沿革，王謇《宋平江城坊考》逐条剖析，言之详矣。故本文仅就其平面配置可注意者，列举如次。

（一）府治之外周以城垣，乃非普通官署所有。据洪武《苏州府志》，其谯楼西石桥，有唐乾符三年（公元 876 年）铭刻，载勾当料匠姓名甚详，足证唐时已有子城，非创于宋。尤可注意者，其正门设于南面偏东，未居中央，而西门亦偏西北，此外并无东门、北门，俱与我国传统之对称式不侔（插图 16）。

（二）城垣之上，除南面府门楼观与西楼外，西北角复有天王堂一处，即《吴郡志》所载建炎时未遭金人焚毁者。此外北垣复有齐云楼，循城为屋，左、右翼以两挟（插图 16），轮奂雄特，一时称最。吴人谓兵火之后，惟王晚重建此楼，差胜旧制耳。考我国古代城闉、城隅，每筑台观其上，以点缀景物。如邺之铜雀、洛之金墉、蜀之西楼，及滕王、黄鹤、岳阳等，不胜缕举。而此楼之名，曾见于白氏《香山集》。盖自唐以来，即为吴中名迹也。

（三）城以内之建筑，因府门偏于东南，其平面配置，亦不能采取对称方式（插图 16）。然其主要厅堂，仍以府门为中轴，自外及内，依次排列，其余附属建筑，则区布于其左、右。依其性质用途，大体可别为六部：

（甲）府门之北为戟门五间。次为犒燕将士之所，以旬日而设，故曰：设厅。再次小堂，与设厅胥覆以重屋。自府门至此，两侧翼以修廊，构成廊院三重，为府治之主体。

（乙）小堂以北有宅堂二重，其间缀以柱廊，如王字形。左、右复有东斋、西斋，均郡守燕居之所。

（丙）宅堂北凿大池。池北有生云轩、坐啸斋、秀野亭、四照亭、逍遥阁、瞻仪堂诸胜。而四照亭为屋四合，随岁时之宜，各植花木，亦王晚所构。每春首佳日，纵民游乐其中，非仅府治之后园也。

（丁）戟门与设厅之东，有司户厅与府院，掌户籍、赋税、仓库、受纳及州院庶务。故军资库、公使库、酒库等皆附设其后。

（戊）戟门以西，为府判东厅、府判西厅、提干厅、节推厅、签判厅、司理院，俱处理刑民政务之所。另附以南、北使马院及城隍庙。

（己）城之西北，置路分厅及路钤衙，掌军旅屯戍、边防、训练之政。故其北即为教场与观德堂。而制造器甲、弓、弩之作院，亦在其西。

综上所述，自府门至后园一段，虽蹈袭我国古代前堂、后寝之遗法，然其全体范围之广，包容之众，至纳仓库、作院、教场于一垣之内，决非明、清官署所有。顾炎武《日知录》谓："予见天下州之为唐旧治者，其城郭必皆宽广，街道必皆正直；廨舍之为唐旧创者，其基址必皆宏敞；宋以下所置，时弥近者制弥陋。"观《平江图》益足征信。

插图 16　宋平江图碑中之平江府治

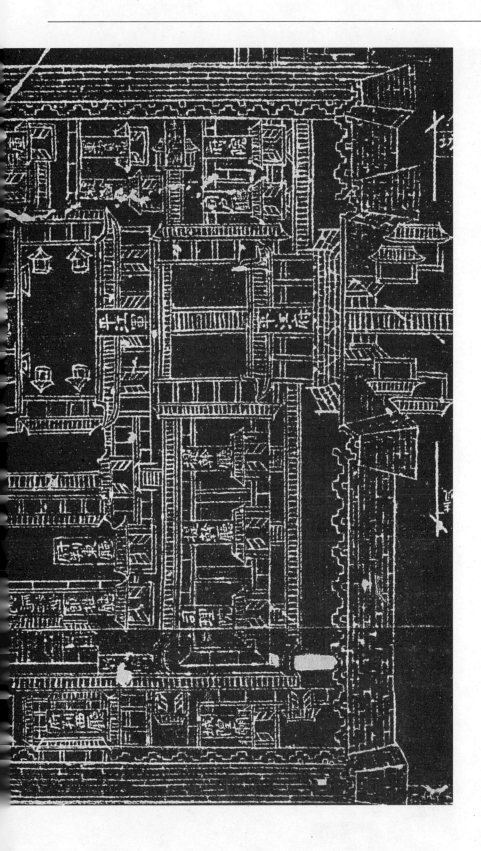

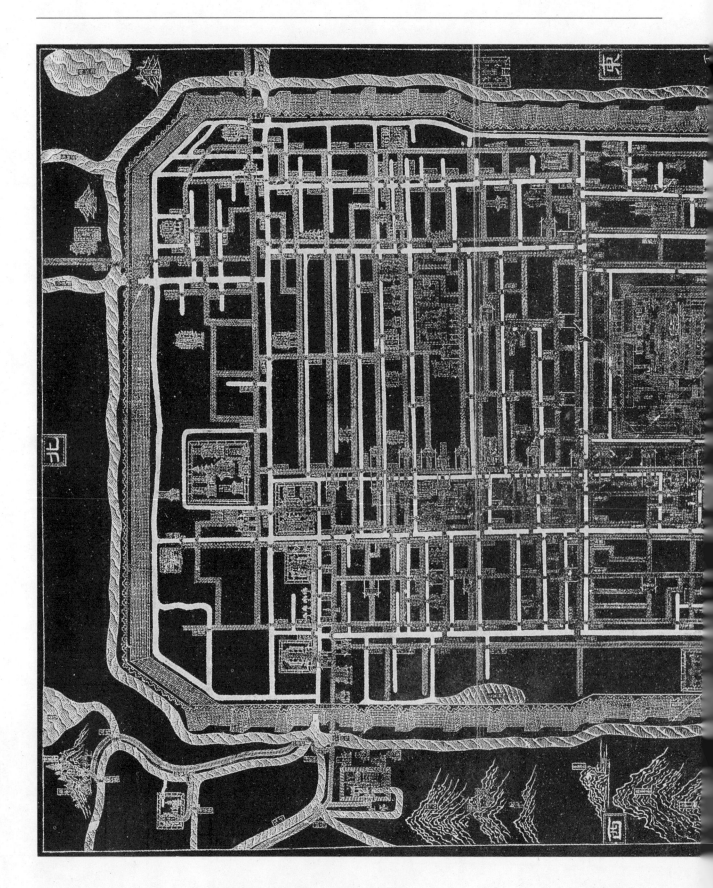

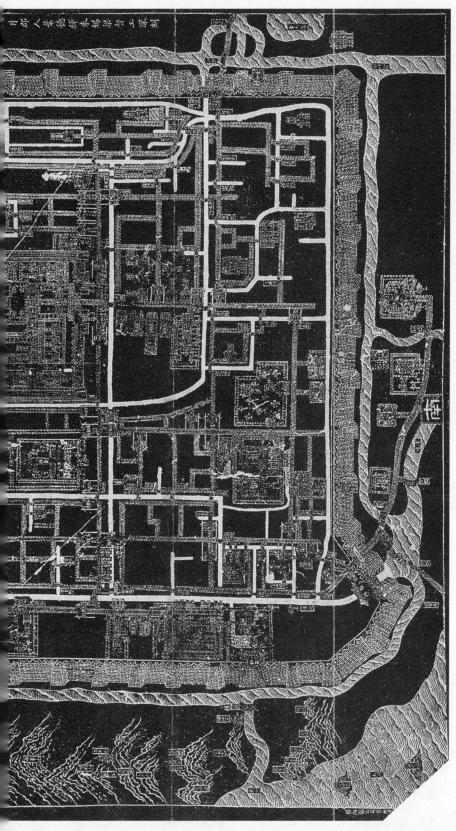

图版 21 宋平江府图

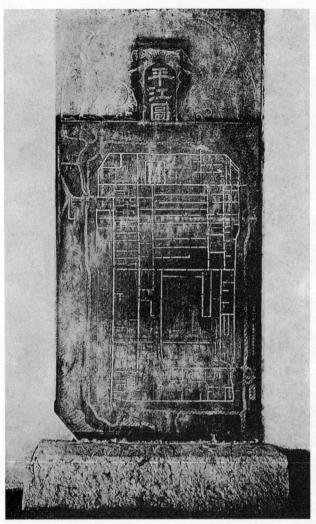

图版 22［甲］ 宋平江府图碑

图版 22［乙］ 府文庙牌楼（其一）

图版 22［丙］ 府文庙牌楼（其二）

文庙大成殿

　　大成殿面宽七间，重檐庑殿顶，前施月台（图版 23［甲］）。在苏城现存诸建筑中，其规模仅次于圆妙观三清殿耳。檐柱柱础上所施石制之礩，尚存古制（图版 23［乙］）。平板枋出头处亦刻海棠曲线，但其宽度已视柱径稍窄。下檐平身科于明间用四攒，次间用三攒，均系三踩单昂。

　　上檐斗栱用五踩重昂。大斗后尾出翘一跳，跳头上施三幅云与上昂相交。昂之上端则支于挑斡之下（图版 23［丙］）。此挑斡系外侧第二层昂之后尾，故此部结构乃合并下昂、上昂于一处，与甪直保圣寺大殿大体符合。惟挑斡之上，复将外侧之蚂蚱头延长于后，斫刻如清式夔龙尾形状，而其他详部手法亦多疑点。据民国《吴县志》，殿自明成化十年（公元 1474 年）改建后，经天启、崇祯及清顺治、康熙、道光数次修葺，至太平国战争中，庙毁于兵。同治三年（公元 1864 年）巡抚李鸿章、丁日昌等相继修治，七年竣工[21]，虽未明言大成殿亦在其列，然据结构手法与材料色彩，似经清末一度改修者；惟其上檐斗栱，或利用一部分旧物，亦未可知耳。

图版 23 [甲]

图版 23 [乙]

图版 23 [丙]

瑞光寺塔

塔身砖造，八角七层，外侧施木制平座、腰檐，与河北正定天宁寺塔同一原则。惟塔顶之刹及外部木构部分，刻已大部倾毁（图版 24 [甲]），其残存部分可辨析者：

（一）各层外壁转角处，砌有圆形之倚柱（图版 24 [乙]）。其门、窗位置，第一层仅在东、南、西、北四面各设入口一处，其余四面仅隐出直棂窗形状。第二、三两层各面皆设门。第四层及以上复与第一层同，惟门之位置，第四层设于四隅面。第五层复归东、南、西、北四面。自此以上至第七层，依次掉换，似因内部梯级关系，不得不如是也。又门、窗两侧均隐出槏柱及横枋，与罗汉院双塔同。

（二）平座斗栱系五铺作卷头造（图版 24 [乙]）。补间铺作在第三层以下者，每面用二朵，第四层及以上减为一朵。其法为先于壁面上嵌木制普拍枋，枋上隐出栌斗与泥道栱、柱头枋、遮椽板、支条等，跳上则施令栱与罗汉枋。转角铺作于栌斗口出华栱三缝，如双塔之制。

（三）腰檐斗栱朵数同前。其结构于柱上嵌木阑额，次施圆栌斗与长方形栌斗（前者用于转角铺作，后者用于补间铺作），亦皆木制。其余详部手法略如平座，惟转角铺作之令栱，依普通木构物之方法，延长其外端托于撩檐枋下，非双塔、虎丘塔所有也。

（四）塔之内部，因入口封塞不能考察。《宝铁斋金石文字跋尾》所载砖上宋代题字[23]亦无法证实。然据日人伊东忠太博士所摄影片（图版24[丙]），塔之中央复有砖砌之塔心柱，作八角形；壁上所施五铺作偷心斗栱，亦比例雄健，且遮椽板下具有支条，疑为宋代旧物。惟转角皆延长其令栱之外端，似其年代应较双塔稍晚耳。

塔之沿革，或谓创于三国吴赤乌四年（公元241年），或谓五代钱氏所建，确否无由案证。惟北宋末朱勔改旧塔13层为7层，诸书所载，悉皆一致，似可置信。其后宋靖康、元至正几度毁于兵火，经宋淳熙，元至元，明洪武、永乐、天顺、崇祯，清康熙次第重修，洎咸丰末季，复遭太平天国与清军战争破坏[22]，遂至零落败毁，不堪寓目。至其建造年代，依式样判断其塔身决非成于明、清二代，极为明显。即使非朱勔改建之原物，亦应为南宋淳熙间法林所葺，方志谓"元至正末复毁"[22]，疑仅限于外檐，非全部也。

开元寺无梁殿

寺在瑞光寺之北，唐末吴越钱氏自城北报恩寺徙建于此，遂成巨刹。惟现存建筑，仅无梁殿保存稍佳耳。此殿建于明万历四十六年（公元1618年），原名藏经阁[24、25]，面阔七间，重檐歇山顶。内部构以筒券而不假寸木，故有此称。

殿之外观（图版25[甲]），上、下两层皆施圆倚柱，分正面为七间。柱之下段，下檐者承以须弥座，上檐之柱为栏杆所遮，手法稍异。惟柱之上端，另饰小垂莲柱，则上、下层胥皆一致，极类山西五台山显通寺诸殿也。檐端所施砖制斗栱，明间用斜栱，略如河北、山西诸省辽、金遗物，其余皆为五踩重翘；

图版24[甲] 瑞光寺塔全景　　　　图版24[乙] 瑞光寺塔外檐详部　　　　图版24[丙] 瑞光寺塔内部斗栱（自《支那建筑》转载）

平身科于下檐用二攒，上檐减为一攒。又平身科之在尽间者，与角科相连，而转角坐斗上皆施抹角栱，亦非南方建筑所有。

内部上、下二层，皆构筒券。但上层明间，另加八角形藻井，形制较为华丽。其结构先于室隅施叠涩式之砖数层，上置五踩斗栱一攒，构成藻井之底边。次于各隅施垂莲柱，其间联以横枋及花板，极类山西一带惯用之手法（图版 25 [乙]）。再上二层，各以偷心翘二跳向内挑出；但翘之数，下层每面二攒，转角一攒；上层则每面减为一攒，且略去转角之栱。以上各种方式，未见于当地其他建筑，颇疑营建此殿之匠工，系来自山西一带者。

此殿山墙窗券上，现均发生裂缝。盖我国砖、石工，向无门、窗下加构反券之法，故墙壁静载过大时，每每诱致此种结果。如定县宋料敌塔及南京灵谷寺明无梁殿，已数见不鲜，此殿亦其一例也。

图版 25 [甲] 开元寺无梁殿外观

图版 25 [乙] 无梁殿上檐藻井之一隅

图版 25 [丙] 无梁殿上檐藻井仰视

图版26［甲］ 天平山范祠御碑亭

图版26［乙］ 木渎严家花园（其一）

图版26［丙］ 木渎严家花园（其二）

图版27［甲］ 木渎严家花园（其三）

图版 27 [乙]　木渎严家花园（其四）　　　　　　　　　图版 27 [丙]　留园石栏杆

注　释

[1] 光绪《苏州府志》卷四十四："圆妙观在城东北隅，晋咸宁中（公元 275～279 年）创，号真庆道院。唐为开元宫。宋祥符（公元 1008～1016 年）中，更名天庆观。皇祐间（公元 1049～1053 年）新作三门，尤峻壮。建炎兵毁。绍兴十六年（公元 1146 年），郡守王映重作两廊，画灵宝度人经变相，召画史工山林、人物、楼橹、花木各专一技者，分任其事，极其工致。淳熙三年（公元 1176 年），郡守陈岘建三清殿。六年火，提刑赵伯骕摄郡，重建。八年赐御书'金阙寥阳宝殿'六字为殿额。元至元元年（公元 1264 年），始改今额。至正末兵毁。明洪武中，置道纪司于此。正统间，巡抚侍郎周忱、知府况钟建弥罗阁，请赐道藏经。万历三十年（公元 1602 年）阁圮。本朝顺治间三清殿圮。康熙初道士施道渊力新之，并建雷尊殿、天王殿。道纪陶宏化募建东岳殿庑，又构五岳楼。十二年（公元 1673 年），布政慕天颜重建弥罗阁，再期而成，复还旧观。乾隆中，高宗纯皇帝南巡，赐额，并屡临幸。三十八年（公元 1773 年），三门毁于火，巡抚萨载重修。嘉庆二十二年（公元 1817 年）三清殿毁于雷火，尚书韩封等修。"

[2] 民国《吴县志》卷三十七："玄妙观在城东北隅，晋咸宁中创，号真庆道院……乾隆三十八年三门毁于火，四十年（公元 1775 年）巡抚萨载重修。嘉庆二十二年三清殿毁于雷火，尚书韩封等修……咸丰十年（公元 1860 年）弥罗阁毁。光绪九年（公元 1883 年）钱塘胡光墉捐资重建。"

[3] 曹允元《吴县志》卷三十七·宋·白玉蟾《诏建三清殿记略》："平江府天庆观……建炎戎烬之余，绍兴乙丑（十五年，公元 1145 年），太守贰卿王侯映刻于朝，赐缗钱，复殿，适以召去，弗遂。黄冠朱真献鸠众市材，欲踵其志，复以疾奄。淳熙乙未（二年，公元 1175 年），道篆李若济奉御香修醮于兹，回奏得旨，令郡侯殿撰陈岘发公赇，属吴县尹黄伯中董役。经始于乙未之春，讫成于丁酉（四年，公元 1177 年）之冬。星锤月斧，旦暮庀工。霞栱云甍，人神胥庆。"

[4] 元·牟□《平江府重建三清殿记》："平江圆妙观三清殿，实再建于淳熙丙申（三年，公元 1176 年）……越八十年甲寅（宋理宗宝祐二年，公元 1254 年），住持严守柔重覆屋。又八年辛酉（理宗景定二年，公元 1261 年），蒋处仁重茸周楣。又三十四年为今至元戊子（元世祖至元二十五年，公元 1288 年）（著者注：以干支推算，应作二十七年）。阮稽郡乘，改赐额，旧观浸隳。处仁之徒严焕文，兴任作新，而为费甚重……时则今左辖朱公文清，与妻若子，大捐金钱，以相其役。焕文不避寒暑，致木江淮，官易其栋梁，以至交员偃值，靡不坚壮，圬墁陶瓮，

靡不完密，斧藻像饰，靡不严洁。始于乙丑二月，成于庚寅十月。"

[5] 明·胡淡《圆妙观重建弥罗阁记》："圆妙观创自晋朝，名真庆道院。唐更名开元宫。宋赐额天庆观……郡守陈岘命羽士募缘，增崇修建，雄冠诸郡。宝祐、景定间，住持严守柔、蒋处仁重加修饰，施以栏楯。元至元间，黜天庆之号，而改今额。道士严焕文、张善渊复为修理。时左辖朱文清，大捐帑廩，以相其役。由是穿门邃庑，奥口巍阁，杰出吴中。元末至正间毁于兵燹，迨今百有余年，殿堂廊庑，渐次修建，率皆完美，惟弥罗宝阁工费浩繁，久虚未建……宗继（张宗继）乃募众缘，遂为倡始。正统三年（公元1438年），巡抚侍郎卢陵周公恂如，郡守南昌况公伯律，因岁旱祷雨于其观，遂获甘霖。二公暨全郡吏民，咸欲修堕举废，戮力同心，首捐俸资，以兴复为己任。委都纪郭贵谦鸠材庀工。贵谦先令化士尤元真、张养正至镇江市木。今年夏（正统五年），厥工告成。"

[6] 清·彭启丰《重修圆妙观碑》："吾吴圆妙观峙都会之中，前为三清殿……后为弥罗宝阁……其初创自晋咸宁二年（公元276年），名：真庆道院。唐曰：开元宫。宋曰：天庆观。元曰：圆妙观。明正统时，巡抚周文襄公忱，知府事况公钟，募建后阁，后悉圮坏。国朝康熙间，有施链师道渊，殚心营建，募白金四万两有奇，大殿、宝阁，钜工悉成。越四十余年，法嗣胡得古重加藻绘，扩方丈而新之……乾隆三十八年冬，观外居民不戒于火，延及观门与雷尊殿门。于是巡抚萨公饬诸僚属，议修葺，劝输助，遴高资者八人董其事。期年告成，计工二万六千有奇，费白金六千二百两有奇，粲然复旧观矣。"

[7] 石蕴玉《重修圆妙观三清殿记》："苏城圆妙观，古之天庆观也，肇基于晋咸宁中……其中大殿崇奉三清像，重屋四檐，规模大壮。嘉庆二十二年（公元1817年），岁在丁丑，孟秋之月，疾雷破柱，毁其西北一隅。维时大司寇韩公對衔恤在籍，率众捐金，鸠工修治，而工师求大木不得……明年常熟濒海渔人，悬罟入水，忽重不可举，窃意以为网得大鱼，纠集多人，拽入福山口，潮退视之，非鱼也，大木伟然，偃卧于沙滩之上。邑人以告，公命工度之，其长七十尺有奇，其直中绳，其圆中规，适符所用……是役也，经始于戊寅四月，落成于己卯九月。韩公为之倡，而蒋待诏敬、董封君如兰等，实成其事。"

[8]《苏州府志》卷四十二："双塔禅寺在城东南隅定慧寺巷。唐咸通中，州民盛楚等建为寺。吴越钱氏改罗汉堂。宋雍熙中，王文罕建两砖塔对峙，俗以双塔名之。至道初，赐御书四十八卷，改为寿宁万寿禅院。嘉熙中重建。明永乐八年（公元1410年）僧本清建。康熙十五年（公元1676年），里人唐尧仁捐建天王殿、方丈、禅堂。乾隆中，东塔相轮毁，道光年重修。咸丰十年毁（公元1860年），双塔及一殿尚存。同治间僧郤凡稍加修茸。"

[9]《姑苏志》："双塔禅寺在城东南隅，唐咸通中州民盛楚建。初名般若院，吴越钱氏改罗汉院。宋雍熙中，王文罕建两砖塔对峙，遂名双塔。至道初赐御书四十八卷，改寿宁万寿禅院。绍熙中为提举常平祝圣道场院，提举徐谊尝给以常平田。嘉熙中重建，释妙思记。永乐八年僧本清重建。"

[10]《重修双塔记》："嘉靖元年（公元1522年）七月二十五日，怪风为灾，折石塔顶。相轮榱题，久渐倾落。崇基钜干，并致摧夷。有马居士祖晓者，长洲人也……买石于山下，购材于江客，范甓于陶匠，冶铁于凫氏。千夫献力，百工效技。□经始勿亟，□创速成，构架于烟霄，等功于神运。双轮珠焕，两刹峰标。塔凡七成，扶二栈，窗开八面，龛一灯，覆以珊檐，围以□槛。里所□字法华，并旧藏舍利杂室，秘以铜奁，固之铁检，奉安峻极，永镇神基。颓圮者四十年，兴复者不逾岁。"

[11]《寿宁寺重修双塔碑记》："崇祯六年（公元1633年）癸酉，复渐圮，西南房无念新公泊斯宗溽阐士梵云等修之。□□半载，而双标并蟲，□□起□孟夏三月，卒事季秋之既望，崇祯九年，岁在丙子八月。"

[12] 民国《吴县志》卷三十六："报恩讲寺在府城北陲，俗称北寺。古为通玄寺，吴赤乌中孙权母吴夫人舍宅建……开元中，诏天下置开元寺，寺改名开元……大顺二年（公元891年）为淮西贼孙儒焚毁。后唐同光三年（公元925年），钱镠重建开元寺于吴县西南三里半。周显德中钱氏于故开元寺基建寺，移支硎山报恩寺额于此。宋崇宁中加号万岁。建炎四年（公元1130年）罹兵燹。旧有塔十一层，梁僧正慧建。宋元丰时经火，复新，苏轼舍铜龟以藏舍利，至是再毁。绍兴间行者大圆重建，仅九成。元至元二十九年（公元1292年）重建寺……明弘治十二年（公

元 1501 年），知县邝璠命僧德昊修塔。隆庆间寺塔又烬，僧性月募修。万历十年（公元 1582 年）游僧如金修塔，凡九年成……三十一年（公元 1603 年）塔心欹斜，僧洪恩再修……清初僧惟一以浮图倾圮，募修八级。康熙三年（公元 1664 年）僧剖石壁募修殿、塔……咸丰十年兵燹后，寺几荒废，九级宝塔亦将颓圮。光绪二十四年（公元 1896 年）住持僧敏曦立志兴修，未几病殁。二十六年住持僧继和克承师志。"

[13] 民国《吴县志》卷三十六·陈琦《重修报恩寺宝塔记》："报恩贤首讲寺，创于吴大帝赤乌初年。而塔则肇于萧梁时，凡十一级，屡堕劫灰。至宋绍兴间，沙门大圆仅成九级，即今塔是也……弘治庚申，知吴县邝公璠，命僧德寿鸠工修葺……未久德寿示寂，众举僧德昊、道充、宗恩司之，洎善士倪道完复相其役……经始于是年五月，明年是月乃底于成。易腐为坚，增新去旧，珠顶光芒，金绳交络，白蜃外饰，丹梯上通，像设庄严，天神森卫，栏楯旋绕，层层如一；风铎之声，闻乎四境；夜灯之焰，烛乎半空；顾不雄哉！"

[14]《图书集成·神异典》第一百廿三卷 · 王世贞《北寺重修九级浮图记略》："僧正慧者，别创窣堵坡 11 层于殿右，迨千余载，而不戒于火。宋元丰中，合谋新之，改而为九。盖绪成感舍利之瑞，学士苏轼以所藏古铜龟奉之，而为之志。自是称壮观者数十年，未几复烬。绍兴末，头陀大圆复一新之。垂四百年，复不戒于火。万历初，将鼎新之，而赀用不继。有山僧性月者，慨然请任其役。甫树架而工师骄焉，故昂其直以相要。适游僧曰：如金者自伏牛来，绕塔顶礼而叹。性月故识之，欢曰：'事济矣！请一切署。'如金初无所难易，架构之工，十未二三，即挺身木杪，指挥群役。少间，即为广说因果，辩辞泉涌。或戟双肘，或翘一足，猿跂鸟挂，踔厉若飞。尝一倾滑而坠，众谓：'立靡碎矣！'去地丈许，趯腾而上，寻理旧谈，面不改色。乃共咋舌，以为神人。檀施云集，如金复手自料理，分功役作，往往兼数人，凡九阅岁而始成。虽九级之尊，毋改旧观，而壮丽侈钜，俨然若揽化人之袪而造天中矣。"

[15] 清·汪琬《重修报恩寺记》："报恩寺在府治卧龙街之北，俗但谓之北寺……逮入国朝，亦复剥剥渐甚，有僧惟一者募修颇力，卒未竟而罢。康熙五年（公元 1666 年），太傅金文通公归老于家，偕其仲子侍卫君顾而叹息，促延剖石壁公主之。首葺不染尘耳殿，继兴塔工，施者辐凑坌集。于是飞金涌碧，绚耀中天之上。栏楯俛云，铃铎交风。"

[16]《乾隆江南通志》卷四十四："虎丘云岩寺在府阊门西七里，晋王珣及弟珉别业也。咸和二年（公元 327 年）舍建。即剑池分为东、西二寺，今合为一。宋至道中重建，后毁于兵。元至元又建。明永乐初重修。"

[17]《虎阜志》卷五："虎阜禅寺即虎丘山寺，晋司徒王珣及其弟司空珉之别墅。咸和二年舍建，即剑池分东、西二寺。唐避讳，改名武邱报恩寺。会昌间毁，后合为一。宋至道中，知州事魏庠奏改为云岩寺。元至元四年（公元 1267 年）修。明洪武二十六年（公元 1343 年）毁于火。永乐初建。宣德八年（公元 1433 年）复火。正德二年（公元 1507 年）重建。十年敕赐藏经。万历二十八年（公元 1600 年）敕赐藏经。崇祯二年（公元 1629 年）毁，十一年重建……乾隆五十五年（公元 1716 年）僧祖通募修。"

[18] 元至元六年（公元 1340 年）《虎丘云岩禅寺兴造记》："吴郡西北有山曰：虎丘，有大招提曰：云岩寺……重纪至元之四年，行宣政院以慧灯圆照禅师普明嗣领寺事。至则装饰佛菩萨，罗金刚神。塑造文殊、普贤、观世音三大士。缮治舍利之塔。经律法之藏。范美铜为巨钟。大佛殿、千佛阁、三大士殿、藏院、僧堂、库司、三门、两庑、香木、寒泉、剑池、华雨诸亭，则仍其旧。祖塔、众寮、仓庾、庖湢，宴休之平远堂，游眺之小吴轩，山之前为重门，则改建使一新。"

[19] 明永乐二十二年（公元 1424 年）杨士奇《虎丘云岩禅寺修造记》："苏长洲县之西北不十里，有山曰：虎丘……盖有王珣及弟珉之别墅，咸和二年捐为寺。始东、西二寺，唐会昌中合为一。而名云岩者，则昉于宋大中祥符间，载陆熊《郡志》如此。始，清顺尊者主此寺，至隆禅，寺而复振。历世变故，寺屡坏，辄屡有兴之。洪武甲戌（廿七年，公元 1394 年），寺复毁。永乐初，普真主寺，始作佛殿，寺僧宝林重葺浮图七级。继普真者宗南，作文殊殿。十七年（公元 1419 年），良玠继宗南。是年作庖库，作东庑。明年作西庑，作选佛场。又明年，作妙庄严阁，三年落成。盖寺至良玠始复完。所作阁之功最巨；凡三重，崇一百尺有奇，广八十尺有奇，深六十尺，奉三世佛及万佛像，中奉观音大士及诸天像。其材之费，为钞三十余万贯。金、石、彩绘之费六十余万。又经营作天王殿，以次成也。"

[20] 明正统十年（公元 1445 年）张益《苏郡虎丘寺塔重建记》："虎丘寺有塔凡七级，在绝顶，视他塔特高。始建于隋仁寿九年*……洪武乙亥（廿八年，公元 1395 年），僧舍不戒于火，寺焚，延及浮图。永乐初，住持法宝重构殿宇，而塔则专讬寺僧宝林加葺之。宣德癸丑（八年，公元 1433 年），火复作于僧舍，浮图又及于灾，而加甚于昔焉。住山定公南印，乃罄衣赀所有，粗具材石。既而巡抚侍郎周公，郡守况公，捐己俸首助之，郡人争以财物来施。经始于正统丁巳（二年）之春，落成于戊午（三年，公元 1438 年）八月三日。"

[21] 民国《吴县志》卷二十六："府学在府治南……景祐元年（公元 1034 年）范文公仲淹守乡郡……以所购钱氏南园巽隅地，旧欲卜宅者，割以创焉。左为广殿，右为公堂，潴泮池在前，斋室在旁……嘉祐中，富严添建六经阁。熙宁中，校理李绖又以南园地益其垣……建炎兵毁，守臣先葺学宫，庙未遑作。绍兴十一年（公元 1141 年）直宝文阁梁汝嘉建大成殿。十五年直宝文阁王映绘两庑，徙祀像，创讲堂，辟斋舍，乾道四年（公元 1163 年）直秘阁姚宪辟正路，浚泮池。九年直密阁邱崈重建传道堂，又直庐。淳熙间，教授黄度葺二斋，择有志者居之。二年（公元 1175 年）韩彦古建仰高、采芹二亭……宝庆三年（公元 1227 年）秋七月大风雨，殿、阁皆摧圮欲压。绍定二年（公元 1229 年），教授江泰亨请复豪右所占田，得租缗以新之。守林介、提刑朝请郎王与权、提举朝请大夫常平王栻、守文宝汉阁李寿朋相继讫其事。淳祐六年（公元 1246 年），侍制魏峻因博士何德新请，捐五万缗复加兴葺，凡为屋二百一十有三间。宝祐三年（公元 1255 年），学士赵与笃拓地凿池，作桥门，移采芹亭与外门相映，建斋九处……又建成德堂于阁后，建观德亭于射圃，采芹亭则改建于棂星门内之西，泳涯书堂则建于传道堂后，道山亭则建于立雪斋右土阜上……大德初，殿宇坏，治中王都中，谋于郡人两浙盐运使朱虎，以私财撤而新之，并修学宫。旧御书居殿之西，直讲堂之前，碎于暴风。延祐中，部使者邓文原以学租之羡复之。董以经历李仲英、达鲁花赤八不沙、总管曹晋，以海漕校尉沈文辉相其役，更阁于堂之北，曰：尊经。皇庆四年*（整理者按：皇庆为期仅二年，恐有误。），总管师克恭修殿及讲堂，学廪赵凤仪继之，增外垣五百四十丈，环植松柏万株。至治二年（公元 1322 年）总管钱光弼修庙学，又筑垣一百五十丈。三年改建先贤祠及棂星门，责学田逋租充费。至元元年（公元 1335 年），文正祠火，总管道童重建。至正五年（公元 1345 年），总管吴秉彝修学。十五年达鲁花赤六千从、教授徐震等，请易陶甓甃庙垣，凡纵广五百七十丈，高一丈三尺，下广七尺。十九年（公元 1359 年）总管周仁修学。二十六年总管王椿建乐轩于大成殿前。明洪武三年（公元 1370 年）重建道山亭。六年知府魏观建明伦堂于成德堂旧址，置敏行、育德、隆礼、中立、养正、志道六斋。复地之侵于民者五百四十丈，补垣四百八十丈有奇。拓庙南地，展棂星门以临通衢。七年重建教授厅于明伦堂之西……十五年（公元 1382 年）知府刘麟重建尊经阁。二十二年教授陈孟浩等白巡按御史李立重修庙学。宣德二年（公元 1427 年），又白巡按御史陈敏易泮池梁，以石为窦七，以象七星，长十二丈，广一丈二尺。又建先贤、文正、文昌三祠。八年知府况钟重建大成殿，巡抚侍郎周忱助成之。又易止善堂曰：至善，又建毓贤堂于后……正统二年（公元 1437 年）重建明伦堂五间，二庑宏壮愈旧。为斋四：左隆礼、中立，右养正、志道，设两廊号舍及射圃亭。九年知府李从智筑垣六百三十丈。景泰元年（公元 1450 年）知府朱胜建会膳堂。三年知府汪浒于毓贤堂增建学舍三十间。天顺四年（公元 1460 年）知府姚堂大修学，改隆礼、中立二斋曰：成德、达材。立杏坛，学门内覆以亭，重建道山亭，又立状元、解元二坊。六年知府林鄂改建庙，易两庑诸贤像以木主。成化二年（公元 1466 年）知府邢宥重修殿、堂、门、阁，改建祠、斋、庐、圃、池、桥。四年知府贾奭作亭于尊经阁后，提学御史陈选题为游息所。前凿方池，布桥，立坊曰：众芳。又前垒石为山，曰：文秀峰。改观德亭为厅。十年知府邱霁修道山亭，增置石栏。以大成殿自宋、元以来，凡三改作，皆隘不称，请于巡抚都御史毕亨大规度之，建殿五间，重檐三轩，两庑四十二间。撤旧材作戟门五间，左、右掖门各三间。学门故东向，历朝道折而南入，及是益市民居地，徙门于棂星之西。更为门于泮池之北，以达于庙左，学右基址方整。邱去刘瑀来代，始毕工。二十年（公元 1484 年），巡按御史张淮修学。

---

* [整理者注]：隋高祖杨坚之第二年号仁寿仅为期四年（公元 601～604 年），故文中之九年有误。至于塔之建造年代，经由刘先生先后考证，已确定为五代末至北宋初，如此则张说自可不攻而破。

二十一年，知府毛廷美建宫坊于学南大门外……弘治十二年（公元 1495 年），知府曹凤建嘉会厅于学门外，为师生迎候之所，增建会元坊……正德元年（公元 1506 年），又建东、西二门，东曰：跃龙，西曰：翔凤。移嘉会厅于东门外街东，改旧厅为安定书院。又辟翔凤门外学路，循墙面北以达府治。三年，知府林廷㭗重塑两庑先贤像。十二年，知府徐赞言于提学御史张鳌山、巡按御史孙乐，大修学庙。嘉靖二年（公元 1523 年），知府胡缵宗重建大门匾额，悉自书题，改跃龙曰：龙门，翔凤曰：凤池……七年，奉诏建敬一亭。十一年（公元 1532 年），诏庙称：先师庙，彻像易主。庙后建启圣祠。教授钱德洪以湖石垒岩洞于道山亭前，又题文秀峰，曰：'南园遗胜'……二十八年（公元 1549 年），知府金城买学门西民地，即以稽古堂改建徂徕堂，南面正向。三十七年（公元 1558 年），巡按御史尚维持、知府温景葵修庙学，就旧游息所改建敬一亭。易泮宫坊额曰：'斯文在兹'。移三元坊于龙门北，建'万世师表'、'三吴文献'二坊，分列庙学门外。万历七年（公元 1579 年），知府李从实重筑杏坛，立碑建亭……三十八年（公元 1610 年），教授陈堂请移廨于毓贤堂后。天启三年（公元 1623 年），巡抚都御史周启元重建安定祠及祭器、乐器二库，并缮修庙堂、庑署等处。提学孙之益、巡按御史潘士良、巡盐御史傅宗龙各输金有差。六年，为飓风摧坏。崇祯四年（公元 1631 年），知府史应选修明伦堂。六年，风益烈，乔木、周垣尽仆。巡按御史祁彪佳，修庙库、名宦祠。七年，巡抚都御史张国维修学门、礼门、仪门……十二年，推官倪长圩大修庙庑、门库、祠堂、经阁、围墙，无不毕整……十四年（公元 1641 年），竣工。十六年，训导所筑泮池前各祠垣。清顺治十二年（公元 1655 年），巡抚都御史张中元修启圣祠西戟门。十五年提学佥事张能麟、巡按御史韩世琦倡修圣容殿、启圣祠及门、阁、墙垣。康熙五年（公元 1666 年），布政使佟彭年重修拜亭，装修圣像及殿庑、门堂等处，并浚七星桥池。七年、十二年，巡抚都御史马祐、布政使慕天颜大修庙学，提督梁化凤、王之鼎、织造侍郎雷先声、按察使陈秉直、钞关席柱刘士龙以下，府、县官靡不助力……十五年，郡人施文川修泮桥、二门桥。十六年，分守参议方国栋修启圣祠。二十年，分守参议祖泽深捐修戟门、棂星门、礼门。训导张杰捐修至善堂、毓贤堂。二十二年（公元 1683 年），巡抚都御史余国柱又修。户部侍郎李仙根侨居苏，偕郡人候补国子监学正宋骏业助之。二十四年，巡抚都御史汤斌大修庙学。三十七年，巡抚都御史宋荦修庙殿；四十一年（公元 1702 年）又修明伦堂。四十八年，知府陈鹏年请于巡抚都御史于准募修，增植松柏。五十七年（公元 1718 年）巡抚都御史吴存礼修庙垣，建考房四十二间。雍正四年（公元 1726 年），巡抚都御史张楷修明伦堂。八年，巡抚都御史尹继善修学宫，改建崇圣祠，移敬一亭、八角亭二座。乾隆四年（公元 1739 年）以后，布政使常拨存余学租岁修。六年，张文秀建奎文阁。七年，拨学租修七星桥、崇圣祠。八年，修戟门、斋房。十一年，知府傅椿重濬玉带河，建洗马桥、道山亭。五十三年（公元 1788 年），郡人候选道汪文琛独力捐修。嘉庆十七年（公元 1812 年），巡抚都御史朱理重修。道光二十一年（公元 1841 年），绅士董国华偕诸同人募资修大成殿，重建明伦堂。郡人汪正董其役，逾年工竣。咸丰十年毁于兵。同治三年（公元 1864 年），巡抚李鸿章重建，至七年，巡抚丁日昌始竣其役。"

[22] 民国《吴县志》卷三十六："瑞光寺在盘门内，吴赤乌四年（公元 241 年）僧性康来自康居国，孙权建寺居之，名普济禅院。权建舍利塔十三级于寺中，以报母恩。（注：《乾隆府志》云，按宋·朱长文《吴郡图经续记》，瑞光禅院故传钱氏建之，以奉广陵王祠庙，今有广陵像及生平袍笏之类在焉，不言创自赤乌，其说与诸志不同。今按叶梦得《石林诗话》云：'姑苏州学之南，积水数顷，旁有小山，钱氏广陵王所作，今瑞光寺即其宅，而此其别圃也。'则朱氏之说，信而有征矣。）五代后晋天福二年（公元 937 年）重修，塔放五色光，敕赐铜牌置塔顶……宋崇宁四年（公元 1105 年）奉敕修塔，塔放五色光，赐名'天宁万年宝塔'。宣和间朱勔出资重修，以浮图十三级太峻，改为七级，赐额为'瑞光禅寺'。靖康兵毁。淳熙十三年（公元 1186 年），法林禅师重葺……元至元三年（公元 1266 年）敕修。至正末复毁。明洪武二十四年（公元 1391 年），僧昙芳重建。永乐间凡再修，始还旧观。天顺四年（公元 1460 年），僧净珪修宝塔……崇祯三年（公元 1630 年），僧净与澄修塔……清康熙十四年（公元 1675 年），僧悟彻修塔……咸丰十年寺毁，惟塔存。"

[23]《宋平江城坊考》卷一："《宝铁斋金石文字跋尾》云，瑞光塔砖题字在塔中，正书四行，文云：'吴县太

平乡木渎镇庙桥西，街南面北，居□女□□顾氏五二娘舍砖柱，一□追助先考顾十七郎，妣张氏六娘，亡夫赵□郎众魂超升'。按瑞光塔修于朱勔，其为宋物无疑。"

[24] 民国《吴县志》卷三十六："开元禅寺在盘门内。旧在城北隅，即今报恩寺。后唐同光三年（公元 925 年）钱镠徙今地……万历四十六年（公元 1618 年）赐藏经，建阁供奉，垒甓为之，寸木不用，因名无梁殿……咸丰十年（公元 1860 年）寺毁，惟无梁殿存。"

[25] 民国《吴县志》卷三十六·潘曾沂《开元寺重修藏经阁记》："藏经阁者，建自前明万历四十六年，有神宗时所颁全藏庋于其上。阁高九丈，东西阔六丈六尺，南北深三丈六尺，纯垒细砖，不假寸木。当日建造费十七万九千余金，而成神功，结构雄杰冠江南。今越二百年矣，经颇残缺失次，而砖阁岿然完好。惟阁顶久经燥湿寒暑，滋长顽木，纠蔓蔽障，日渐侵损……迨今已丑岁，又以如德等及护力，遂得续修藏经阁，自春兴役，五阅月而告成……道光九年（公元 1829 年）七月记。"

河南省北部古建筑调查记 *

绪 言

最近一年内，著者与本社研究生陈明达、赵法参二君，前后三次调查河南省北部的古建筑，其范围包括黄河北岸的归彰德、卫辉、怀庆三府，和南岸的渑池、洛阳、孟津、偃师、登封、巩、密、汜水、郑、开封等县。除去开封、郑县二处的古建筑，业经杨廷宝先生介绍过一次，而洛阳等处石窟建筑，因性质稍异将来另行发表外，现在将其余资料，依着每次旅行路线，分为上、中、下三篇报告于后。但内容比较复杂，非本文篇幅所能容纳者，将来在专刊内再作详细记述。

讨论古代建筑最易遇到的困难，便是"术语"使用问题。宋以前者现在尚不明了，单说北宋术语见于李明仲《营造法式》中的，便与清代《钦定工程做法则例》的相差得甚远。除此以外，同在清代，又因区域不同，每每发生很大的差别。本文为叙述方便起见，凡明、清二代建筑，均使用清官式术语。明以前者，暂以《营造法式》为标准。但遗物中有结构奇特为清官式建筑所无，而须用宋式或其他适当名辞解释的，亦不在少数，祈读者注意。

上 篇

纪 行

第一次调查（插图1），系民国二十五年（公元1936年）五月十四日自北平出发，至七月十一日回平，往返约计两月光景。我们先循平汉铁路，至新乡县下车，经过半日踏查，知附郭一带古建筑异常缺乏。

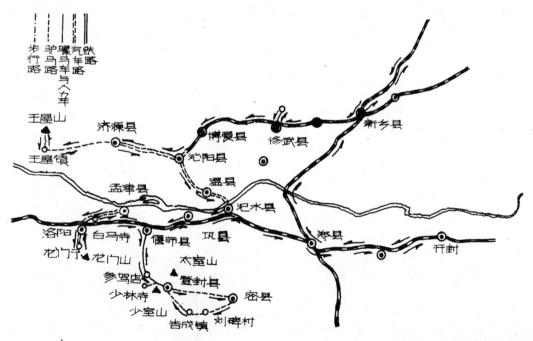

插图 1　第一次河南旅行路线图

---

* [整理者注]：本文发表于《中国营造学社汇刊》第六卷第四期（1937年6月）。原著中尚有登封县告成镇周公庙一节，因著者修改后作为专文，故删去而另列。

次日傍午，即乘道清铁路车去修武县。道清线自新乡以西，沿着太行山脉，直奔向西南。所经各处，阡陌纵横，物产丰富，为河南省比较富庶的区域。修武县位于车站东南一里余处，城内街衢修洁，朴素无华。而城垣内侧，复开凿广阔的水池数处，很有南方水乡风趣。民居屋顶多数用板瓦拼列，即北平匠工所谓"仰瓦灰梗"做法。但河北、辽宁诸省仅抹灰泥的"一面坡"和"屯顶"屋面，却不易发现；同时屋脊用条砖竖砌，表面镌刻卷草纹，也是此一带的特有式样。著者等出发以前，震于百家岩崇明寺为北齐以来有名的道场，特意来此考察。不料到修武以后，始知此寺位于县城东北七十里的天门山中，数年前被土匪盘踞，寺中建筑大半沦为劫灰。乃变更计划调查城内遗迹，和离城不远的二郎庙、清真观、汉献帝陵等等。

在修武停留二天，再继续往西，经过产煤著名的焦作镇，到达博爱县。博爱县城原为唐代的太行县治，宋以后并入河内县，改称清化镇。至民国十七年（公元1928年）复立为县。此处为晋、豫二省的交通要道，平日商贾辐辏，百货云集，与道口、朱仙二镇，及豫南的周家口，同为省内最著名的商埠。现在城内商业虽还比较繁荣。但是此一带的土地使用，已达到最高程度。而近年来人口增加，失业者日多一日，遂至成为匪类的渊薮。

我们一行荷县政府的恳切指导，首先调查城外西北一带的建筑。在离城十里的泗沟村，发现关帝庙一所。门外有明中叶铸造的铁狮二尊。遥望门内的结义殿，斗栱雄巨，檐柱粗矮，以为最晚当是元代遗构。及至细读碑文，乃知重建于民国五年（公元1916年），不禁哑然失笑。不过此殿外檐平身科将蚂蚱头改为下昂，向后挑起，却是不易多见的例子（插图2）。自此经许良镇，至九道堰，沿途竹林甚多，所制筐篮、桌椅，或烫花，或加油漆、雕镂，或在竹面上洒布泥质，薰为花纹，种类繁多，其中也偶有雅洁可观者。

九道堰位于县城西北二十五里，就谷口地势分丹水为东、西二流，置堰九处，导为十九渠，灌田百有余村，故有九道堰或九龙堰之称。各渠皆用乱石叠砌，清流四注，潺潺不绝，而附近一带，背山面水，风景宜人。宋人《癸辛杂识》谓"河北怀、孟诸州……得太行障其后……山水清远似江南"，可算得最确当的评语。自此沿山麓往东，穿过许多竹园和柿林，五里至圪塔坡，访孙真人府与老君庙。老君庙的三清殿建于明万历十三年（公元1585年），外檐斗栱施有各种繁缛雕饰（插图3），极似山西南部的建筑。再东五里，登明月山，调查宝光寺，傍晚回城。

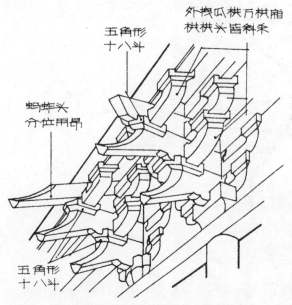

插图2　河南修武泗沟村关帝庙正殿柱头科及平身科

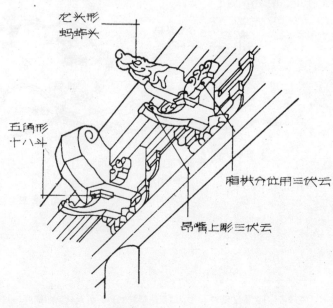

插图3　河南博爱圪塔坡老君庙三清殿柱头科及平身科

次日上午,考察城内观音阁、文庙、兴教寺等处建筑。下午乘道清线车至陈庄下车,渡过丹水,西南五里,至沁阳县。沁阳即汉、晋的河内郡,明、清二代改为怀庆府。自此往南,经孟津、渡黄河,可到洛阳县。故汉、唐以来,凡是奠都洛阳的,无不屯集重兵于此。但是现在城内市面异常萧条,视博爱县瞠乎后矣。著者等留此二天,承县长荆壬秝先生和秘书崔先生招待,参观教育局所藏东魏造像碑,及城内大云寺、文庙、城隍庙等等。

从沁阳乘河南建设厅主办的木炭汽车,出西门,折向西南,凡七十里,抵济源县。济源位于河南省的西北角上,为省内面积最大的县,可是人口并不十分稠密。县城附近原有济渎庙、奉先观、延庆寺许多宋、金、元建筑,但我们为各种文献记载所耸动,决计舍近求远,先将笨重行李悉数留存城内,而后向豫、晋交界的王屋山出发。

出县城西门,西北行二十里,抵承留镇。再换乘骡马顺着南北朝末期宇文泰和高欢争战的秦岭山谷,继续西进。诸马只备有驮载货物用的木鞍,鞍身既宽,上面复施木梁二条,致跨乘异常不便。三十五里过封门镇;镇中人烟寥落,惟东侧留有比较完整的城垣一段,据说是清同治间为防御捻军而建造的。自此西南下山,经剑河堡,折向西北,复攀登陡峻的山坡二处,二十里抵王屋镇。其时恰值新麦初登,附近农民在此演剧酬神,几无旅客插足的余地,后来无意中遇到第二师别动队的某君,他曾到过我的故乡,攀谈之下,承他介绍在某布店内借宿一宵。

次日侵晨,自王屋镇出发,北行八里,至阳台宫。宫据天坛山的南麓,面对八仙岭,气局宏阔,为山中道观之冠,但建筑物却都是明、清二代建造的。自阳台宫取道天坛山东侧的山谷,经河口与时应宫,峡道深邃,顽石满涂,步行十分不便。下午二时,达到王屋山中峰下的紫微宫,在此考察一小时,忽然山风萧飒,凄然欲雨,仰望山巅,已完全被白云封蔽。闻此处至山顶还有二十里路程,半山上虽有明嘉靖间创建的什方院一所,但规模异常狭小,乃决计放弃登山的愿望。归途细雨纷霏,回到王屋镇,已是暮色苍溟,咫尺不辨了。

次日微明,乘马回济源县。山雨愈下愈大,各人都只借得油布一张,被覆身上,不一会内外即已湿透。也许因失望之余,或者气温陡然下降的缘故,大家都畏缩鞍上,默默地踏着归程。幸亏下山比较省力,下午四时便抵县城。

在济源略事休息,即着手调查附郭的古物,收获之丰又完全出乎意料以外。但一行自北平出发以来,转眼已经旬日,离梁思成先生与著者等在洛阳聚会的日期,仅仅只余下三天,因此将济源县应当测绘的建筑物,留待回平时再来工作。

五月二十六日,从济源搭长途汽车回到沁阳。原拟自此往南,经孟县渡河径奔洛阳。后来在车中与同行的王君谈话,始知孟县县城离黄河渡口还有三十里,现在途中不太平靖。乃临时变更计划,自孟县乘原车折东,经温县至氾水县的北岸渡河。自孟县以东,大小村镇都筑有雄厚的土城,不像普通乡村的景象。沿河一带,因为南侧的邙山山脉,都是黄土层高岗,以致河流北趋,泥沙泛滥,极目无涯。汽车停在离渡口约八里的地点,换乘牲口达到河边,已是下午两点多钟。此处河面仅宽二里左右,但水势却十分湍急。在渡河的一小时内,船夫们无厌的需索,多少带有一点威胁性。幸亏王君极力将护,未受到意外的损失。

氾水县城位于渡口东南三里,即秦、汉争交的成皋。可是城垣已经大部分倾颓,市街民居零星散乱,颇不似县治所在地点。我们为交通方便起见,住在陇海铁路车站附近。次日上午至城外东北,调查唐代有名的等慈寺。所经各处,凡是平阔的高冈上都耕种麦田,冈下低洼处,被雨水冲刷成为深邃的沟道,在平日也就是车马通行的道路。当地人或依山冈,或就沟谷,开凿无数纵向穴居,自远处眺望恰与蜂窠无异。提起穴居建筑,大概河南省内最普通的几种型体,龙非了先生已经在《中国营造学社汇刊》第五卷第一期内介绍过,但是穴居的普遍情形和数量之多,若非身历其境恐怕不容易了解。它存在的原因当然不止一端,而最主要的乃是社会经济能力的贫弱,因此不得不因陋就简,使用此种半原始的居住方式。在短期内欲提高他们的生活水平,使穴居状况完全根除,不但是一件极难办到的事,即就国防上而言,与其消灭勿宁使其利用,也许更为合理。

在建筑结构上,河南省内的穴居多数采用长方形平面,面阔与进深约变化于一比二至一比四之间(插图4)。穴居外侧辟有面积较小的门、窗,但其中也偶有数穴相连的其位于内侧的一室,全无日光射入的可能。穴居的横断面采用一种近于抛物线形的筒券;高度自二米半至三米半;宽自二米半至四米不等。普通穴居从开掘后,经过一年或一年以上时间,将筒券表面筑实打光,加构窗、门即可居住。但也有少数富裕人家,在筒券底部再加砖石发券以防备泥土的崩陷。据当地人所述,凡黄土层具有垂直裂纹的,即不施砖石亦无危险。但实际上崩塌的穴居,却随处可以发现。故对于筒券的型类,与直径限度,以及上部土层厚薄,和砖石、水泥补强的方策等等,均应加以调查和试验。

在保健方面,穴居最大的缺陷便是光线不足,而尤以位于深沟内采取东西方向的,几无接受阳光的机会。其次穴居上部的地面,概无泄水设备,而土层厚度,又自三米至十余米不等。在上部土层较薄的穴居,一受雨雪浸润,很容易增加穴内的湿度。同时穴内温度因为受大气影响较小,冬、夏二季不似普通建筑物寒暖相差之甚。而穴内光线却又极端微弱。它们是否有助长蚤类和其他微生物繁殖的危险,也是值得注意的。

是日下午,自汜水搭陇海铁路火车赴洛阳。沿途冈陵起伏,穿过隧道十余处,至孝义站以西,才渐渐进入平原。次经偃师和义井二站,铁路直贯旧洛阳城的故基,东、西土垣犹可依稀辨识。再西经白马寺,抵洛阳东站下车,寓附近的大金台旅馆。次日梁思成、林徽因二先生联袂莅洛,从二十八日起一连四天,我们共同调查龙门石窟和关羽墓。六月一日梁、林二先生转赴山东。我与陈、赵二君调查洛阳城内、外的建筑,及北邙山汉明帝、章帝、和帝诸陵,与白马寺金代建造的砖塔。其间并一度赴孟津县,考察汉光武帝的原陵。

四日傍晚,自洛阳赴偃师。偃师县城在1935年秋季,曾遭全城陆沉之惨。当著者等经过时,城内南半部还是余潦未除,所有行政机关皆迁至车站附近。次晨雇轿车赴登封。荷偃师县长薛正清先生派警员护送。十里,过杨村,渡洛水。再五里,至营防口。折向西南,登长坂。地势渐高,凡五里,抵唐太子李弘墓。在此逗留数小时,再转向东南,与官道会合。十八里至府店镇,访镇南升仙观唐武后所书的《升仙太子碑》。是夜即留宿府店。本日经过

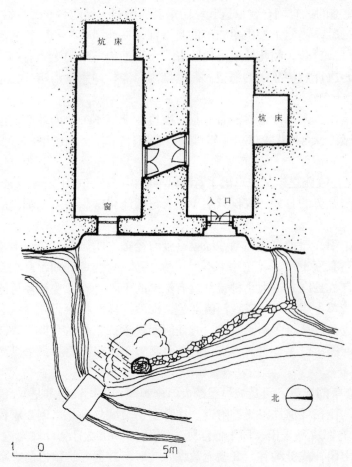

炕床

炕床

窗

入口

北

1　0　　　　5m

插图4　河南汜水民居

营防口时，见路旁小庙墙壁全用汉代空腹圹砖修造，而砌入沿途民居墙内，或充门前踏步用的，更不胜其数。

次晨六时，自府店出发，十五里，过参驾店。据说从前唐帝、后避暑嵩山，百官于此迎驾返洛，故名"参驾店"，现在却讹为"三家店"。自此攀登崎岖盘曲的石道，凡七里，达到崿岭口，其地即古代的轩辕关。不但乘者于此皆须下车步行，并须加雇牲口，引曳车辆上山。登岭南望，少室雄姿，赫然呈于目前。其东太室山如巨龙蟠伏，东西横亘达四十余里，气局尤为雄伟。下岭东南过廓店，沿太室山南麓，经邢家铺，凡二十五里，抵登封县城。承县长毛汝采先生厚意招待，寓民众教育馆内。

嵩山系太室、少室二山的总名，虽以"中岳"见称，但高度却比王屋山还低。从前山上松柏葱郁，林木幽深，为北魏和唐代诸帝避暑的胜地。可是现在已成童山濯濯，乱石嶙峋，徒增旅人的喟叹。登封县城建于太室山的南麓而微偏东端，余等以此为中心，调查附近的汉太室、启母二阙，及中岳庙、崇福宫、嵩阳书院，与嵩岳、法王、会善、芦台四寺，前后凡七日，始大体藏事。

十四日出登封东门，八里，过中岳庙。再东经芦店、景行、牛店等镇，至密县城，为程共七十里。是日天气奇热，终日盘据鞍上，疲困万状。幸公路新修未久，平整如砥，视在登封时，每日跨劣驴行山径中，又觉此愈于彼矣。密县城建在平阔的丘冈上，城内街道，以石板铺砌，较登封尤为整洁。惟古建筑则仅存法海寺宋石塔一座。著者等在此停留一天，十六日侵晨，复自密县回到登封东南的告成镇。为避免阳光起见，所走路线，特取道阴邃的山沟中。十八里，经平陌镇。又三十五里，抵西刘碑村，调查碑楼寺著名的北齐碑，和唐塔、宋幢等等。此庙现在亦无住持，门窗残破，荆莽丛生，凡可移动的物品，早已被人盗去。后来我们在庙东北角上的一间小屋内，发现十来个农民，横七直八地倒在稻草上吸食毒品，相见之下，双方都大吃一惊。恐怕民国十七年（公元1928年）主张没收庙产的先生们，也万万料不到在他们毁灭文化史绩以外，还会产生此种意外的流弊罢。

下午二时，自村西渡石淙河，西南行二里，访唐武后三阳宫故址。宫毁于长安四年（公元704年），遗址荡然，已不能实指其处。然高冈之下，巉崖攒秀，高低错落，纯出自然。而河水自东往西，潆洄岩下，幽冷若黛；最广处曰：车箱潭，二三小屿，棋布绿波中，纵横偃仰，曲尽妍态。自此往西，两侧石峰，束水愈窄，闻雨后泉瀑奔腾，与岩石相击，飞溅凌空，为景甚奇。惜余辈来时，适河水半涸，未逢其胜。且其地东西不过二百米，局促如盆盎间物，颇为美中不足耳。其车箱潭北侧，有武后天授元年（公元690年）所制《石淙诗序》及诸臣侍从应制诗多首，南侧刻张易之《秋日宴石淙序》，皆高不可读，仅"千仞壑"三字较大，尚能辨识。时骄阳肆虐，热不可耐，乃相率解衣浴河中。五时，离此西行，再八里，宿告成镇。

告成镇即汉代的阳城县，相传周公营东都时，即在此测日景，求地中。唐武后封祀礼成，升为告成县。五代周显德间（公元954～939年），废县为镇，并入登封。现在镇外土垣，还是方整平阔，规模很大。翌晨出镇北门，约行二里，路东有周公庙，大殿前石标柱，题"周公测景台"五字。殿后复有元代营建的砖台一座，阶砌盘回，形制奇伟，俗称为"观星台"。一行在此逗留半天。西北行经五度、纸坊，复与前日往密县的公路会合。再三十里，抵登封县城。

十八日出登封西门，经邢家铺和廓店，绕至少室山的北侧。二十五里，抵少林寺。寺建于五乳峰下，凡是研究禅宗沿革的，无不知道它以往的光荣历史。现在寺中主要建筑，虽于1928年被军阀石友三焚毁，但如宋宣和七年（公元1125年）建造的初祖庵，及唐、宋、金、元以来许多住持的墓塔，仍然占据我国建筑史中极重要的一页。我们在此停留六天，收获异常圆满。其间并抽出一天，调查了太室山西麓的永泰寺，和邢家铺西侧的汉少室庙石阙。

二十四日下午自少林寺回到偃师，即搭陇海车往巩县。巩县县城原靠近洛水的东岸，民国七年（公元1918年）为大水所淹，乃迁往东侧冈上。二十年来，居然又形成很大的市集。余等此行，原以调查县西的北宋诸陵为主要目标，不料其地与兵工厂邻接，不许测绘。乃考查石佛寺北魏造像，于廿六夜赶往开封。

在开封三天，荷龙非了先生向导，考察市内、外古建筑，并至河南博物馆与古迹研究会，参观新郑出土和淇县、濬县等处新近发掘的殷、周铜器。此外博物馆藏品中与建筑艺术有关的，亦有数种：（一）汉空腹圹砖三十余块，正面印有繁缛的几何花纹，而背面复刻画人物、车马、禽兽等类的写生画，构图描线，简单生动，与普通圹砖大异；（二）洛阳出土的北魏末期石棺，表面镂刻极纤细的龙凤花纹，与朝鲜大同江汉墓壁画同一风调；（三）隋开皇二年（公元582年）石刻顶部所雕九脊殿式屋顶和鸱尾，较河北定兴县北齐石柱者更为完整。

二十九日，自开封返郑县，调查城内开元寺塔及唐僖宗中和五年（公元885年）经幢。是夜著者由郑县迳返北平。陈、赵二君则先一日（由道清铁路）转往济源县，补量济渎庙等处建筑，至七月十一日始回到北平。

新乡县　关帝庙

关帝庙在县城东门内，现改为新乡县教育局。正门面阔三间，单檐悬山造，但门前加构走廊一列，故正面如重檐建筑（图版1[甲]）。两侧夹垣上，施斗栱及夹山顶；两端更翼以八字墙，使全体布局参差错落，颇富变化。

庙内建筑以大殿年代较古，但此殿仅东西五间，而明间面阔不过三米半，次、梢诸间亦只二米余，故面积异常狭小。据《新乡县志》卷二十四："正殿五楹……元至正间（公元1341～1368年）建。万历、崇祯间次第重修。国朝康熙三年（公元1664年），知县王克俭增修；四十七年（公元1708年）邑人王旬公又修之。"

可是殿的梁架现为天花所遮，无法调查，不能证实它的结构是否属于元代。单就出檐结构来说，其手法实异常庞杂。如额枋使用狭而高的断面；平板枋比例未曾加厚；一部分平身科使用真昂，及昂嘴卷杀形式等；与此一带的元代遗构，虽大致类似；但是材、栔比例十分单薄；坐斗式样除讹角斗以外，或在角上刻海棠曲线，或在斗下承以莲瓣；而昂上的交互斗采用五角形平面，与蚂蚱头刻作龙首形；厢栱改为透空的花板（插图5），都是明或明以后的方法。它的年代，即使创建于元至元年间，但大部分已经后代修改过多次了。

殿后垣内，嵌砌东魏孝静帝天平四年（公元537年）造像石一块，在略近正方形的佛龛上，用疏朗平浅的线条描出当时通行的幛幕。龛内浮雕一佛二菩萨像，神情姿态以及衣纹、莲座、背光等等，都是很道地的北魏末期作风。

修武县　文庙

文庙位于县城西北角上，现改为修武县教育局。内部建筑惟大成殿规模较巨。殿面阔五间，进深显三间，单檐歇山造。结构上可注意的事项如次：

（一）檐柱下所用八角柱础，在圭角上施覆莲一层，上为束腰，再上为俯莲，而束腰转角处复饰以小柱，完全模仿须弥座的式样（图版1[丙]）；全体比例，也比较高耸。

（二）平板枋厚度增高，与额枋表面镂刻华文，俱和山西南部建筑接近。

（三）斗栱每间仅用比例较大的平身科一攒。外侧出跳七踩三昂，蚂蚱头改为龙首。内侧第一、第二两跳俱如清式常状，惟第三跳和蚂蚱头后尾则插入垂莲柱内（图版1[乙]）。各垂莲柱之间施额枋与平板枋，使与左、右梁架连络。平板枋上再置一斗

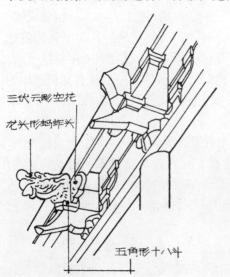

三伏云彫空花

龙头形蚂蚱头

五角形十八斗

插图5　河南新乡关帝庙正殿柱头科及平身科

三升交麻叶云，如清式溜金科后尾上的花台科，托于下金枋之下。在结构上，内、外两侧虽然都使用水平构材，但因后侧垂莲柱的关系，仍能利用下金桁所受荷重，使与外侧的挑檐桁维持平衡状态。

殿的沿革，据明·周佑《修武县新开泮池记》，知万历十九年（公元1591年）邑宰邵炯，曾"买地东西八步，南北二十八步，凿池其中……修大成殿五间，东、西庑各七间，礼门三间，棂星门三间，明伦堂五间……"其后清康熙、乾隆二代，都只有重修记录，足证此殿确是万历间所建。

文庙东侧有三公祠一座，面阔三间，规模甚小。据《三公祠堂记》，此殿建于明正德十三年（公元1518年），可是额枋和平板枋伸出隅柱处，仍遵守辽、宋初期垂直截割的方法。

修武县　胜果寺塔

县城西南隅有胜果寺，现充保安队驻所。其西墙外存八角形砖塔一座，每面宽3.12米。塔门设于东面，内辟六角形小室，不与外廓一致，甚为奇特。塔的背面另辟一门，施梯级，可达上层。

塔外观共计9层。各层高度和直径自下而上逐层减少，但最上一层显经后人修改（图版1[丁]）。出檐结构，先在壁面上隐出普拍枋，其上施砖制的偷心华栱二跳，但七、八两层则减为一跳。橑檐枋至转角处并未提高，其上施檐椽、飞子各一列。飞子中有作圆形断面的，恐系后人所加。自此以上，用反叠涩

图版1[甲]　新乡县关帝庙大门

图版1[乙]　修武县文庙大成殿斗栱
后尾

图版1[丙]　文庙大成殿柱础

图版1[丁]　修武县胜果寺塔

的砖层向内收进，未施平座。

《图书集成》职方典谓："胜果寺……宋绍圣（公元 1094～1097 年）中建"，但未述及此塔的建造年代。可是它的平面配置和出檐结构，极与开封祐国寺琉璃塔、天清寺繁塔接近，似以北宋建造的成分占据多数。

修武县 东大街经幢

城内东大街南侧，有八角形经幢一座，约高五米（图版 2［甲］）。最下为莲座，上置须弥座二层，各层皆浮雕佛像。其上幢身分为上、中、下三节。下节较高，表面镂刻经文，覆以石檐。中节比较粗巨，上施盖板，琢城郭及《释迦游四门图》，与武安县常乐寺宋乾德三年所造的经幢完全一致。上节直径较小，亦覆以石檐。其上再加圆盘三层，互相重叠，如葫芦形。

此幢因文字大半漫漶，建造年代无法追究。然它的形制，很显明地表示其为北宋遗物。

修武县 东板桥村二郎庙正殿

二郎庙在县城北十里东板桥村，庙内仅有东、西庑及献殿、正殿，规模异常狭隘简陋。正殿紧接于献殿之后，平面正方形，每面三间（插图 6）单檐九脊殿造（图版 2［乙］）。

此殿正面当心间用八角形石柱，上加月梁形状的阑额；额的表面饰以雕空龙凤，其两端再承以镂空之雀替（图版 2［丙］）。普拍枋稍厚，伸出隅柱处已垂直截去。

斗栱仅用四铺作出华栱一跳，结构十分简单，但材高 16 厘米，宽 11 厘米，在同体积的小型建筑物中，它的比例不能不算为雄大。当心间用补间铺作一朵，内、外各出一杪；跳头上施令栱与替木。但柱头铺作在外侧华栱跳头上，以绰幕枋代替令栱；华栱后尾则斫作楮头，承托四椽栿或山面的丁栿。所有栱与楮头的比例和卷杀，极似元代做法。不过替木与雀替则系近代换制的。

内部梁架，在当心间柱头铺作上施四椽栿，承受山面柱头铺作上的丁栿。四椽栿的中点再置驼峰、角替，与山面补间铺作上的丁栿相交。再上施平梁一层及侏儒柱、叉手等等（图版 2［戊］）。屋顶坡度平缓；两山出际很大，因之博脊皆折入山内（图版 2［乙］）。此种方式虽见于敦煌壁画内，可是此一带的清代建筑现在还依然使用，故不能据为判断年代的标准。

殿内中央有青石香案一具（图版 2［丁］），表面镂雕极精美的牡丹花纹，并有铭刻一段：

"维那头都进 大定廿年（公元 1180 年）七月初六日记

石匠天水郡人造作

田门村秦德

乐村陈德"

此庙历史，《县志》未曾著录。除前述铭刻外，尚有清雍正十三年（公元 1735 年）《重建二郎庙碑记》一通，可供参考。原文节录如次：

"二郎庙不知创始何年……倾颓几尽，雍正癸丑岁（十一年，公元 1733 年），本营善士傅廷柱动念重修……不数月殿宇巍峨，神像焕彩，而功已告竣矣……"

此项修理记录，证以现状，尚可征信。惟大殿一部分斗栱，很像元代旧物未曾改换者。

修武县 汉献帝禅陵

出县城北门，东北行二十里，至马坊村真清观（俗称海蟾宫）。观门北向，俗传原有海蟾子的洗丹潭，然久已枯涸。门前一碑，刻金大定元年（公元 1161 年）《敕赐真清观牒》，及长春子所书《海蟾公入道歌》。门内正殿三楹，蚂蚱头形状异常奇特（插图 7），疑系明末、清初间物。自此往北，地势渐高。十五里，至小风村，晋初竹林七贤的栖所，就在此附近。再向东北二里，麦田中有冢隆然，即是汉献帝的禅陵。

陵南向微偏东南。其平面南北长 65.4 米，东西宽 55 米，东北角缺去一块（插图 8），无疑原系正方形，因农民垦植麦田逐渐侵削，成此形状。坟高 8.69 米，顶部略作圆形。也许因下部地宫毁坏的缘故，致坟

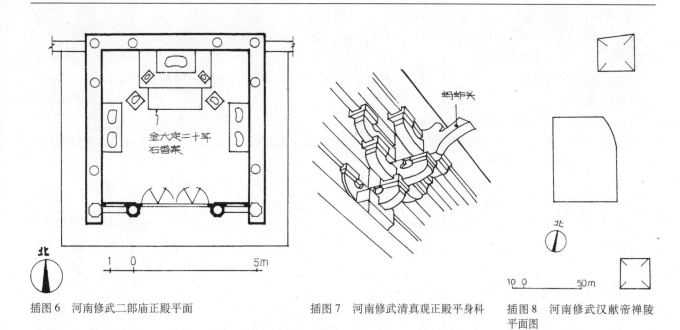

插图6　河南修武二郎庙正殿平面　　　　　插图7　河南修武清真观正殿平身科　　插图8　河南修武汉献帝禅陵
　　平面图

图版2［乙］　修武县东板桥二朗庙正殿　　图版2［丁］　二朗庙正殿石香案

图版2［甲］　修武县东　图版2［丙］　二朗庙正殿详部　　图版2［戊］　二朗庙正殿梁架
大街经幢

上发现直径一尺左右的小洞多处向下凹陷。坟前一碑，题"汉献帝陵寝"五字，乃乾隆五十二年（公元1787年）河北镇总兵王普所立。

据《后汉书》卷九·献帝纪，延康元年（公元220年）曹丕篡位，封帝为山阳公。山阳即今修武县，献帝所居浊鹿城，就在禅陵东南，相去不远。魏青龙二年（公元234年），帝崩，史谓葬以汉天子礼，并置园邑、令丞，而注文引《帝王纪》称：

"陵高二丈，周回二百步"。足证规模简陋，与著者等实测的结果大体符合。此外同书卷十六·礼仪志·注引《古今注》，又谓禅陵未曾起坟，其言如次：

献帝禅陵，《帝王世纪》曰："不起坟，深五丈，前堂方一丈八尺，后堂方一丈五尺，角广六尺。"

此说是否可信，无法穷究。所载地宫尺寸，也非发掘不能证明。

陵的东北角和东南角又各有一坟；前者约方30米，后者方25米。据《后汉书》卷十一·曹皇后纪："魏景初元年（公元237年）薨，合葬禅陵。车服、礼仪皆依汉制。"似与献帝合葬于一冢之内，则此二坟殆为妃嫔之属无疑也。

博爱县　明月山宝光寺

明月山在城北十五里，其前丘谷环抱，曲径盘回，上多翠柏，颇与北平磨石口法海寺类似。宝光寺建于山阿中，原名大明禅院，创于金大定年间；元泰定和明永乐迭加修治；至景泰、天顺、成化三朝大事扩增，更名宝光寺；最近复改为中山公园。但内部建筑，仅山门、正殿和观音阁三处年代较古。

山门

寺外山门（即明金刚殿）三间，左、右夹门各一间，均悬山造（图版3[甲]）。据明景泰三年（公元1452年）碑，此门似建于景泰初年。外檐斗栱比例雄大，均五踩重昂计心造，各间平身科亦仅一攒，惟厢栱两端斫作斜面，乃年代稍晚的惟一表示（图版3[乙]）。额枋彩画无箍头与藻头；斗栱两侧绘卷草，底面绘鱼鳞纹；虽然年代很新，但都是北平官式建筑所不易见到的（图版3[乙]）。

正殿

山门内有前殿（即明天王殿）三间，现改为平民休息所。再北正殿（即明水陆殿）五间，进深显四间，单檐歇山造。外檐斗栱五踩重昂，比例、卷杀极与山门类似（图版3[丙]），足证此殿亦明中叶所建，不过详部结构如下文举列的，却又保存宋、辽遗法较多。

（一）外檐第一层正心枋上置十八斗，承受第二层正心枋，乃辽、金以后仅见的孤例。

（二）外檐斗栱后尾出重翘，俱偷心。

（三）内部后金柱仅至内额下皮为止，其上施斗栱承载九架梁，与清官式惯用的落金柱，迥然异趣（图版3[丁]）。

（四）上金步施单步梁，亦元以后鲜见的方法。

此殿明间槅扇以六椀菱花与正六角形相配合（图版3[戊]），但次间槅扇忽易六椀菱花为六出毬文。帘架构图为在龟锦文内配以如意头四瓣，亦不落常套（图版3[戊]）。

观音阁

大殿北面有后殿（即明藏经殿）三间，式样结构和前殿大体一致。殿后依山建泊岸二重，其上观音阁崚嶒孤耸，隐然为全寺重心。阁平面正方形，每面三间，梯级设于东侧走廊内，自此可达上层（插图9）。惟此阁上层较高，故在上檐斗栱下，再加上覆檐一层，以庇护周匝的走廊。而各层出檐高度，复相差不大，致外观极似三层建筑物（图版4[甲]）。

此阁比例雄峻，檐下斗栱每间仅用一攒，初见之下极似元代遗构。然阁内所藏明成化七年（公元1471年）《敕赐宝光寺重修观音圣阁碑》，谓：

图版3 [甲] 博爱县明月山宝光寺山门

图版3 [乙] 宝光寺山门斗栱

图版3 [丙] 宝光寺大殿斗栱

图版3 [丁] 宝光寺大殿梁架

图版3 [戊] 宝光寺大殿槅扇

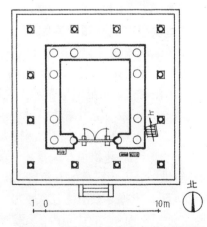

插图9 河南博爱县宝光寺观音阁下层平面图

"……天顺二年（公元 1458 年）秋，郑王殿下请其寺为祝圣寿之处，蒙赐额改为宝光寺。时有住持僧曰：继安者……闻内臣阮公吉，素以好善乐施为时所称，乃踵门告劝。公慨然不吝，即捐金帛，收米粮、木、石，命工增修。首建高阁一所，以安观音，规制轩昂，檐楹突兀……虽曰重修，其实与创始无异……" 知它实重建于明天顺二年。又阁顶脊檩底面题：

"大明成化五年（公元 1469 年）岁次己丑拾壹月二十一日重修观音大圣宝阁……佛郑王敬……"

上层门扇上，复刻有很刚劲的飞白体题字：

"嘉靖甲午(四十三年，公元 1564 年)子月朔河南参政莆田林豫、副使双江唐符、佥事平定祁元洪同登，符记"。

上金桁底面，又有题记一段：

"时大清道光十年（公元 1830 年）岁次庚壬（整理者注：当为庚寅）秋八月癸巳重修观音大圣宝阁三间。□自立木之后，永保合寺人口平安，吉祥如意，梓匠原蹈和谨志"。

重修以后的沿革，也叙述得异常明白，可证确为明构。兹将结构上特征，列举如后：

（一）阁的上檐斗栱虽未测量，但上覆檐的斗口宽 9.5 厘米，栱身高 18 厘米，与下檐走廊斗口宽 11 厘米，栱高 15 厘米，迥然不同。正心瓜栱和万栱、厢栱的比例也是下檐的细长，上覆檐的粗短；可是平板枋的断面却是下檐较厚（插图 10）。凡此种种，均可证下檐走廊的年代应比上覆檐稍晚。

（二）前述下檐走廊的斗栱，系清乾隆十五年（公元 1750 年）高宗巡幸此寺所修补，抑道光十年所改换，现在因证据不足，尚不能遽下判断。但如柱头科的头昂和角科的斜头昂与斜由昂均未加宽；平身科后尾及角科后尾未曾计心；与角科斜三翘上再加硕大的雀替（插图 11），尚都保存较旧的做法；不过枰杆结构却不在此列。

（三）下檐老角梁后尾搁于墙上，而将由戗直接置于梁背（插图 11），竟与宋《营造法式》所载的搭配方法大致符合。

（四）下檐内部柱头科用插栱二跳。

（五）下层内部大栌彩画，在栌两端与北平盒子相当的部分满绘锦文（图版 4 [乙]）。藻头内所施旋子作如意头形状，亦与北平智化寺万佛阁明代彩画异常类似。中央枋心描成包袱形，束以绦带，顾名思义，较北平苏式彩画的包袱更与事理切合。又此项彩画在木材表面直接描绘白色和深红色的花纹，其间区以墨线，使色彩配合鲜明而不过于伧俗。

（六）上层墙壁下之勒脚，为用木制的须弥座，权衡雄健，意匠新颖，乃古建筑中不可多见的珍品（图版 4 [丙]、[丁]）。

博爱县　民权镇观音阁

博爱县城内有所谓观音阁者，位于第六街转角处，在地域上隶属于第六区民权镇管辖。阁西向，上、下二层平面配置（插图 12），虽与宝光寺观音阁相似，但它的外观在下檐上增设平座一层，而上檐和上覆檐又比较密接，很显明地表示其为重层建筑（图版 5[甲]）。其大木结构可注意的事项如次：

（一）下檐与上覆檐斗栱用一斗二升交蚂蚱头，虽系宋代旧法，但依斗栱卷杀观之，此部年代显然很晚。

（二）平座和上檐斗栱比例较大，殆为原来旧物。惟其年代恐亦不能比明代更早。

（三）平座斗栱用五踩重翘（图版 5 [乙]）。正面明间平身科，在坐斗左、右角上各出辽、金惯用的 45° 斜栱一缝。角科另加附角科，但二翘前端斫作尖状；跳头上所施十八斗平面也作五角形。

（四）上檐斗栱出跳五踩重昂，但在正心缝上则施栱三层。角科结构亦于坐斗两侧另施附角斗；并于斗上加施平面 45° 的抹角栱，如辽代做法。内侧结构除自附角斗背面各出一翘，承托斜二昂后尾以外，又在老角梁后尾下加抹角梁一根（图版 5 [丙]）。

（五）上檐平身科后尾出二跳；第二跳偷心。其上枰杆几成水平形状，前端刻作蚂蚱头或夔龙尾，承

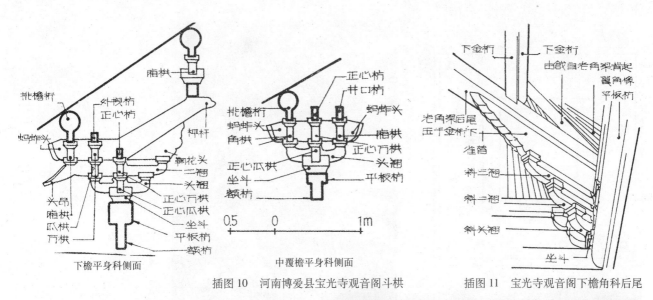

挑檐桁
外拽桁
正心桁
蚂蚱头
翘花头
二翘
头翘
头昂
踊拱
瓜拱
万拱
正心万拱
正心瓜拱
坐斗
平板枋
额枋

下檐平身科侧面

正心桁
井口桁
挑檐桁
蚂蚱头
角拱
踊拱
正心万拱
头翘
坐斗
平板枋
额枋

0.5　0　　　1m

中覆檐平身科侧面

插图10　河南博爱县宝光寺观音阁斗栱

下金桁
下金桁
由戗自老角梁背起
翼角条
平板枋
老角梁后尾
压于金桁下
雀替
斜三翘
斜二翘
斜头翘
坐斗

插图11　宝光寺观音阁下檐角科后尾

图版4 [甲]　博爱县宝光寺观音阁外观

图版4 [乙]　宝光寺观音阁内檐彩画

图版4 [丙]　宝光寺观音阁上层走廊

图版4 [丁]　观音阁上层走廊木须弥座

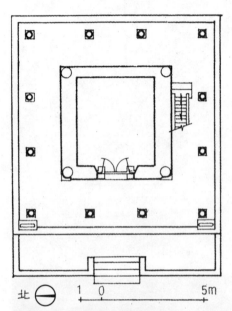

插图 12　河南博爱县民权镇观音阁下层平面

图版 5〔甲〕　博爱县民权镇观音阁外观

图版 5〔乙〕　民权镇观音阁平座斗栱

图版 5〔丁〕　民权镇观音阁上层梁架

图版 5〔丙〕　民权镇观音阁上层斗栱后尾

图版 5〔戊〕　民权镇观音阁上层佛像及壁塑

载平面八角形的花台科（图版 5［丁］）。此花台科在前、后二面恰托在金檩底下，而在山面则又承载歇山梁架，构思灵巧，尚属初见（图版 5［丁］）。

（六）下层正面槅扇所用拐子平棂花心，简洁朴质，恰到好处。

（七）上层室内壁面饰以壁塑。正面供观音三尊（图版 5［戊］）；左、右两侧列十八罗汉及二十四诸天像。又另有铁罗汉数尊，弃置案下，都似明代作品。

此阁建造年代，在文献上，毫无线索可寻。现存仅有清康熙十六年（公元 1677 年）、嘉庆二十四年（公元 1819 年）及同治十三年（公元 1874 年）重修碑记数通，知清代曾经数度修缮而已。依平座和上檐斗栱的结构手法来推测，很有明代初期建造的可能。

沁阳县　东魏造像碑

沁阳县教育局内，藏有东魏造像碑一通*，约高 2 米弱。碑的正面，在中央雕刻主要的佛龛一区；龛内佛像作施无畏手印，下裳披于莲座上，褶文图案完全取对称方式；其余莲柱、尖拱和拱下端的龙饰，均是北魏中叶至北周、北齐间常见的手法（图版 6［甲］）。龛的四周配列体积不同的佛像、人物与供养品多种，姿态灵活，颇能补救对称式构图的缺陷。

碑两侧用阴刻线条刻供养人五列，每列三尊，并附注姓名。

碑阴下部刻供养人二列。上列中有铭文一段述建碑原由，末有"大魏武定元年（公元 543 年）岁次癸亥七月已酉朔二十七日乙卯建"铭刻一行。再上刻《佛迹图》**三列，每列幅数自三幅至五幅不等。图中所描人物、服装、建筑、车马、山水、云、树等等，和其他六朝石刻同一作风，而其中二幅且刻有当时的住宅建筑。

其一题"三年少笑婆罗门妇时"及"此婆罗门妇即生恨心，要婆罗门乞好奴婢走去时"（图版 6［乙］）。图中有三人袖手立于井旁，另一人正在汲水。井作正方形上加木框，旁立一柱，柱上施横木一端向下，垂绳于井内，无疑即古人所谓之"桔槔"。此人之后，有单檐四注的方形建筑物一座，建于二层台基上。两侧壁体在直棂窗下施心柱，而窗上复加横枋，枋上施人字形栱，表示当时木构物的结构情状。足证唐代木建筑式样见于西安大雁塔雕刻和嵩山会善寺净藏禅师塔上的，仍是南北朝遗法。此建筑物入口处有一

---

* ［作者眉批］：此碑原在孔村。

** ［作者眉批］：此碑佛迹图十二幅，标题如次：

"太子得道，诸天送刀与太子时。

定光佛入国，□□菩萨献花时。

如童菩萨赍银钱与王女买花时。

黄羊生黄羔，白马生白驹时。

摩耶夫人生太子，九龙吐水洗时。

想师瞻□，太子得想时。

此婆罗门妇即生恨心，要婆罗门乞好奴婢走去时。

三年少笑婆罗门妇时。

五百夫人皆送太子，向檀毒山辞去时。

随太子乞马时。

波罗门乞得马时。

太子值太子得度时。"

《广弘明集》：南齐王□所作法乐辞亦分："分歌"、"本□"、"录瑞"、"下生"、"在宫"、"四游"、"□国"、"得道"、"双树"、"贤众"、"□徒"、"供具佛应"十二章，内容约略相类，惟先、后次序略有出入耳。

——1938 年 3 月补记于新宁故居。

图版 6 [乙]　东魏造像碑背面雕刻（其一）

图版 6 [甲]　沁阳县东魏造像碑

图版 6 [丙]　东魏造像碑背面雕刻（其二）

人跪坐，当是婆罗门的妻子。

　　另一幅在门墙之后，露出屋顶一座，似表示当时规模较大的住宅（图版 6 [丙]）。门屋仅一间，单檐四注，正脊两端各施鸱尾。门的两侧构直棂窗，窗下横枋二层俱用心柱支撑。其旁缀以围墙，较门稍低。围墙以柱划分数间；柱与柱之间亦施横枋，枋下承以心柱；枋上或辟直棂窗，或在墙面上饰桃形装饰，类似汉明器中所示之窗；其上再加阑额及人字形栱，以支撑上部的瓦顶。此种具有木骨和直棂窗的围墙，其内侧必兼具走廊，与日本法隆寺金堂四面的回廊一样（图版 7 [甲]）。但此石刻年代较法隆寺早出六十余年，在我国建筑史中所处地位，至为重要。

沁阳县　天宁寺

　　天宁寺俗称塔寺，在城内东南隅。始创于隋，称长寿寺，后改光明寺。唐武后时易名大云寺。自金以后，始有天宁寺的名称。寺的前部，仅存残破不全的山门三间。门内一片荒凉，惟东侧唐大定二年*《大云寺

---

*[整理者注]：查唐代无大定年号，故疑文中为金大定二年（公元 1162 年）之误。

皇帝圣祚之碑》，以砖封砌，犹巍然峙于菜圃中。其北为大雄宝殿，目前已改为中山俱乐部。殿后有附属建筑数座，现亦划为警察驻所。再北，三圣塔雄峙寺后，与大殿同在南北中线上（图版7［乙］）。依伽蓝配置的形制来说，它还能保持北魏以来的方式，很足罕贵。

大雄宝殿

面阔五间，进深六架，屋顶单檐四注（图版7[乙]），短促的正脊，和挑出较长的出檐，大体还存宋式规制。据《县志》与寺内现存碑碣，此寺重建于元泰定元年（公元1324年），后经明洪武十三年（公元1380年）与清乾隆四十八年（公元1783年）二次重修。但大殿的建造年代，却无确实纪录可凭。以构造式样衡之，其平板枋已经加厚；霸王拳的卷杀方式，也不能比明代更早；而昂嘴形状在背面者，虽仍如明代正规形式。可是正面者，其前端或雕三福云，或完全改为龙头（插图13、14）；故断为明建清修，似乎较为合理。

此次旅行中所见新乡、修武、博爱、沁阳四县的斗栱结构，凡是年代属于明、清二代的，固然一方面还保存着北平不易见到的手法，但在另一方面，又产生了许多复杂纤巧的变体，足窥明以后当地斗栱结构之日趋蜕化。

（一）斗栱比例雄大，布局疏朗。平身科数目大多数以二攒为度，很少使用三攒或三攒以上的。

（二）柱头科与角科出跳在二跳以上者，其头翘、头昂，或斜头翘与斜头昂以上部分，俱未加宽。

（三）真正的下昂极少。最普通的是将蚂蚱头后尾向上延长，起枰杆；或如修武县文庙大成殿，在斗栱后尾加垂莲柱与花台科，使内、外重量维持平衡状态。

（四）昂的卷杀，明代早期之昂背较直，多少还保留宋式批竹昂的余意。但年代愈晚，此部的頔杀愈深，致昂背中段向下凹陷，而昂嘴向上翘起；甚至在此部饰以三幅云或龙头（插图3、13、14）。

（五）蚂蚱头形状有五种：（甲）大体与宋式接近，惟前端出锋斜面向内凹入较深（插图2、14）；（乙）雕刻龙头（插图3、5）；（丙）做成昂的形状（插图2）；（丁）羊角形（插图7），（戊）麻叶云（插图13）。

（六）厢栱两端普通多截成斜面（插图2）。外拽瓜栱与外拽万栱亦偶用此式，但数量不多。

（七）厢栱的部位偶代以三幅云（插图3）或雕空的花板（插图5）。后者与苏州一带盛行的手法不期符会。

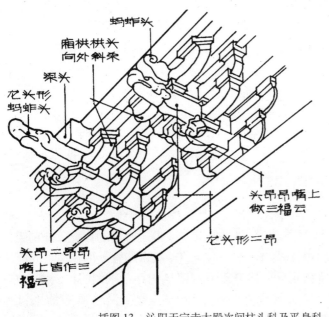

插图13　沁阳天宁寺大殿次间柱头科及平身科

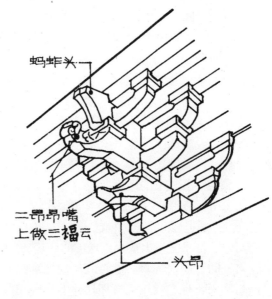

插图14　沁阳天宁寺大殿明间平身科

（八）明中叶以后，翘、昂上的十八斗平面多改为五角形，而以尖端向外（插图2、3、5、13）。为适合此项十八斗起见，翘的前端也偶然斫成尖形。

（九）少数之例，在正心瓜栱与万栱之上再施栱一层。或墨守辽、金遗范，在正心枋上置十八斗，以承受上层的正心枋。

（十）斗栱后尾或计心或偷心极不一律。偷心之例，以二跳最为普通，但亦有展至三跳者。

（十一）走廊上所施简单斗栱，多使用一斗三升交蚂蚱头，如宋式之"杷头绞项造"。内部花台科亦然。

上述各种斗栱结构的局部手法，凡是小巧复杂带有颓废意味的，大都产生于明中叶以后。可是沁阳县西邻的博爱县，相距不出百里，竟有清代建筑还大体保持宋、元做法的。由此可知时间与空间对于建筑式样的演变，具有同等的重要性。偏重任何一方，都有失之毫厘谬以千里的危险。

三圣塔

塔平面正方形（插图15），入口设在南面，内构走道，随塔身环转。走道的两侧施须弥座，其上设佛龛多处。至顶覆以筒券（图版7[丁]）。塔中央再辟方室一间，直达上部。从前室内曾架设楼板多层，但现已全部毁坏。

此塔外观（图版7[丙]），在石造的台座上安置塔身，上部砌出普拍枋，枋上施一斗三升交蚂蚱头；再上以菱角牙子与叠涩砖层合砌出檐十三层，构成很美丽的炮弹形轮廓。故不论在式样上，或内室的结构上，都是北魏嵩岳寺塔以来密檐式砖塔的嫡系。不过塔顶过于平坦；其上圆筒形状的相轮，表面凸起线道五层，至顶再施炮弹形的宝珠；此类做法俱未见于他处。

据顾燮光《河朔访古新录》所载的《栖严寺髑髅和尚铭》及《怀州天宁万寿禅院创建三圣塔记》，知此塔实建于金大定十一年（公元1171年）。如与下述的洛阳白马寺塔互相比较，可证此说极为可靠。

沁阳县　城隍庙牌楼

当地牌楼多在其楼顶上施十字歇山脊，构成很复杂的外观。其中规模最大的，当推城隍庙牌楼（图版7[戊]）。

城隍庙牌楼六柱三楼。在平面上其明间二柱特别加粗。左、右二次间各施二柱，使与明间之柱构成等边三角形平面（插图16）。柱之下部则施以龙形的抱鼓石。

柱与柱之间施额枋数层，其表面和雀替、摺柱、花板、高架柱等，均雕刻龙、凤或其他繁密的写生花纹（图版7[乙]）。出檐结构，明间用网目形如意斗栱四跳，昂嘴亦雕成龙头形状，但在垂脊部位又各加十字歇山一座。

次间施普通斗栱三跳，跳头上直接安置外拽枋，无瓜栱、万栱。屋顶施正脊二道，其方向适与下部额枋一致。山面檐端虽然连接一气，但正脊却未随势周转，故山面显出歇山二座（图版7[戊]）。又屋顶在垂脊部位，亦饰以比例笨拙的十字歇山，致外观混乱毫无美感可言。

明间高架柱两侧，有清康熙四十年（公元1701年），乾隆二十五年（公元1760年）、四十九年（公元1784年），嘉庆十二年（公元1807年），道光十年（公元1830年），民国十三年（公元1924年）重修题记六种，但无创建年代。以式样判断，恐至早不能超过明代中叶。

济源县　王屋山阳台宫

王屋山在济源县西北九十里，据说因为丘陵环抱，阿谷洞邃，若王者居，故从前道流尊为宇内三十六洞天之一。可是道教的全盛时期已成过去，山中道院现惟阳台宫和紫微宫规模较巨，保存状态也以此二处稍佳。

阳台宫位于王屋山前面天坛山的南麓，唐司马承祯尝修真于此。北宋末年，徽宗亦曾一度临幸。故唐、宋以来，即已脍炙人口。然自同治间捻军以后，明都穆所纪的唐开元壁画固已无存；东侧的白云道院亦已荡为风雨；现在仅仅只有明代建造的山门与大罗三境殿年代稍旧。此外后部玉皇阁虽然规模雄阔，但建于清嘉庆年间，不足供历史上的参考。

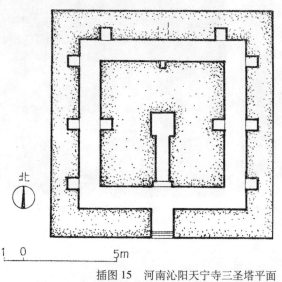

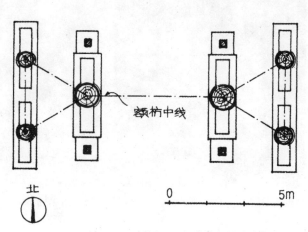

插图 16　河南沁阳城隍庙牌楼平面

插图 15　河南沁阳天宁寺三圣塔平面

图版 7 [甲]　日本奈良法隆寺回廊

图版 7 [乙]　沁阳县天宁寺正殿

图版 7 [丙]　天宁寺三圣塔

图版7 [丁]　三圣塔内部走道　　图版7 [戊]　沁阳县城隍庙牌楼全景　图版7 [己]　城隍庙牌楼明间详部

山门

面阔三间。单檐歇山顶，翼角反翘颇峻急（图版8 [甲]）。而明间额枋与内部梁架亦均使用月梁，似因地理关系，接受南方建筑的影响。最特别的是此门老角梁后尾，除用平面45°的抹角梁承托以外（插图17），复自正面与山面平身科后尾挑起枰杆，撑于角梁后端之下。又自正面与山面柱头科后尾，各出斜翘与斜枰杆撑于梁后端的两侧。此种结构手法虽未免过于谨慎琐碎，但也可算为一个特别的例证。

下金桁底面，有清道光二十一年（公元1841年）重修题记一段。但依结构做法来推测，疑为明末或清初所建。

大罗三境殿

自山门经甬道与月台，至大罗三境殿。殿又称三清殿，单檐歇山顶。面阔五间，进深显四间，面阔与进深约为五与四之比（插图18）。内、外方形石柱所雕龙、云，很忠实地表示了明代作风（图版8 [丙]）。惟外檐柱础不与柱身适合，所雕莲瓣亦类宋、元间物。

外檐结构，除平板枋业已加厚以外，其斗栱比例（图版8 [乙]）与栱、昂卷杀方法，大体与元建筑接近，可是《重修阳台万寿宫三清殿记》述明正德十年（公元1515年）重建此殿经过十分详尽，说明当然不是元代遗构。

内部梁底所施雀替（图版8 [丁]），与江苏苏州圆妙观三清殿及河北曲阳县北岳庙德宁殿几无二致，同时也就是《营造法式》卷五所述月梁下面的"两颊"，足见北宋手法至明中叶还是流传未替。内槽明、次三间各安道像一尊，姿式、手印以及须弥座、背光等类雕饰，无一不模仿佛教的款式（图版8 [丙]）。

道像上所施藻井，先在内额和平板枋上置比例硕大的七踩三翘斗栱，构成正方形井口（图版8 [戊]）。其上未施天花，即直接安置较小的斗栱，与清官式建筑稍异。再上收为圆形平面，仍配列小斗栱，承载绘有龙、云的背板。惟左、右次间的藻井，此部改为八角形。

济源县　王屋山紫微宫

紫微宫位于王屋山中峰下，南距阳台宫约十二里。宫外建有门楼，次天王殿三间，左、右列神像八尊，亦系仿效佛寺施设。再北三清殿五间，单檐歇山造（图版9[甲]）。殿后山坡上原有通明殿（即玉皇殿）一座，久已鞠为茂草。所藏明《道藏》，亦成广陵散矣。

三清殿

平面、外观极与阳台宫正殿相似。惟规模稍小（插图19），柱身亦较低矮，故殿内道像、藻井等的区布情状，反较前者更为紧凑（图版9 [乙]）。据现存各碑，元武宗至大三年（公元1310年）所建的大殿，至清顺治间毁于火灾。其后复行修建。乾隆五十四年（公元1789年）殿顶后部复受雷雨震撼，经二年修

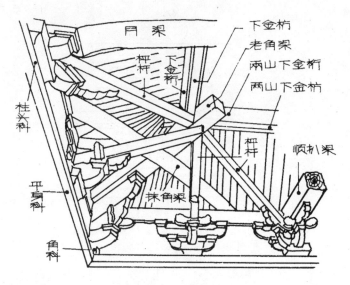

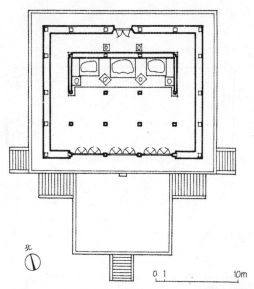

插图 17　阳台宫山门内转角结构　　　　　插图 18　王屋山阳台宫大罗三境殿平面

图版 8 [甲]　济源县王屋山阳台宫山门　　　　图版 8 [乙]　阳台宫大罗三境殿

图版 8 [丙]　大罗三境殿内槽全景　图版 8 [丁]　大罗三境殿内槽详部　　图版 8 [戊]　大罗三境殿藻井

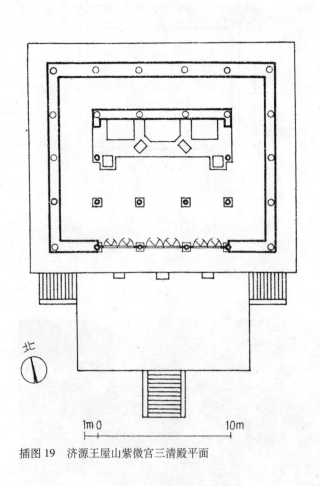

插图 19　济源王屋山紫微宫三清殿平面

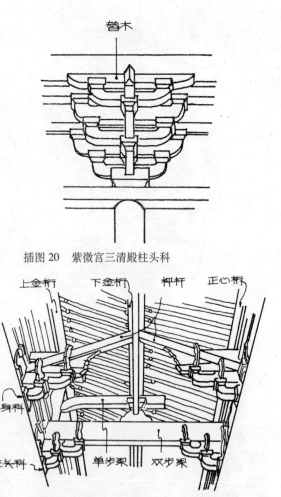

插图 20　紫微宫三清殿柱头科

插图 21　紫微宫三清殿外槽梁架

理始复原状。足证此殿复建于清初，是无可疑问的。不过在结构上，此殿却保留不少的古法，值得注目。

（一）外檐结构，其平板枋厚度与柱头科、角科的宽度均未曾加大，另在厢栱上施有替木一层。替木制度自金以后差不多已经绝迹，不料竟发现于清代建筑中，设非亲见目睹，几令人不能置信（插图 20）。

（二）山面平身科减为一攒；背面之平身科竟全部省略，可是斗栱比例仍与正面一致，故建筑物的外观雄健古朴，不类清代所构。

（三）此殿梢间梁架在柱头科后尾上者，仅在双步梁上立瓜柱，以支载下金桁（图版 9〔丁〕）。但外槽此部则改为驼峰，上施坐斗承受单步梁，使与下金桁相交（插图 21）。除此以外，平身科后尾与内额上和此相对的平身科，又各起枰杆撑于下金桁中点之下。此二枰杆内、外对称，构成人字形构架（插图 21）。在原则上，与河北省新城县开福寺大殿梁架具有同样意义。

（四）此殿内槽藻井大体与前述阳台宫大罗三境殿类似。惟外槽之局部手法略有出入。即井口枋以内先施小斗栱，其上以支条划去四角，形成不等边八角形的平面。其内再以二正方形套成斗八藻井。井内斗栱随边周转至顶。再于顶部之背板上，绘以太极图和八卦（图版 9〔丙〕）。

济源县　济渎庙

我国古代崇山川神祇，"四渎"是与"五岳"并称的，不过《史记》封禅书载：

图版9［甲］ 济源县王屋山紫微宫三清殿全景

图版9［丙］ 三清殿藻井

图版9［乙］ 三清殿内槽全景

图版9［丁］ 三清殿梢间梁架

"秦并天下，令祠官所常奉天地、名山、大川……自殽以东，名山五，大川祠二……自华以西，名山七，名川四。"数目已不止四处。至汉武帝时才正式有四渎的名称。所谓四渎，即江、河、淮、济四水。《尔雅》释水篇谓为"发源注海"，就是说它们都是独流注海的大河。可是济水下游早被黄河侵夺，因此流域狭小，已够不上"渎"＊的称呼了。但很意外的是此庙的祀典，自隋开皇二年（公元582年）建庙以来直到清末，未曾废止。并且清康熙二十八年（公元1689年）以前，北海的祀典也附属于此庙之内。故它的规模，几与中岳、东岳、北岳……等庙并驾齐驱。

济渎庙位于县城西北三里的清源镇，现在改为县立乡村师范学校。庙内建筑大体可分为四部分。中央部为庙的主体，最外列东、西二坊；坊门正北，建有清源洞府门，与明、清官署的配置方法同一情状。门内甬道平阔，长百七十余米，两侧原有古柏甚茂，民国元年（公元1912年）因筹款之故，竟被邑人全部斩伐。次清源门，门内碑碣不幸于民国17年（公元1928年）被党部埋入土中。惟明天顺四年（公元1460年）《济渎北海庙图志碑》尚弃置西墙下，对于此庙沿革，给予著者等不少的帮助。再次渊德门。门北拜

＊《释名》："渎，独也。各独出其所而入海。"

殿三间。稍北井亭二，现仅存东侧一座。其北渊德殿故址七间，左、右夹屋各三间，而殿后复以过殿与寝宫联连。又自渊德门起，构长方形回廊，包渊德殿与寝宫于内（图版 10 [戊]），尚存唐代廊院遗制，惟此部在同治年间曾被捻军焚毁，现在只存拜殿和寝宫二处而已。寝宫之北，建临渊门，左、右翼以长垣，区隔南北。其北部隶属于北海神祠，虽与济渎庙毗连，实则自成一区。祠内有拜庭、龙亭、北海殿及东、西二池，后者据说就是济水的东、西二源。而渊德殿左、右回廊之外，又有南北方向的长垣二道，东为御香殿，西为天庆宫道院，亦各自成一区。据前述天顺碑，庙内面积共占地五顷又三十余亩，但现在南北进深，仅五百一十余米，东西最宽处亦仅二百米，当然不是全盛时情状了。兹择庙中重要遗迹，介绍于次。

清源洞府门

此门面阔三间，单檐悬山顶，如牌楼形状（图版 10 [甲]）。门上斗栱九踩重翘重昂，比例雄浑，昂嘴与栱端卷杀，亦不像清代做法。据明天顺四年《济渎北海庙图志碑》，此门原系单檐歇山建筑。疑现状乃明嘉靖二十七年至三十一年（公元 1548～1552 年）大规模重修时，将前、后檐柱取消，留下中柱一排，遂成此形状。但两侧夹屋二间，仍与是图符合。

铁狮

渊德门外，有元成宗元贞元年（公元 1295 年）匠人王麟试等铸造的铁狮一对，约高 1.60 米（图版 10 [乙]），上躯微微挣起，面貌狰狞，姿态灵活，与河北正定府文庙二狮，同为当时最罕贵的代表作品。下部须弥座所饰花鸟亦秀逸生动，十分可爱。

拜殿

此殿面阔三间，进深四架，面积不大（图版 10 [丙]），但材、栔雄巨，在此庙遗物中仅比寝宫略小。又昂嘴卷杀近于宋式批竹昂，而后尾斜上撑于下平槫之下（插图 22）。复自栌斗后侧出华栱一跳，托于挑斡下，手法简洁，表示它的年代很早。不过上部梁架均经后代抽换，且檐柱的比例加长和普拍枋增厚，都是重大疑点。也许现存建筑在明、清二代中曾经一度改建，而斗栱则系原来旧物。

渊德殿故基

渊德殿面阔七间，进深显三间，为庙内规模最大的建筑（插图 23）。殿的台基，用陶砖垒砌颇高峻，至四隅加角柱；而台正面复建有东、西二阶，即《礼经》中阼阶、宾阶的遗制（图版 10 [丁]）。现在除唐大雁塔雕刻以外，当以此殿的阶基为国内惟一可珍的实证了。据文献所示，此庙曾经宋开宝六年（公元 973 年），金正大五年（公元 1228 年）元延祐三年（公元 1316 年）三次重修，而尤以开宝六年之工程最巨。所以很疑心此东、西二阶乃宋初遗构。殿上柱础位于墙内的均系平石，惟四面露出者另加覆盆。覆盆表面所刻卷草，构图精美，刀法圆活，极似宋物。又殿上所铺正方形地砖现在还保存完好，依砖上残留痕迹，可辨出从前外墙与内槽墙壁、神座等等的位置（插图 23）。

殿的东、西两侧有挟屋故基各一座（插图 23），东为元君殿，西为三渎殿，面阔都是三间。二殿台基都比正殿稍低，但据柱础莲瓣所示手法，无疑系与正殿同时所建。

此三殿外观见于明天顺四年碑中的，中央渊德殿单檐四注，结构谨严，巍然为全庙主体。两侧元君、三渎二殿仅用单檐九脊顶，体制稍卑（图版 10 [戊]）。此种布局方法，颇与山西大同华严寺辽重熙七年（公元 1038 年）薄伽教藏殿内部的壁藏类似。

寝宫

渊德殿之北有寝宫一座，面阔五间，进深四架，单檐九脊式（图版 11 [甲]）。此殿檐柱比较粗矮，其上再加雄巨疏朗的斗栱，和坡度平缓的屋顶，无一不是宋代初期建筑的特征。除去一部分梁架被后人抽换以外，在著者知道的河南省木构物中，要算它的年代为最早。

外檐斗栱用五铺作重杪：第一跳斗栱偷心，第二跳施令栱，栱上再施替木，承托橑檐槫（图版 11 [乙]）。

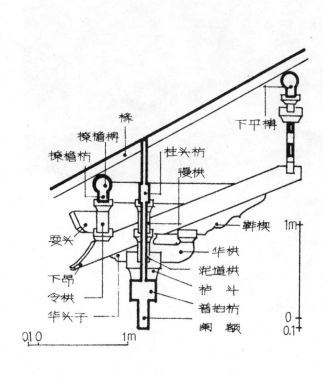

插图22　河南济源县济渎庙拜殿补间铺作

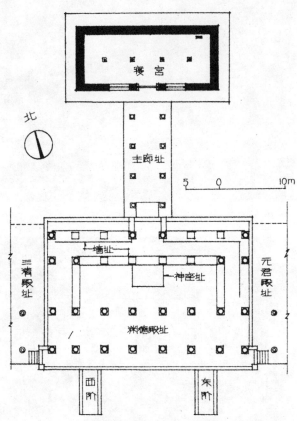

插图23　河南济源县济渎庙寝宫及渊德殿遗址平面图

图版10［甲］　济源县济渎庙清源洞府门

图版10［乙］　济渎庙铁狮

图版 10 [丙] 济渎庙拜殿

图版 10 [丁] 济渎庙渊德殿故基

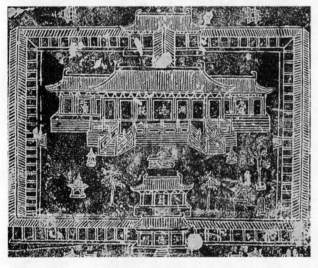

图版 10 [戊] 济渎《北海庙图志》碑之一部

橑檐槫与柱头枋之间，在遮椽板下以支条承托，亦与蓟县独乐寺辽观音阁符合。栌斗左、右仅出泥道栱一层与柱头枋二层，而于枋的表面隐出慢栱。补间铺作后尾施偷心华栱二跳，惟柱头铺作则改为楷头，托于四椽栿下（插图 24）。材高 24.5 厘米，宽 15 厘米，与本社以往调查的辽、宋建筑异常接近。

山面斗栱无补间铺作，而在柱头枋表面隐出泥道栱。其下本应有蜀柱，但现已遗失。

此殿与渊德殿之间原建有过殿五间，构成工字形平面（插图 23），也是宋、金、元重要建筑最通行的方法。

龙亭

北海祠过厅北面，有龙亭一座，北临龙池。每面三间，单檐歇山造（图版 11 [丙]）。此亭檐柱与额枋比例粗巨，其上未施平板枋，并且在次间额枋下，再加小枋一层，其内端延至明间，斫成雀替形状，与《营造法式》卷五阑额条："檐额下绰幕方（按：方，即枋）广减檐额三分之一，出柱长至补间，相对作楷头或三瓣头。"完全符合。北平明、清二代官式建筑的殿门与牌楼，犹偶然采用此种方法。

上部斗栱三踩单昂，后尾斜上压于下金桁下（插图 25）。可是昂身斜度过于平缓，且昂嘴与蚂蚱头的卷杀，和内部梁架、垂莲柱等等的形制及做法，均不似宋、元式样。颇疑此亭自额枋上部分，曾经明代修改。

亭的北侧施石勾栏三副。其结构在盆唇与地栿之间，雕有透空的万字文，与《营造法式》卷三所载

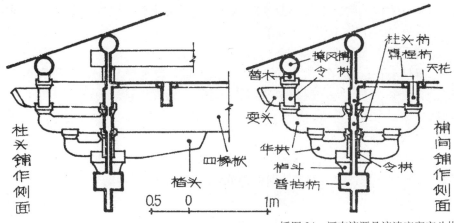

插图24 河南济源县济渎庙寝宫斗栱

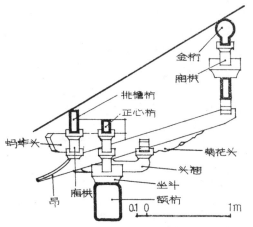

插图25 河南济源济渎庙北海祠龙亭平身科侧面

图版11〔甲〕 济源县济渎庙寝宫

图版11〔乙〕 济渎庙寝宫外檐斗栱

图版11〔丙〕 济渎庙龙亭

图版11〔丁〕 济渎庙龙亭勾栏详部

的单勾栏大体一致。石的表面镂刻很工细的阴文花草。望柱作八角形，柱头镌仰、覆莲花及石人，均表示十足的宋式作风（图版 11 [丁]）。

济源县　奉仙观

奉仙观在县城西北二里，创于唐垂拱元年（公元 685 年）。唐鲁真人及宋贺兰栖真曾先后居此，而尤以栖真受知于宋真宗，最为知名。观中建筑以大殿结构最为奇特。其次《唐太上老君石像碑》亦为道教碑碣中别开生面的作品。

大殿

殿面阔五间，进深七椽，单檐不厦两头造（图版 12 [甲]）。但是前坡（即正脊以前部分）仅有三椽，而后坡增至四椽，故其后檐比前檐稍低。此种方法，极似南方民居建筑。

檐柱用比例粗巨的八角石柱，其上阑额断面狭而且高，额上亦未施普拍枋（图版 12 [乙]）。正面斗栱五铺作单杪单昂；当心间用补间铺作二朵，次间、梢间各一朵，材、栔皆异常雄大（图版 12 [乙]）。惟背面略去补间斗栱，出跳亦减为四铺作单杪。

正面补间铺作在华头子上使用真昂，结构程次完全与宋宣和七年（公元 1125 年）建造的河南登封少林寺初祖庵相同。其令栱位置与第一跳的慢栱同一高度，与《营造法式》所载者符合（插图 27）。但是昂、栱和耍头的卷杀，与橑檐枋采用狭而高的断面；柱头缝上施重栱素枋与令栱素枋，以及内侧所施偷心华栱二跳，与上昂、鞾楔和昂尾上的令栱、耍头等等，犹是宋式矩矱。又柱头铺作后尾上所施绰幕枋，亦与山西大同善化寺金初建造的三圣殿类似。根据以上各种结构上所示的特征，颇疑此殿建于金代初期。

内部梁架，在当心间施硕大的后内柱二根，所有当心间南北方向的三椽栿、四椽栿皆插入柱内（插图 26）。此二柱与山柱之间，复架东西向的丁栿，上立蜀柱承受次间梁栿（图版 12 [丙]）。故屋顶重量大部分集中于此二柱二梁之上，手法豪放与乎运思奇特，尚属初见。当地人谓此殿梁柱用荆、柿、桑、枣四木斫制，故俗称为"荆梁观"。但以常理揣度，此四种木材很难得到如此的尺寸，确否若是，尚待证明。不过乾隆《济渎县志》已有同样的纪载，可知此种传说已非一朝一夕了。

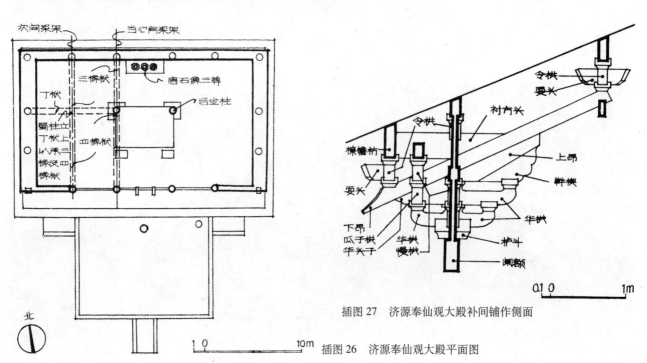

插图 27　济源奉仙观大殿补间铺作侧面

插图 26　济源奉仙观大殿平面图

图版 12 [甲]　济源县奉先观大殿全景

图版 12 [乙]　奉先观大殿正面外檐斗栱

图版 12 [丙]　奉先观大殿梁架

图版 12 [丁]　奉先观唐太上老君石像碑

唐太上老君石像碑

碑在前殿后面，建于唐武后垂拱元年（公元 685 年），李审几撰，沮渠智烈书。叶氏《语石》誉为文章宏瞻，书笔遒美，为唐代道家碑碣之冠。碑身仅高 2 米有奇，权衡匀妥（图版 12 [丁]），似远胜河南偃师县武后御书诸碑。碑首所雕蟠龙，遒劲异常。最奇特的，为背面题额处雕有道像三尊。其中央一尊，盘膝坐莲座上。两侧二像，拱手侍立，亦用莲座承托。除未镌刻背光以外，其余各部几乎一步一趋，师从佛教艺术的成法。

济源县　延庆寺舍利塔

县城西北一带，有不少喷泉，与济南趵突泉类似。其中济渎庙西侧二里的龙潭，据说从前潭水莹澈，蟹目翻腾，为当地喷泉中面积最大的一处。可是现在却已全部干涸，垦为麦田了。延庆寺即位于龙潭故址的东北角上，自唐武后垂拱三年（公元 687 年）创建以来，宋、明诸代迭经修治。但现在寺内大殿和前殿俱已倾毁，惟西北角上有宋仁宗景祐三年（公元 1036 年）落成的舍利塔一座，保存比较完整。

塔砖造，外观六角七层（图版 13 [甲]）。各层壁面上俱嵌砌佛像砖。除去叠涩式门拱以外，并无柱、额、斗栱等类的结构构件形象。出檐结构则使用极简单的叠涩砖层，其上亦无平座。由出檐外缘构成的外轮廓线，带有很轻微的弧度，使全体形制显得单纯古朴而不过于笨重。惟塔顶则经后代重修，已非原来面目。

内部结构，自南面入口，经过一段甬道导至塔中央的内室。室的平面亦作六角形，内藏《大宋河阳济源县龙潭延庆禅院新修舍利塔记》一通，述此塔建造原由异常详尽。塔的北面复设入口一处，自此折向西南，在外壁内构有梯级，可登至第二层（插图 28）。在原则上，此塔平面与北宋初年建造的开封繁塔采用同一方法，不过梯级方向适相反对耳。

内部第二层以上，原均构有叠涩式砖层，以承受各层木构楼板，但现已全部凋落（图版 13 [乙]）。此种结构法虽在北魏、隋、唐砖塔中最为普遍，但到北宋中叶便如凤毛麟角，不可多睹。

此塔第七层系实心不能登临。外观上所见到的门实乃佛龛。这也许因为塔身直径愈往上愈小，至最上一层竟无安设梯级和内室的余地了。

济源县　望春桥及其他

望春桥原名"通济桥"，建于东门外漭水上。桥仅一孔，净跨 14 米余，用较薄的并列券石二十一列，构成比较圆和的尖拱（图版 13 [丙]）。此大券两旁，又各辟圆洞一处，除能减少桥两侧的静荷重以外，当山洪暴发时，又可助洪涛宣泄，使桥的两堍，减少水力冲击。桥堍两侧，在八字形雁翅上建立泊岸（图版 13 [丁]），则与清官式做法一致。

此桥创建于金大定十七年（公元 1177 年）。金·王藏器《济源县创建石桥记》谓：

"……渠渠岳岳，以雕以斫。屹尔巨镇，蠢如长虹。嵌两窦以防怒泄。植危栏以固重险……"与现状虽然大体类似，然此桥自明万历十二年（公元 1584 年）重修以后，清康熙五十八年（公元 1719 年）邑绅段志熙复改为铁梁，铺石其上。其后乾隆六十年（公元 1795 年）易为木桥，不久亦毁。嘉庆九年（公元 1804 年）知县何苻芳重建一次；至十八年（公元 1813 年）改为石桥，仿旧制"嵌两窦以防怒泄"，就是现存的迎春桥。不过金明昌（公元 1190～1196 年）间□钱而建造的河北赵县永通桥，据明·王之翰《重修永通桥记》，虽亦有"旁夹小窦者四"的纪载。但所谓"窦"，乃一种小券。故此桥外观恐未必即与金桥符合，然而在清代桥梁中，也可算得特别的证例了。

此外附郭古物，如东关外宋熙宁三年（公元 1070 年）的司农寺碑；北街元至顺三年（公元 1332 年）铁钟；以及具有昂与斜栱的明县文庙和关帝庙等，因为篇幅所限，只得悉数割爱。

汜水县　等慈寺

等慈寺在县城东北二里。唐太宗为秦王时，曾破窦建德于此。后来命于战所起寺，以荐阵亡将士。颜师古撰文，谓"此等可慈"，因曰："等慈寺"。寺中建筑现仅存门、殿三重，规模狭小。惟山门西侧的《大

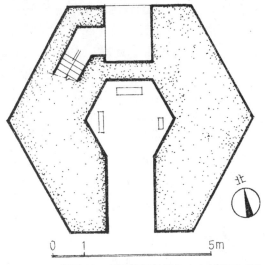

插图 28　河南济源县延庆寺舍利塔平面图

图版 13［甲］ 济源县延庆寺舍利塔外观　　　图版 13［乙］ 延庆寺舍利塔内部　　　图版 13［丁］ 望春桥详部

图版 13［丙］ 济源县望春桥全景

唐皇帝等慈寺之碑》，因书法精美，蜚声海内，故保存最为完好。

后殿重建于明万历三十四年（公元 1606 年），面阔三间，单檐歇山造。现因无人管理，门窗洞启，像设倾颓，惨不忍睹。此殿在木建筑方面并无值得注目的价值，但殿内石柱础数种，雕刻精美，却是无上隽品。础石直径大小不一，式样花纹也各不相侔，显然是万历重建时聚集旧物于一处的。

（一）东侧前金柱柱础（图版 14 [甲]） 在下部平面圆形的"平"上，雕琢比较平浅的卷草，可是大部分已埋入砖下，不易辨出。其上刻狮五躯，都仅露出头部和前足，另有小狮三躯，跳跃其侧，态势灵活，栩栩如生。

（二）西侧后金柱柱础（图版 14 [乙]） 平面八角形，每面雕着介胄的力士一躯，以肩撑负础上的横枋，比例粗壮，神情滑稽，十分可爱。以上（一）、（二）两种式样，均为国内柱础中最罕贵的孤例。

（三）东侧檐柱柱础（图版 14 [丙]） 平面圆形。"平"的表面满刻卷草，但构图比第（一）种稍为繁密，刀法也比较圆润。上部莲瓣极似辽、宋晚期式样。

此三种柱础的年代很难断定，大概以北宋斫制的可能性居多。此外另有北魏造像石二段弃置殿内，殆自别处移置于此者。

洛阳县 白马寺释迦舍利塔及其他

白马寺在陇海铁路白马寺车站东北二里许，西距洛阳县城，约二十五里。它的沿革，自汉明帝永平末年创建以来，历时一千九百余载，可称为国内渊源最古的佛寺。虽然寺址依旧，而建筑物屡经改造久非原物矣。当著者调查此寺时，正值重修工程大部告成，云甍画栋，焕然聿新，只可惜局部雕饰夹用江、浙二省式样，与原建筑未能调和。

寺之规模，自山门经观音殿与大雄殿，皆有东、西配殿。再北过礼佛殿，陟石级，登清凉台；台高六米余，悉以砖甃叠造；上列东、西配殿二座，配殿内各奉佛像三尊，均属明人所制；中为毗卢阁，面阔五间，重檐庑殿，规制甚为宏丽，适住持不在，未能入观，然依式样观察，至早亦不过明代建筑。

位于寺外东南的释迦舍利塔，俗又称"齐云塔"，传为汉明帝所建浮图故址。据塔前金大定十五年（公元 1175 年）《大金国重修河南府左街东白马释迦舍利塔记》，北宋时其处称东白马寺，原有九层木塔一座毁于靖康元年（公元 1126 元）。金大定间，依旧址营建砖塔一座，即是现存的塔。其经过如次：

"自五代之后，粤有庄武李王，施净财于寺东，又建精蓝一区，号曰：东白马寺，并造木浮图九层，高五百余尺。塔之东南隅，有旧碑云：功既落成，太祖睹王之乐善，赐以相轮；王之三子，又施宅房廊、里角、龟头等□百间。……又百五十余年，至丙午岁之末，遭劫火一炬，……今五十载矣。……彦公大士自浊河之北抵此，睹是名刹，……乃鸠工食造甓……因塔之旧基，剪除荒埋，重建砖浮图一十三层，高一百六十尺。……"

塔的平面虽与沁阳大云寺三圣塔采用同样方式，但因面积较小，故下部方台内无走道回绕的余地（插图 29）。塔的外观，下为八角形阶座。次方台，台下饰以简单的须弥座，其上复施须弥座一层，然后安置塔身。塔身上部砌出普拍枋和一斗三升斗栱，再上以菱角牙子与叠涩砖层，合构出檐十三层，完全和唐代的密檐式方塔一致（图版 14 [丁]）。在当时河南一带，八角形砖塔流行已逾二百年，仅它与三圣塔仍然墨守旧法，真可谓为难能可贵。不过下部高峻的台座，却是唐代此式塔所未有的。

洛阳历遭兵燹，古物荡然，尤以木构物最为贫乏。著者等在此调查数日，竟至毫无所获，兹择遗物中比较重要者，列举如后。

（一）东汉陵寝，除光武帝原陵与献帝禅陵外，均位于洛阳北面的邙山。陵分东、西二部，著者等仅调查东部四陵。自洛阳车站，东北行二十五里，过平乐观，再北登山，约五里，至明帝显节陵。其北为章帝敬陵，再北和帝慎陵，相隔各二里许。桓帝宣陵则在邙山北麓的刘家井，距慎陵尚有五里。前三者均仅存荒土一坯，圆形平顶，别无长物，而慎陵玄宫殆已崩溃，致顶部向下凹陷甚深。以上诸陵地点，

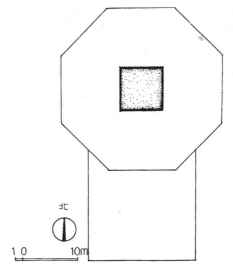

插图 29　洛阳白马寺释迦舍利塔平面图

图版 14 [甲]　汜水县等慈寺大殿石础（其一）

图版 14 [乙]　等慈寺大殿石础（其二）

图版 14 [丙]　等慈寺大殿石础（其三）

图版 14 [丁]　洛阳县白马寺释迦舍利塔

图版 14 [戊]　洛阳县金镛城北齐碑

与乾隆《县志》龚崧林实地考订的悉皆符合,惟《嘉庆一统志》仍讹承《帝王世纪》与《文献通考》诸书,谓位于洛阳的东、南二方。

(二)金墉城的故址,在平乐观东,其北侧有北齐碑四通(图版14[戊]),雕刻手法与河南登封碑楼寺北齐天保八年(公元559年)碑如出一手,而全体构图更富变化,乃齐碑中极罕见的珍品。

(三)城内河洛图书馆藏唐、宋佛像、陶俑、墓志及其他古物多种,内有北魏墓表残石,镌刻束竹纹及瓣纹,与山东刘使君墓表符合。又唐孙八娘石浮图一座,平面方形,塔身上覆以瓦葺式出檐七层(见《中国营造学社汇刊》六卷四期鲍鼎先生《唐、宋塔之初步分析》图版3[甲]),足见密檐式塔在唐代已采用中国式出檐矣。

(四)天津桥俗称洛阳桥,跨建洛水上,自隋大业创建以来屡坏屡修,非止一度,而尤以唐·李昭德首创分水金刚墙,及宋·向拱嵌铁锭于石缝间,最为著名。但现存之桥仅得一孔,孤立河中。其券的上端略作尖形,显系明、清通行式样。而著者等在桥的南堍,复发现碑首一块杂砌桥内,据所雕云纹观之,决为明碑。可证此硕果仅存的一孔,亦经清代重修过。

(五)周公庙在县城西门外,现改为中原民众教育馆。内藏唐墓志数百通,极为名贵。其前部有周公定鼎堂,建于明嘉靖四十七年([整理者注]:依年表,明嘉靖共四十五年,即公元1522～1566年,文中四十七年恐误。)外檐斗栱单翘重昂,而山面竟使用真昂,后尾压于采步金枋下,承载歇山梁架(图版15[甲])。当地木建筑中,惟此一处比较重要。

孟津县　汉光武帝原陵

自洛阳县乘长途汽车,东北越邙山,五十五里过孟津县。又十里至铁谢镇下车。其地离黄河仅一里有余,而镇西二里即为原陵所在地点,皇甫谧《帝王世纪》谓此陵在临平亭南侧。临平今无可考,也许因黄河南徙,久已湮没,故此陵位置,逼近河岸如是其近。

陵的现状,外面缭以正方形墙垣,正门南向,门外存石兽一躯,虽然大部分业已风化,犹可辨出眼部和耳部,与南阳宗资墓天禄、辟邪二兽大体类似。不过是否即是汉代遗物,却难断定(图版15[乙])。门内圆冢隆起,上植翠柏数百株,比前述的显节陵、敬陵、慎陵等差胜一筹。

陵西侧的光武帝庙仅存正殿一座,三间硬山造。其前碑碣甚多,但年代最古的亦仅宋开宝六年(公元973年)《大宋新修后汉光武皇帝庙碑》一通而已。再西有明嘉靖年间创建的道观一区,墙壁间砌有汉空腹圹砖数块,可是建筑物本身,并无可纪述的价值。

偃师县　唐太子宏陵(本书责任编辑注:唐太子名李弘,弘作宏系笔误)

太子宏乃唐高宗第五子,显庆元年(公元656年)立为皇太子,上元二年(公元675年)遇鸩,薨于合璧宫,谥孝敬皇帝。陵曰:恭陵。史称宏之死,乃武后所鸩,故饰终之典,悉准天子之礼,以掩其迹。

陵在营防口西南高冈上,旧称景山,隶属缑氏县,今归偃师县管辖。神道南端建望柱二(图版15[丙]),东西相距约50米。柱之结构,下为方台二重,次莲瓣,上施八角柱,柱顶再饰仰、覆莲和宝珠二层。其北石马二,前足两侧雕卷云如翼状,但东侧者现已倒毁。其旁一碑仆卧地上,圭首无字。再北复有一碑,方座圆首,规制甚伟,即高宗亲自撰书的《孝敬皇帝睿德记》,惜现亦裂为数段。石马之北,翁仲六躯分立两侧,其下承以方座,上饰仰、覆莲,石人即立于莲瓣上,叉手柄剑,神情异常古朴(图版15[丁])。再北石狮二,权衡比例,似较陕西诸唐陵者稍为笨拙。其北土堆二,疑即陵的南神门。自望柱至此,约长三百米。

此陵周以方垣,东西相距几达500米,全体布局显然沿袭西汉诸陵旧法。惟现在陵垣荡然无存,惟依土堆位置得辨出陵垣和神门,四隅复有角楼遗址(插图30)。东、西、北三门外亦各有二狮,后足蹲坐,较南门外二尊姿态略为灵活(图版15[戊])。

陵丘之外观为方形平顶,如截去上部尖顶的方锥体(图版15[丙]),即汉人所谓"方上"之制。其

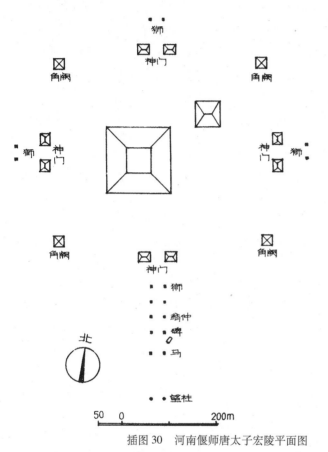

插图 30　河南偃师唐太子宏陵平面图

图版 15 [甲]　洛阳县周公庙定鼎堂山面斗栱后尾

图版 15 [丙]　偃师县唐太子陵全景

图版 15 [乙]　孟津县汉原陵石兽

图版 15 [丁]　唐太子陵翁仲

图版 15 [戊]　唐太子陵石狮

底边每面长 144 米，顶部每面长 73 米，高 28.5 米，但位置微偏西南，故不与四面神门中线一致。陵垣东北隅，复有一方坟，每面广五十余米，疑为太子妃祔葬于此者（插图 30）。

此陵营建之初，董其事者乃蒲州刺史李仲寂，顾其时功费巨亿，百姓厌苦，相率逃亡，乃命司农卿韦机续成其事。机原名宏机，高宗时兼将作、少府二职，当时宫苑营缮悉出其手。《新唐书》卷一百·本传谓：

"……太子宏薨，诏蒲州刺史李仲寂治陵成，而玄堂陜不容终具。将更为之，役者过期不遣，众怨，夜烧营去。帝诏弘机嗣作。弘机令开隧左、右为四便房，樽制礼物，裁工程，不多改作，如期而办。……"知此陵除玄宫外，其羡道两侧，复增建便房四间，藏纳殉葬物品。现在"方上"每面中央，均向下凹陷很深，显然表示内部玄宫业已崩塌。并且根据凹陷的情形，揣想此陵羡道，必系四出式，如《三辅黄图》所述汉陵"为四通羡门，容大车六马"一样。

登封县　汉太室祠石阙及石人

出登封城东门，八里抵中岳庙，折南半里即至汉太室祠石阙。据《史记》封禅书，太室祠的祀典，似始于秦：

"秦并天下，令祀官所常奉天地、名山、大川、鬼神，……自淆以东，名山五，大川祠二。曰：太室、少室、嵩高也。……"其后汉武帝元封元年（公元前 110 年）登太室山，闻万岁声，命增祀三百户。疑当时此庙应位于山上。《县志》谓后汉安帝时，始移至现在中岳庙南。证以少室、启母二阙，凡阙之所在，即是祠庙所在地点，似其说尚为可信，故本文亦称为汉太室祠石阙。

现存汉代石阙，多建于祠庙、陵墓前，以石条叠砌，阙其中为神道，故亦称为"神道阙"。它的始原，如向上追溯，则前汉未央宫已有东阙、北阙。而《说苑》："立石阙东海上胸山界中，以为秦东门"和《礼经》中所述的"象魏"制度，年代比前汉尤早。不过汉代遗物见于祠庙、坟墓前的，都是具体而微，规模较小。据《汉书》霍光传："起三出阙，筑神道"，当时已视为奢僭逾制。故颇疑此制之普及，必在前汉末叶以后。

此类石阙的形制，据现在已知资料计有二种。第一种为圆阙：见北魏卢元明所著《嵩高记》："孝武登游五岳，尊祠灵星，移祠置岳南，作坛殿，立圆石阙。"与《三辅黄图》所纪建章宫北部的圆阙，似属于同型类之内。可是此类石阙，现在并无实物存在。第二类石阙采用长方形平面，即本文所述太室、少室、启母三阙，和山东武氏阙，四川王稚子、高颐、冯焕阙等。但后者内，又有二种大同小异的外观：即四川冯焕阙与沈府君阙、赵氏阙，仅在类似碑碣形状的长方形石墩上，加简单屋顶一层（图版 16 [戊]）。而高颐阙与嵩山、山东诸阙为子母阙，施屋顶二层，一高一低，高者（母阙）居内，低者（子阙）居外，形制稍为复杂（图版 16 [甲]）。同时山东、河南四例，檐下未雕琢斗栱，也可看出当时手法，极不一律。

太室祠石阙

建于后汉安帝元初五年（公元 118 年），迄今一千八百余岁，为嵩山三阙中年代最古的一座。它的外观（图版 16 [甲]）当然为少室、启母二阙所取法。而在平面上，此三阙所取尺寸复相差绝微。故即使无年代铭刻，亦可断定它们的建造年代相去不远。不过东、西二阙间的距离和阙身的高度，却未能完全一致。兹将平面尺寸，表列如次，以供参考。

		面　阔	进　深	东、西二阙的距离
太室祠	东阙	2.10 米	0.69 米	6.72 米
	西阙	2.12 米	0.70 米	
少室庙	东阙	2.135 米	0.70 米	7.83 米
	西阙	2.08 米	0.70 米	
启母庙	东阙	2.12 米	0.71 米	7.00 米
	西阙	2.09 米	0.69 米	

在外观上，此阙下部的基座已强半埋于土中，仅露出极少的一部分。自台座以上，阙身与阙顶共高3.18米。阙身用石条八层叠砌，每层高度变化于37～43厘米之间。石的长度和石缝的分配异常凌乱，似乎此事不为当时匠工所注意。但石厚——即阙身的厚度——则自基至顶悉皆相等，故阙身表面未曾收分。

阙顶上、下二层，均使用极平坦的四注式顶。各层翼角虽略有残缺，但在嵩山三阙中，仍以它保存最佳。下层阙顶位于阙之外侧，用一石斫制，直接安放于第六层石上，约占全阙面阔三分之一（图版16[乙]）。上层则以二石拼接，置于第八层石上。此石下削上广，使其上缘向外挑出，而上层出檐自石面挑出的长度，复较下层增出三分之一。

阙顶结构，在檐下先施圆形椽子一层。角梁并未加大，同时在平面上，翼角亦未伸出。其上排列很疏朗的瓦垅。瓦当花纹已剥落不能辨识。板瓦微微伸出，并无滴水，至翼角处略呈反翘形状，但不十分显著（图版16[乙]）。戗脊前端刻瓦当三枚互相重叠，而正脊两端则增为六枚。正脊的正面与背面镌刻线条，外端亦向上反翘（图版16[乙]），与山东肥城县孝堂山石室及近岁发现的汉明器一一符合。

阙上的雕饰，在第一层石上者（自下数起）分为上、下二列；下琢菱纹，上为重幛纹。其上各石大半磨灭，但犹可辨出人物、羊首（图版16[丙]）、车马、建筑、饕餮，及菱纹、环纹、套环、列线等类的几何形纹样。

图版16[甲] 登封县太室石阙全景　　图版16[乙] 太室石阙西阙

图版16[丙] 太室石阙雕刻　　图版16[丁] 太室祠石人　　图版16[戊] 四川渠县沈府君阙

此类题材虽又见于少室、启母二阙，但二者之几何形纹样，不及此阙数量之众，而且非每隔一层，杂以人物、车马，成为一种规律的状态。

阙的题额刻在西阙正面（即南面）第六层石上，可辨者有篆书"中岳泰室阳城……"六字。铭文则在西阙的背面，前列铭辞，后续以官衔姓氏，亦强半漶漫。然景氏《说嵩》载铭文中有"元初五年（公元118年）四月阳城□长左冯翊万年、吕常始造作此石阙……"一语，可为此阙建于后汉中叶的确证。惟褚峻《金石图》谓"阙阳铭而阴额"，核之实际，其位置恰相反对。

西阙正面第四层石上，有公元1922年武进庄某因修《河南通志》调查金石至此，铲除旧刻，题名其上，睹之令人发指。为保存古物计，希望当局应有罚一儆百的处置。

石阙北面半里许，有石人二尊东、西相对，自腹以下埋于土中。就形制观察，决是汉代遗物（图版16[丁]）。惟东侧石人顶上刻"马英"二字，为从前金石学者所未道及，不知是否后人的伪刻。

登封县　汉少室庙石阙

出登封县城西门，十里至邢家铺。再西二里，有二石阙对峙田间，即汉少室庙石阙（图版17[甲]）。其地位于少室山的东侧，距山麓尚有数里，当时何以营庙于此？且阙的方向偏西南50余度，亦不可解。二阙中以西阙保存稍佳（图版17[乙]）；其东阙向南倾斜，上层阙顶已残缺一部。

此二阙的形制完全与太室祠石阙符合。惟高度稍低，且两阙间距离过大，致全体印象远不及前者的雄伟。但此阙表面浮雕的龙、犀、象、犬、蟾、兔、龟、鱼，以及人物、车马、角抵、蹴鞠等等，不但题材范围较为广泛，其姿势形态亦比太室阙更为生动自然（图版17[丙]）。

少室庙的沿革，据《汉书》地理志·颍川郡条：

"密高（武帝置以奉太室山，是为中岳，有太室、少室山庙。）"知前汉时业已成立。俗传其神为启母涂山之妹，故唐·杨炯碑谓为"少姨庙"。但阙上原有题额仅称少室，可证少姨之名仍是后人附会。金兴定间（公元1217～1222年）其庙尚存，但明以后著作即无述及此庙者。

阙的题额在西阙背面（即北面）第九层石上，篆书"少室神道之阙"。铭与题名则在西阙正面（即南面）及西面。而东阙背面亦有一部分题名，但均已大部剥蚀不可通读。其建造年代，据诸书所载，仅有"三月三日郡阳城县兴治神道"数字可据。然题名中，如"泉陵薛政，五官椽阴林，户曹史夏效，西河圜阳冯宝，丞汉阳冀秘，俊廷椽赵穆，户曹史张诗，将作椽严寿"诸人，又互见于汉启母庙阙。而后者建于后汉安帝延光二年（公元123年），可知此阙亦应成于同时。又严寿在元初五年（公元118年）营建的太室祠石阙中，称为乡三老，而此阙中则称将作椽。自元初五年（公元118年）至延光元年（公元122年），仅仅相隔四年，也许同是一人。

登封县　汉启母庙石阙

嵩山万岁峰的南麓，有所谓启母石者。《淮南子》谓：

"禹治洪水，通轩辕山，化为熊。先谓涂山氏曰：'欲饷，闻鼓乃来。'禹跳石，误中鼓，涂山氏往见，惭而去。至嵩高山下，化为石方孕启，禹曰：'归我子。'石破北方而启生。"

然此石方、广不及三丈，实乃普通岩石，坠自山岭，神话无稽，不足置辩。不过启母石原应为"开母石"，汉避景帝讳，乃易"开"为"启"。又据《汉书》武帝纪：

"元封元年（公元110年）春正月，行幸缑氏，诏曰：'朕用事华山，至于中岳，见夏后启母石。'……"及同书郊祀志：

"成帝……又罢……孝武……夏后启母石……之属。"

知此庙创建于前汉武帝元封年间，至成帝即位次年（按：即建始元年，公元前32年），丞相匡衡及御史大夫张谭奏罢郡国祠庙数百所，此庙亦在其列。其后何时规复，虽难臆知，然据此阙上的铭文，后汉安帝延光二年（公元123年）颖川郡太守朱宠等，尝为启母庙兴治神道阙，则其时必又有庙矣。

启母石在今登封县城东北五里许，附近并无祠庙遗迹可认，惟石南山坡下，相距三百米处，尚存朱宠所造的石阙二座（图版17［丁］，［戊］）。此阙神道中线偏向西南23°。下层阙顶已全部凋落。在嵩山三阙中，以它的保存状况为最劣。

二阙高度，除去上层阙顶的正脊业已毁坏以外，自基座表面至正脊下皮仅高3.17米。依此推测，其原来高度必较少室庙阙稍低。阙身以石条七层垒砌，表面杂刻人物、车马、树木（图版17［已］）、蹴鞠、鹭、鱼、象和少数几何形纹样。其中人物题材，系夏禹故事。

图版17［甲］ 登封县少室石阙全景

图版17［丙］ 少室石阙雕刻

图版17［乙］ 少室石阙西阙

图版17［丁］ 登封县启母石阙全景

图版17［戊］ 启母石阙东阙

图版17［已］ 启母石阙雕刻

图版 17［庚］ 登封县中岳庙天中阁

　　题额和铭文刻在西阙的背面及东侧。造阙者姓名则插入铭文前，与太室祠石阙恰相颠倒。铭文分前、后二段：前段末有"延光二年"四字；后段刻于其下，乃季度所作，俗称为《季度铭》。

登封县　中岳庙

沿革

　　中岳庙原称太室祠，始创于秦，至汉武帝元封间大事增扩，前已述之矣。后汉时，庙在今太室石阙之北。元魏太延元年（公元 435 年），徙庙于东南玉案岭上。大安中（公元 455 ～ 459 年）复移往黄盖峰下。至唐开元间（公元 713 ～ 741 年），始迁至现处。其后宋乾德二年（公元 964 年）、大中祥符五年（公元 1012 年）二次重修，造殿宇、碑亭八百五十间，壁画四百七十所，为此庙的全盛时期。降及金代大定（公元 1161 ～ 1189 年）、承安（公元 1196 ～ 1200 年）、正大（公元 1224 ～ 1232 年）三朝，复相继兴造。而承安间独成廊屋七百余间，具见金承安五年（公元 1200 年）建立的《大金承安重修中岳庙图》。元末兵荒之余，存者不过百余间。明洪武二十二年（公元 1389 年）与正统三年（公元 1438 年）又予修治。成化十八、十九两年（公元 1482 ～ 1483 年）修葺寝宫。嘉靖四十一年至四十三年（公元 1562 ～ 1564 年）建前部天中阁。隆庆、万历间，又建黄箓殿于庙后，以藏道箓。崇祯末，流寇蹂躏登封，前后数次，此庙复遭残毁。经邑人王贡募修十载，至清顺治十年（公元 1453 年）始造完成。康熙五十二年（公元 1713 年）修理。乾隆十五年（公元 1750 年），高宗奉皇太后谒庙，建东侧行宫。乾隆二十五年（公元 1760 年）复修葺之。

庙制的变迁

　　此庙规模，金以前者诸碑所载语焉不详。惟前述《大金承安重修中岳庙图碑》（插图 31），内容较为翔实。此碑位于峻极门的东旁墙外，不但为庙中重要文献，且为我国建筑史中极罕贵的史料。此外清康熙间景日昣所撰的《嵩岳庙史》，亦有《中岳庙营建图》一幅（插图 32）。与庙中所藏乾隆木刻《钦修嵩山中岳庙图》（插图 33），均可窥清代重修情形。根据以上三种资料，对于金以来此庙平面配置的变迁，略能窥其大概。

（甲）金代的中岳庙

　　（一）庙的前部面临通衢。其南侧建有重檐方亭一座。北侧树绰楔。内为正阳门三间，与宋《平江图碑》中所示的棂星门同一形制。此门左、右，又有东、西偏门各一座。

　　（二）庙之本体作长方形。正面中央建下三门一座，五间单檐□□顶；其左、右缀以廊屋各六间；次

插图 31　大金承安重修
中岳庙图碑

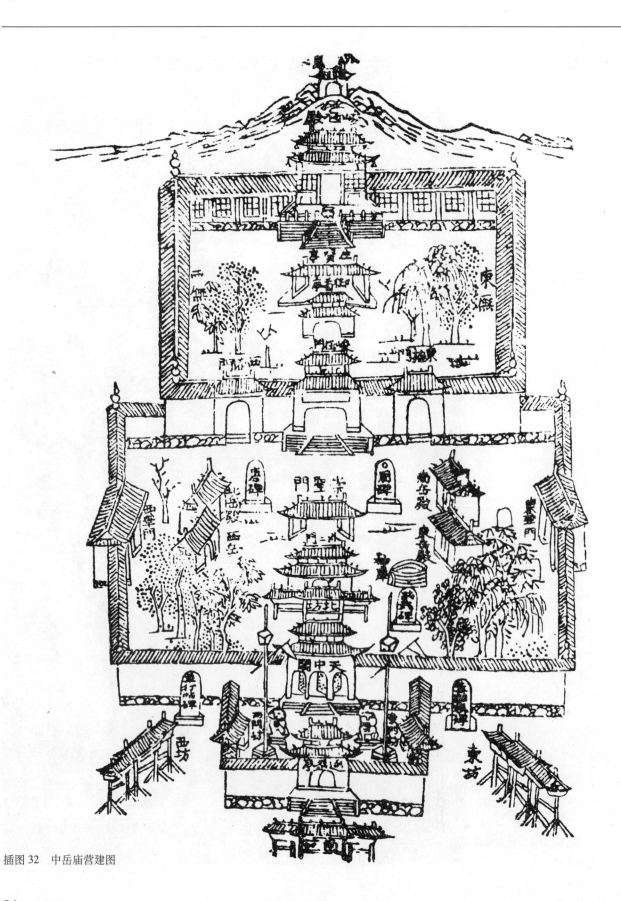

插图32 中岳庙营建图

为东、西掖门各三间；廊屋各五间；与两侧角楼相连。此二角楼与北侧二角楼之间，仅注有东、西华门，然以北垣推之，其间亦应有墙垣。

我国祠庙使用角楼的纪录，当以五代周显德间所建的太庙为最早。《旧五代史》卷一百四十二·礼志载：

"显德六年（公元 959 年）……国子司业兼太常博士聂崇义奏：……若是添修庙殿一间至两间，并须移动诸神门及角楼。……"

其后金代重修的山东泰安东岳庙及元大都的太庙，亦无不建有角楼。不过东岳庙周围筑以高峻的外垣，如城郭形状。而此庙南侧，则改为廊屋。

（三）下三门之北，东侧建有火池。池东复有碑楼二座，但西侧与此相对处，图中仅绘碑楼一座。自此以北，又分为中、东、西三部分。中部乃庙之主体，以廊屋周匝，平面作长方形，所占面积亦较东、西二部为大。东部仅建神厨及监厨厅。西部则为道院及使厅位。

（四）中部分为前、后二段。前段正中建中三门五间，左、右廊屋各八间。门内井亭二座。再北为上三门五间，其左、右又辟东、西掖门，与前述下三门略同。中三门与上三门之间，东庑建东岳、南岳二殿，西庑配以北岳、西岳二殿，完全取对称形式。而诸殿之间，又杂置土君殿、二郎殿、真武殿等等。后段自上三门以内，中央有隆神之殿，庪藏历代奉祀的祝板。殿北竹丛一区，左、右旗杆各一。次为路台，辅以东、西二亭。其北峻极殿九间，重檐庑殿顶，前列东、西二阶，乃此庙的正殿。殿后以主廊（过殿）与北侧的寝殿相联。而上三门至寝殿，复周以长方形回廊，并自东、西廊构斜上之廊，使与峻极殿衔接（插图 31）。苟以此图与元正大（整理者注：此年号元代无，恐为"至大"之误。）四年所刊《孔氏祖庭广记》中所载的《金阙里庙制图》（插图 34）比较，则后者的大成门，殆与此庙上三门相当，而赞德之殿亦即隆神之殿，杏坛即路台，大成殿与郓国夫人之殿，即此庙的峻极殿与寝宫，其余回廊和斜廊的配列方法，亦皆一一符合。而《阙里图》所示，核以书中纪载，乃金明昌二年至六年间（公元 1191～1195 年）大规模兴造后的情状，在时间上仅较承安五年早出五载，故二者之间能够切合如此。依据以上二图，再与前述《济渎北海庙图志碑》（图版 10［戊］）对照，则宋、金间我国祠庙的平面配置，不难得到一个具体概念。

（乙）清初的中岳庙

（一）《嵩氏庙史》所载《中岳庙营建图》（插图 32），当即顺治间王贡所募修者。庙之前部，在东、西、南三面各建牌楼一座。复于天中阁前缭以周垣，设东、西门坊和南面的遥参亭。除遥参亭以外，乃当时官署、祠庙通行的布局方法。

（二）天中阁创建于明嘉靖年间，图中仍袭其制。其北建"配天作镇坊"。再北为外三门。

（三）外三门左、右无廊屋与东、西掖门，四角楼亦无一存在，这是金、清二代相差最甚的一点。然此庙自元末兵燹以后屡经改修，非止一度。恐怕角楼的废弃，非仅崇祯间的战乱破坏与清初王贡改建的结果而已。门内稍东，就旧火池地点改建神库。正北崇圣门疑即旧日中三门的地点。惟门内四岳殿孤立庭中，并无廊庑联属。

（四）自此再北，旧有的上三门与隆神殿、路台三建筑，改为峻极门及御香亭、生贤亭。亭北峻极殿虽仍以回廊周绕，但仅至此殿左、右为止。

（五）寝殿未见图中，据书中所纪，其周围未施回廊，惟以长廊与峻极殿后檐相接，也是极重要的变迁。

（六）玉皇殿在寝殿后，即明末增建的黄箓殿。

（丙）清中叶的中岳庙

清乾隆重修工程（插图 33），大体根据清初规模而加以整理扩充，故其结果较金制相差更远。其重要事项如次：

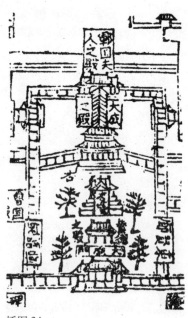

插图 34

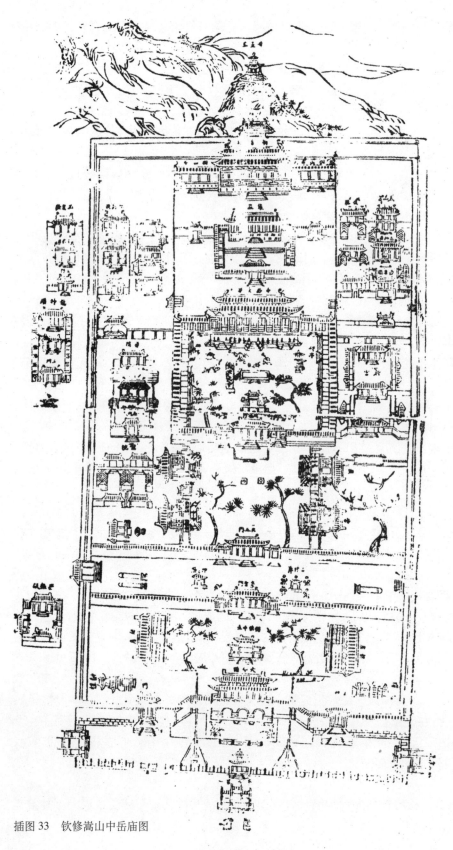

插图 33　钦修嵩山中岳庙图

（一）天中阁前部的周垣及东、西门坊俱皆拆除，而于遥参亭左、右另建石栅栏，与东、西牌楼衔接。

（二）天中阁之北增建钟楼、鼓楼各一座。又于"镇兹中土"坊之北加建东、西朝房，俱为此庙从来未有的制度。

（三）崇圣门与化三门两侧建东、西横墙，以区隔南北。门北四岳殿改祀风、雨、云、雷诸神。

（四）自峻极门至中岳大殿一段，大体踏袭清初旧制，但殿之结构则改为纯粹北平官式做法。又改御香亭为"嵩高峻极"坊，生贤亭为拜台。

（五）寝殿前建垂花门，缭以墙垣自成一区，亦非清初规制。

（六）后部玉皇殿改御书楼。

（七）大殿东侧建行宫一所。其北为凝真阁、三清殿等。大殿西侧则划为道院。

现状

出登封县东门，顺着登密公路，五里过望朝岭。再三里至天中街。中岳庙即位于街之中段。其前名山第一坊与遥参亭俱已摧毁。石栅栏现亦残缺一部。惟天中阁巍然矗立高台上，规模宏壮，拟于宫阙（图版17[庚]），殆以清宫天安门为蓝本而建造者。此阁下部之台约高三丈，辟券拱三道，极似明嘉靖旧物。惟上部建筑面阔七间，重檐歇山顶，则系清式做法。

阁北神道两侧古柏参天，但钟、鼓二楼已强半颓毁。"镇兹中土"坊与东、西朝房，亦全部倒塌。再北崇圣门五间及左、右旁门与东、西横墙现俱荡然无存。

崇圣门东北为神库故址。四隅有宋英宗治平元年（公元1064年）忠武军匠人董檐等铸造的铁人四躯，面皆西向，其高度较人体比例约增三分之一（图版18[甲]、[乙]）。自造像方面来说，虽然算不得精美的作品，然较（山西太原）晋祠宋绍圣间（公元1094～1098年）所铸金人，也许略胜一筹。像上铭文如次：

东南角铁人："忠武军匠人董檐□时因李诚、秦士交……"

西北角铁人："□□主吕荣忠武军匠人董檐记：治平元年六月二十八日。"

诸像手中并无持物，但据金承安图碑，其地原为火池。《说嵩》卷四谓："神库盖焚燎之所，旧覆铁络，四铁人持纽惟以系络"，似还比较可信。

铁人东侧存宋碑、金碑各一通。西侧与此相对处，又有宋碑二通。俱极高伟，俗称"四状元碑"。其方位与金承安图碑中所绘的碑亭，大体符合。

再北化三门面阔五间，单檐歇山造，现亦半毁。惟左、右旁门与东、西横墙还保存完好。门北东、西两侧原有风、雷、云、雨四殿业已倒塌，仅台基与石栏尚完整。有名的《嵩高灵庙碑》位于东北角雷神殿之南，外部护以砖室。殿北复有宋天禧三年（公元1019年）石幢一基。

次峻极门五间，结构式样悉准化三门而规模略大。门内奉李、海二神，塑工极劣。门北"嵩高峻极"坊三间，民国后曾经修理，严整如新。其北拜台以石垒砌，平面作正方形。台后两侧建八角重檐碑亭各一座。再北有元武宗至大二年（公元1309年）洺州匠人宋宣所造的铁狮二尊，除须弥座花纹较为秀逸外，其狮身比例已与明、清二代的异常接近（图版18[己]）。铭文：

"……王信、王春、王珠……特发诚心，谨施生铁狮字（子）贰只，约重八百斤，置诸中岳庙前。……至大二年岁次乙酉上元日毕。匠人洺州安县宋宣造。"

峻极门内原构有左、右廊屋，现已崩塌。但自此折北，尚存东、西廊各三十一间（图版18[丁]）。至北端再折转向内，与大殿会合。庙中建筑，惟此回廊，尚存古法。

中岳大殿（图版18[丙]）前设月台，正面陛三出，东、西陛一出。殿本身面阔九间，进深显五间，重檐庑殿顶，视北平保和殿微小（插图35）。内部诸柱因实用关系，随宜减去，不与外侧檐柱一致。而内槽五间，复划为神龛，围以长槅和墙壁，内庋神像，颇与曲阳北岳庙相似。此殿结构雕饰，以及内部的

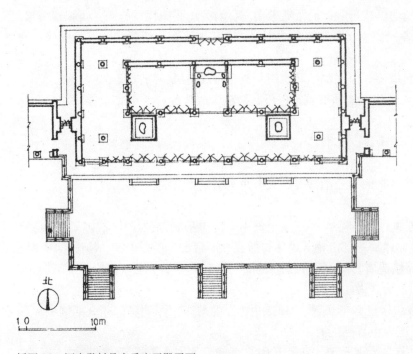

插图35　河南登封县中岳庙正殿平面

图版18[甲]　登封县中岳庙铁人(其一)

图版18［乙］　登封县中岳庙铁人
(其二)

图版18［丙］　中岳庙大殿

图版18 [丁] 中岳庙回廊

图版18 [戊] 中岳庙大殿柱础

图版18 [己] 中岳庙铁狮

和玺彩画，均系清官式做法，颇疑乾隆重修时，特自北平派遣匠工至此。惟檐柱柱础上施覆盆，雕盘龙与写生花，不类当时的作品*（图版18 [戊]）。

自大殿两侧的小门绕至殿后，经垂花门一重，至寝殿。此殿面阔七间，单檐歇山顶，亦系清官式做法。殿后有御书楼七间，两侧翼以平屋。自大殿至此，所有建筑皆依山建造。其后即为黄盖峰。半山上，建有八角重檐攒尖亭一座。

大殿东侧的行宫，俱已倾毁。惟宫后凝真阁等，刻尚存在。

登封县　嵩阳书院

嵩阳书院在县城西北五里，原名嵩阳寺，创于北魏太和八年（公元484年）。隋大业间（公元605～617年）改为道院。唐名嵩阳观。高宗永淳间（公元682～683年）营奉天宫于其附近。至五代后周，始黜除黄冠，更为弦歌之地。北宋时初名太室书院，嗣易今称。当时与白鹿、睢阳、岳麓号为四大书院。金、元间其地废弃。至明稍为规复，然崇祯兵燹之后，旋成灰烬。清康熙间陆续增建，清末因之，改为学校。民国后，建国军樊钟秀驻军于此数载，致院中建筑破败不堪。内有汉武帝所封大将军柏，虬干五出，大者数抱，确非近代物。柏的南侧，又有八角石柱，刻宋人题名甚众。

书院外西南，存唐开元三年（公元715年）徐浩所书《大唐嵩阳观纪圣德感应颂碑》（图版19 [甲]），书家誉为"怒猊抉石，渴骥奔泉"者是也。碑的下部易龟趺为方座，座之四周浮雕鬼类十躯，计南、北各三尊，东、西各二尊，外框略如壶门，而轮廓更为复杂（图版19 [乙]）。座之表面以很平浅的阳文浮雕刻出宝相花及狮子、仙童等等，构图精丽，描线饱满，非盛唐作品，不能臻此。碑身两侧亦施同样雕饰。上部碑额作矩形，题额两侧浮雕二龙相向，其侧面则刻麒麟各一。碑顶向外挑出，下缘雕成圆弧形，表面遍刻卷云，而顶部更施宝珠，左、右两侧夹以二龙。此碑自基至顶，约高八米余，形制奇特，为唐碑

---

* [作者眉批]：此殿柱础在覆盆表面雕四入团科，团科内隐起盘龙，团科与团科之间及础石四周遍雕写生花，全体布局极似宋《营造法式》卷二十九·柱础之减地平钣花一图，惟雕刻手法似较宋代为晚耳。

中别开生面之杰作。清乾隆年间所建北平北海、清漪园诸碑，即完全模仿此碑的式样。

登封县 崇福宫

崇福宫在县城北四里，即汉万岁观故址。唐称太乙观。宋升崇福宫，以为真宗祝厘之所。改旧太乙殿曰：祈真，又曰：保祥。其左、右建元神、本命二殿。保祥之后，又建真宗御容殿。其东为离宫殿阁千余间，及奕棋、樗蒲、泛觞、甘泉诸亭。《说嵩》卷二十谓旧时柱础有径大至八尺者，其侈丽盖可想见。当时设提举、管勾诸官，以朝臣主之，如范仲淹、司马光等，退休后皆投闲于此。靖康之乱毁于金人。其后略事规复，而元末复罹兵燹，仅存三清殿一所。明洪武时置道会司于此。成化间稍稍修葺。然自此以后，文献无征。迄于最近，复遭回禄，惟余山门及少数附属建筑，与西北角泛觞亭故址（图版 19 [丙]）而已。

泛觞亭即《营造法式》的流杯亭。《三辅黄图》载汉离宫有流渠观，疑此制汉已有之，但现存实物，则以此亭为最古。亭的台基，下为砖砌须弥座，上覆石板一层，共高 0.84 米。台上东西广 3.97 米，南北长 4.60 米（插座 36）。关野贞博士《西游杂信》中所载之图，作正方形，实误。亭的渠道出、入口，皆设在北面中央，而入口又位于其西侧，自此向内盘折，至亭心，复由南、东二面，折回北方，似较《法式》卷二十九所载国字、风字二图，略为复杂。渠道宽 15 厘米，无《法式》所述的水项子及水斗子。其坡度据实测结果，入口深 8 厘米，出口深 8.5 厘米，差数极微，殊出意外。亭东北山坡上，有龙王庙，即宋甘泉亭故址，也许就是从前曲水的来源。

登封县 嵩岳寺

嵩岳寺俗语称大塔寺，位于县城西北十里嵩山南麓。北魏永平间（公元 508 ~ 512 年），宣武帝命冯亮与河南尹甄琛等，就山陵幽胜处营建离宫。孝明帝正光元年（公元 520 年），舍为闲居寺。寺有十五重砖塔及堂宇千余间，僧众七百余人。隋仁寿元年（公元 601 年），改题岳麓寺。唐高宗幸嵩山，武后以此为行在。其时砖塔东面的七佛殿，即北魏凤阳殿，而寺北逍遥楼，亦系北魏遗构。塔西有定光佛堂，北为无量寿殿，武后所建，用以置镇国金铜像者。中宗时，因魏八极殿故址建西方禅院。复于寺南辅山上，建灵台；其巅，又为大通禅师构十三级浮屠。而西岭双阜，建凤凰台及妆台，皆以武后得名。然此寺自唐以后，寂然无所表异。现在寺中碑碣，除清雍正、乾隆、咸丰诸碑以外，惟山门内，有唐《萧和尚灵塔铭》残石，与门西围墙内，嵌有宋崇宁元年（公元 1102 年）《嵩岳寺感应罗汉记》残石一方而已。

寺的现状，山门外存经幢一基，幢身刻《佛顶尊胜陀罗尼经》，无年代铭刻。山门三间，极简陋。门北即为北魏砖塔。塔后侧的阶基上置二石狮；其西北又有方塔残段，据花纹观之，疑都是唐物。再北为大雄宝殿，与西侧白衣菩萨殿，均三间南向。东垣外杂列关帝殿、方丈、杂屋等等，胥晚近所构。

嵩岳寺塔

平面作十二角形（插图 37）。外部台基是否原来旧物甚难断定，但所用之砖带有十字交叉纹样，不似唐以后所制。塔身东、西、南、北四面各设入口，导致塔心内室。此内室自下而上直达顶部，分为十层，并无塔心柱的结构（图版 19 [己]）。内室的平面，第一层仍与外廓一致。但第二层以上改为等边八角形（插图 38）。复自外壁内侧用叠涩砖层向内挑出，承托逐层收进的壁体与楼板。唐代同型类的砖塔，虽然将塔身与内室都改为正方形，但在结构上仍然蹈袭此塔的成法。

此塔外观（图版 19 [丁]），在台基上立有高耸的塔身。塔身分上、下二部。下为平坦壁体，其上施叠涩檐一层。上部各隅各加倚柱一根，其露出部分随塔身轮廓作六角形。柱下础石砌出"平"与"覆盆"形式。惟柱头所饰垂莲式装饰，显非我国所有（图版 19 [戊]）。其东、西、南、北四面门上，冠以半圆形发券，施二伏二券。券的表面砌作尖拱状，其顶部置三瓣莲花，下端两侧更饰以旋涡形装饰，俱系印度式样。其余八面各在壁外施佛龛一座，大体模仿当时墓塔的形式。惟下部台座及所饰狮子，则非普通

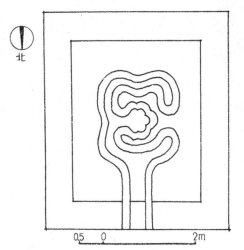

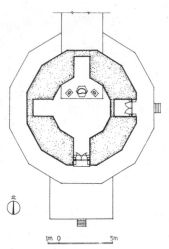

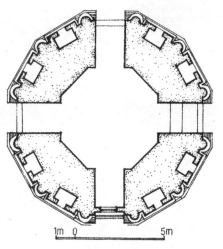

插图 36　登封县崇福宫泛觞亭平面图　　插图 37　登封嵩岳寺塔第一层下　　插图 38　登封嵩岳寺塔第二层平面
　　　　　　　　　　　　　　　　　　　　　　　　部平面

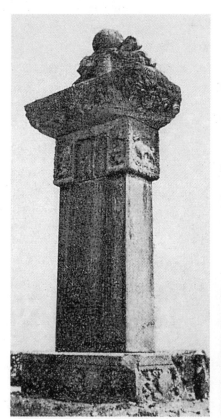

图版 19 ［乙］　唐开元碑详部

图版 19 ［甲］　登封县嵩阳书院唐开元碑　　图版 19 ［丙］　登封县崇福宫宋泛觞亭遗址　　图版 19 ［丁］　登封县嵩岳寺塔

图版 19 [戊]　嵩岳寺塔详部　　　　　　图版 19 [己]　嵩岳寺塔内室仰视

墓塔所有。各龛内均辟有长方形小室（插图 38），无疑从前曾安设佛像于内。伊东、关野、藤岛诸人著述皆指为塔的窗洞，实是很大的错误。

塔身以上施叠涩檐十五层，构成很轻快秀丽的外轮廓线，为此塔外观最主要的特征。其局部式样与塔身不同处：（一）各层转角处无倚柱；（二）自第二层至第十四层，俱于每面中央施尖拱，两侧配以直棂窗各一；但最上层每面只有直棂窗一处；（三）所有尖拱与窗，仅第十五层的正东面，和五、七、九、十一、十三等层位于正南面中央者系真窗，其余皆是浮雕的假窗；（四）叠涩式出檐挑出较远，其上覆以反叠涩砖层，向内收进。

上部之刹，在极简单的须弥座上，置比例高耸的覆莲一层。其上为束腰。再上以仰莲承托相轮七层。相轮的中部微微向外凸出，略如鱼肚形。最上施宝珠一枚。全体形范十分雄健，而局部比例亦能恰到好处。

塔外部原皆涂有白垩，但大部分已经剥落，露出浅黄色的砖层，衬以背面沉静阴邃的山色，显得十分和谐。

塔的建造年代，除前述结构上和式样上各种特征以外，唐·李邕《嵩岳寺碑》，又谓：

"嵩岳寺者，后魏孝明帝之离宫也。正光元年榜闲居寺，广大佛刹，殚极国财。……十五层塔者，后魏之所立也。发地四铺而耸，凌空八相而圆。方丈十二，户牖数百。"与现状大致符合，故断为正光元年（公元 520 年）始建，殆无疑问。同时在现在知道的范围以内，当然要推此塔为我国密檐式塔的鼻祖了。

登封县　法王寺

法王寺在嵩山玉柱峰下，东南距嵩岳寺约一里。《县志》引傅梅《嵩书》，谓始创于汉明帝永平十四年（公元 71 年），但确否无由案证。其后魏明帝青龙二年（公元 234 年）改称护国寺。晋惠帝永康元年（公元 300 年）于寺左建法华寺。景氏《说嵩》，谓北魏孝文帝亦尝避暑于此。隋仁寿二年（公元 602 年）增建舍利塔，因名舍利寺。唐贞观三年（公元 629 年）敕补佛像，改功德寺。开元间称御容寺。德宗大历间又改广德法王寺。五代后唐寺遭废弃，析为护国、法华、舍利、功德、御容五院。至宋仁宗庆历以后，始有现在的名称。

寺的现状，最外金刚殿三间，业已倒毁。惟余元元贞二年（公元 1296 年）及延祐元年（公元 1314 年）、三年碑各一通。其北山门三间，单檐硬山造。外檐斗栱五踩单翘单昂，昂尾斜上压于下金桁下。正心缝上亦仅用瓜拱与正心枋一层，如宋式的单栱素枋（图版 20 [甲]）。据嘉靖十年（公元 1531 年）《重修法王寺记》，知此门乃明弘治间僧祖恩所建。门东、西两侧分列钟、鼓二楼，皆建于清康熙年间。次东、西配殿各二座。

正中大殿五间，单檐硬山造，脊枋下榜书"清康熙五十年（公元1711年）岁次辛卯二月……重建"等字。左、右朵殿各一座。其东朵殿前有石舍利函一具弃置阶沿上（图版20[乙]）。函长61厘米，宽42厘米，高26厘米，厚7厘米。正面刻铭记一段，其余三面镂刻很平浅的佛像、卷草等等，惟函盖则已遗失矣。其铭记如次：

"大唐中岳闲居寺故大德寺主景晖舍利函，开元二十年（公元732年）岁次壬申七月辛丑朔十五日乙卯弟子比丘琰卿等记。"

自大殿后，登石级，复有清康熙间所建的地藏殿一座，面阔七间，单檐硬山造。正面西檐墙下，嵌砌《大唐嵩岳闲居寺故大德元圭禅师塔记》一方，完整如新。案元珪与景晖二人，都不属于此寺，而元珪曾主嵩岳、会善二寺，在当时最为知名。不知塔铭和舍利石函，何以流落此间。

寺后有塔院二区：一在北面山坡上，一在东山谷。前者有塔四座。其一为密檐式砖塔，平面作正方形。塔内辟方室一间直达顶部，内庋明洪武六年（公元1373年）周藩所施白石佛像一尊。塔高40米余，下部塔身比较高瘦，其上施叠涩出檐十五层，具有极轻微的收分，其秀丽玲珑，远出永泰寺二塔之上（图版20[丙]）。塔身内、外现在虽未留下年代铭刻，然其形制可决为盛唐无疑。自此往东北，另有正方形单层单檐式墓塔三座。南侧者（图版20[丁]），在叠涩檐上用反叠涩砖层向内收进，上施小须弥座与山花蕉叶各一层。其上覆钵亦为砖构。但覆钵上所施山花蕉叶与莲座、莲盘、宝珠等等则皆石制。以少林寺法玩禅师塔推之，极似初唐遗物。其余二塔体积较小，下部并承以壶门式之座，疑皆建于唐中叶以后。

东山谷仅有单层单檐式墓塔二座。除下部须弥座以外，塔身两侧并嵌有几何形窗棂。它们的年代，当然不能超出宋、金二代以外。

登封县　会善寺

会善寺位于县城西北十二里，其前流泉环带，树木繁茂，为嵩山诸刹中风景较佳的一座。其地原为北魏孝文帝的离宫。魏亡，易为澄觉禅师精舍。至隋开皇间，始名会善寺。唐代寺中高僧辈出，如元珪、一行、净藏等皆一时大德。而一行所创的戒坛院，为当时戒律中心，有"琉璃戒坛"之称。五代时，撤殿材运往开封供建宫门，寺因之遂废。宋开宝间，僧奉言重兴大殿。明成化、清康熙诸朝迭予修治。清高宗乾隆十五年（公元1750年）南幸嵩山，以为行宫，今寺之后部即当时所建。

寺的前部三门比列，中为山门三间，内庋明永乐七年（公元1409年）周藩所施白石弥勒佛一尊。像前石盘刻龙、云，甚俊健，疑为宋代经幢的残段。门内东、西廊屋各三座。正中月台极宏敞。东侧立乾隆御制诗碑，以亭覆之。西侧有康熙间所建八角经幢一基，刻《多心经》及佛像。其北大雄殿五间。自殿后陟石台二层，正中为藏经阁七间。阁内柱础种类很多，所琢人物、狮首、莲瓣、写生花等等，手法极富变化。而位于下层者，其年代显然最古（图版20[庚]）。阁左、右院落棋布，规模颇巨，但现已次第倾毁，惟大殿东侧者保存较佳。

寺中重要遗迹，有大雄殿、净藏禅师塔、琉璃戒坛石柱、东魏《嵩阳寺碑》四种。

大雄殿

面阔五间，进深六椽，单檐九脊殿（图版20[戊]）。除外檐中央三间使用木柱以外，其余都是八角形石柱。殿内当心间仅施后内柱二根，而次间复将后内柱略去，故此殿的梁架，俱未超过四椽以上（插图39）。又山墙与后檐墙的内侧，排列无数小佛龛，亦属初见。

此殿阑额侧面向外微微凸出，尚如宋式旧型，惟普拍枋则已增厚。外檐补间铺作各间只用一朵，材、栔俱极雄巨。惟正面当心、次三间与背面当心间，竟无补间（图版20[戊]）。其结构程次，在栌斗外侧者施重昂二层。昂之斜度异常平缓，而其下缘复向上微呈反翘形状（插图40），与著者从前调查的江苏苏州圆妙观三清殿，及梁思成先生调查的山东长清县灵岩寺千佛殿、山西太原晋祠圣母殿、献殿大体符合。

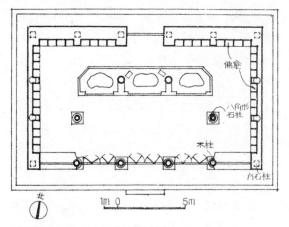

插图 39　登封县会善寺大雄宝殿平面

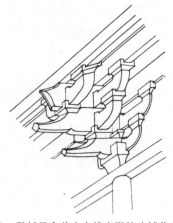

插图 40　登封县会善寺大雄宝殿柱头铺作正面

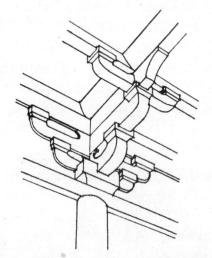

插图 41　登封县会善寺大雄宝殿柱头铺作后面

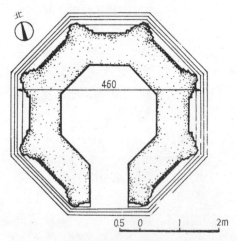

插图 42　登封县会善寺净藏禅师塔平面

图版 20〔甲〕　登封县法王寺山门斗栱

图版 20〔乙〕　法王寺景晖舍利石函

图版 20 [丙] 法王寺塔　　图版 20 [丁] 法王寺墓塔　　图版 20 [己] 会善寺大殿柱础

图版 20 [庚] 会善寺藏经阁柱础　　　　　　　　图版 20 [戊] 登封县会善寺大殿

跳头上所施瓜子栱、慢栱、令栱等都采用两端斜杀的方式。斗栱后尾共计二跳，第一跳偷心；第二跳所施瓜子栱与要头后尾相交，而此构件伸出之端部斫成宋式"两颊"形状，托于丁栿之下（插图 41）。

殿的建造年代，因庙内碑碣业已大部毁灭，未曾寻出确实的凭据。但在结构上，其上部梁架与石柱底下的圆形础石（图版 20 [己]）显系清代所抽换。而斗栱式样则以元代制作的可能性占据多数。

净藏禅师塔

自山门往西，经过戒坛故址，约行半里，即至净藏禅师塔。此塔孤立山坡上，自基至顶约高 9.5 米。平面作等边八角形，塔门微偏西南，内辟小室一间（插图 42），为国内现存最古的八角塔。

塔的外观（图版 21 [甲]）因下部已经崩毁，不能辨出塔身下原来是否有崇峻的台基、平座、勾栏等等，如辽代砖塔的形状。现在所知，是塔身下段砌出很低矮的须弥座一层，其束腰每面均饰以壶门式装饰。自此以上，在塔身各隅附以倚柱。柱的平面，露出塔身外者作五角形。柱下并无柱础。顶部施栌斗与斗栱。转角处另有要头向外挑出，与西安玄奘法师塔一致。

塔身正面辟圆券门，门上施阑额。额的中点，仅隐出短短的蜀柱托在檐下。门两侧下部又砌出横枋一层，其下饰以间柱。此枋延至东南、西南二面，即为直棂窗的窗台（图版21［甲］）。

塔的背面嵌铭石一块。东、西二面则在矩形门框内饰门钉八行，每行四钉。门上架横枋一层，较栌斗稍低，其上再置人字形栱（图版21［乙］）。其余四隅面，则在前述上、下二枋之间浮雕直棂窗。除去正面的门拱以外，所有塔身上的雕饰，无一不模仿当时木建筑的式样。

塔身上施叠涩檐一层。惟檐以上部分破坏过甚无法辨析。以形制推之，殆为反叠涩的砖层。其上置须弥座与山花蕉叶各一层，平面仍为八角形。自此以上砖砌部分复残破异常，但以同时代其他遗物推之，殆为覆钵无疑。其上又施有平面圆形的须弥座与仰莲各一层，中央叠砌小覆钵，承载石制的莲座、莲盘与最上的宝珠、火焰（图版21［甲］）。

案净藏禅师幼师事慧安，嗣从六祖慧能游，称“可粲信忍密传第七祖”，以天宝五年（公元746年）殁于此寺。塔铭中虽未纪载建塔的确实年月，然至迟恐不出此数年以外。

琉璃戒坛石柱

戒坛位于净藏禅师塔的东面，乃唐一行所创。一行为唐代著名的天文家，所著《开元大衍历》曾著录《旧唐书》，一时高僧无出其右。据德宗贞元十一年（公元795年）陆长源所撰的《戒坛记》，谓此坛四角镂刻天王像，栋、柱、磴石各雕鬼神、山水，异常精美，并以旃坛为香材，琉璃为宝地。所以著者很疑心琉璃戒坛之名，即因此而起。《说嵩》又谓五代时，撤此寺殿材运往开封，戒坛石槛亦遭其厄。惟所有梁、柱因镂形不经，得以保存，真可谓为不幸之幸矣。其后不知何时，忽自称戒坛寺。但明万历间周梦旸《嵩少游记》则谓寺已废弃，仅存遗址。其言如次：

“……又西为戒坛寺。寺已废，其基址不甚阔，而石人、石础、石梁、石级皆曲尽工巧，与余所见大内中辽后梳妆台基，无以异。……”自周氏至今，又历时三百余年，戒坛遗物仅留下石柱一根，据地点推之似位于坛之南面者。此柱下之方形础石平整无雕饰。柱上正面雕金刚一尊，右手仗剑，足踏二鬼类，手足及胸部皆裸露于外（图版20［丙］）。像的头部，现在虽已遗失，但权衡比例，确系盛唐作品，惟肤肉圆润，不与同时代所雕的金刚符合，颇令人难于索解。像的背面刻作八角柱。柱身两侧及背面留有梁、枋榫眼数处，以及镂刻很工细的阴文卷草（图版21［丁］）。

柱西南复有石兽一躯，背上踏有人足（图版21［戊］），无疑亦是戒坛旧物。

《中岳嵩阳寺碑》

碑在戒坛东南，外部庇以砖室。碑身正面及上部题额处均浮雕佛像（图版21［己］），背面上部亦然，惟后者体积较大。其下部复镂刻铭文一段，与前述沁阳东魏造像碑及其他北齐碑同一方式。碑首所雕盘龙，无论在形范上或刀法上，俱为隋、唐二代碑的前身。而碑侧图案化的纹样，尤与唐碑接近。案嵩阳寺原在今嵩阳书院附近，北魏太和八年（公元484年）裴衍等建千喜（禧）塔二十五层*，及七层塔二基。此碑刻于东魏天平二年（公元535年），即纪述当时营建的经过。至唐高宗时，因营奉天宫移于此寺，现碑阴尚有：

“大唐麟德元年（公元664年）岁次甲子九月丙午朔十五日庚申从嵩阳观移来。会善寺立”可据。又《说嵩》卷十四，谓碑在佛殿东楹，清康熙四十八年（公元1709年）因重修殿宇，乃迁至戒坛附近云。

东北角又有北齐武定七年**《会善寺碑》一通，体积较小，雕饰技术亦较幼稚。

登封县　永泰寺

自登封县城经邢家铺至廓店，为程约二十里。自此折向东北，再三里，至永泰寺。其地位于太室山西

---

* ［整理者注］：颇疑此层数有误。

** ［整理者注］：东魏有武定七年，公元549年；北齐有武平七年，公元576年，不知孰是？

图版 21 [乙]　净藏禅师塔详部

图版 21 [甲]　登封会善寺净藏禅师塔

图版 21 [己]　会善寺藏北魏嵩阳寺碑

图版 21 [丙]　会善寺琉
璃戒坛石柱正面

图版 21 [丁]　琉璃戒坛
石柱背面

图版 21 [戊]　琉璃戒坛石刻

麓，俗称大塔沟。据唐天宝十一年（公元 752 年）碑，北魏正光二年（公元 521 年）孝明帝之妹祝发为尼，乃建此寺为修真之所，赐名明练寺。北周时寺被废。至隋开皇间复加修饰。唐贞观三年（公元 629 年）以尼寺山居不便，移置偃师县。神龙二年（公元 706 年）僧道莹奏请修治，祀永泰公主于此，乃更名永泰寺。

寺西南向，外为山门三间。门外唐开元石幢二，分立左、右，但都只存幢身一段。门内有清康熙间所建大殿三间。次南、北配殿。再次后殿三间。据寺中碑记，此寺自明洪武间尼圆敬重兴以后，清康熙三十七年至四十年（公元 1698～1701 年）尼道安、道坤等复继予修筑。现在寺中田产于民国十七年（公元 1928 年）全部被没收，仅一老尼年九十余，携徒与徒孙各一，以力田自活，状极可悯。

现在寺中重要遗物仅有砖塔二基，及千佛阁、唐开元碑、石灯台等等。

砖塔

寺东北山坡下，存正方形密檐式砖塔二座。东侧者（图版 22 [甲]）在塔身上加叠涩檐十一层。上部刹顶已大半毁坏，仅余一部分相轮。自基至顶共高 24 米。塔内辟方室一间直达上部，但壁面上并无挑出的叠涩砖层，似原来即未构有楼板。西侧者（图版 22 [乙]）塔身上覆叠涩檐七层，高 11 米余。刹顶结构为在方座与莲瓣上安置相轮，与云冈石窟的浮雕塔同一形式。

在形制上此二塔极似唐代遗物，但均无年代铭刻。据唐天宝十一年（公元 752 年）释靖彰《永泰寺碑》：
"……二古塔者，昔明练之所起。大宰堵坡者，隋仁寿二载（公元 602 年）之所置。……东有两支提者，昔寺主道莹崇敬遗教，门人之所造也。……九级浮图者，比匠真一敬为故寺主真藏之所建也。……"

文中所述之塔，有北魏明练寺二古塔、隋仁寿大宰堵坡及唐代的道莹、真藏三塔。现存二塔的式样当然不是北魏遗物，也不是真藏的九级浮图，但是否即为道莹的支提，尚须获得确实证据才能决定。

千佛阁

在寺北面土坡上，平面作长方形，正门南向。内部壁面杂砌佛像砖，每砖分为六龛，龛内各雕佛像一尊（图版 22 [丙]）。以少林寺墓塔所用之砖证之，疑为金代遗构。室内四隅各设倚柱，室顶以叠涩砖层向内收合，外侧檐端结构亦用叠涩式，但上部歇山顶乃后人所加。

唐永泰寺碑

此碑在寺北菜圃中，下半部埋于土内。其正面与侧面之露出部分，用平浅的阳文雕刻佛像、飞仙，手法异常豪健。背面则镌释靖彰所撰碑文。

石灯台

寺西北关帝庙前，有八角形石灯一具，显为明以后所造。但莲座下刻二龙纠结，灵活秀劲（图版 22 [丁]），当是北宋时物。

登封县　少林寺

少林寺

在五乳峰下，面对少室背面的旗、鼓二山，闲静幽邃，形势绝佳。寺的创立经过，具见《魏书》释老志：
"……太和……二十年（公元 496 年）……又有西域沙门名跋陀，有道业，深为高祖所敬信，诏于少室山阴立少林寺而居之，公给衣供。……"

当时并于寺西建舍利塔。塔后造翻经台，译《十地》诸经，岿然为中州名刹。正光中（公元 520～525 年）达摩北来，更于此奠立我国禅宗基础。北周五帝建德间（公元 572～578 年）断禁佛教，此寺被废。至静帝即位，追荐孝思，又立为陟岵寺。隋文帝时，赐地百顷，恢复旧称。然大业末年旋为山贼所焚，仅余一塔。降及唐代，太宗益地四十顷。高宗、武后、玄宗等相继施舍功德，复臻隆盛。惟宋、金二代，因记录残毁，现在仅知宋宣和间曾建初祖庵大殿，与金泰和六年（公元 1206 年）建六祖殿，兴定四年（公元 1220 年）重修面壁庵数事而已。元初，僧福裕承煨烬之余，兴仆起废，金碧一新，是为此寺第三次复

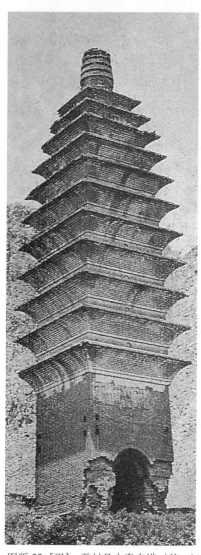

图版 22 [甲] 登封县永泰寺塔（其一）

图版 22 [乙] 永泰寺塔（其二）

图版 22 [丙] 永泰寺千佛阁佛像砖

图版 22 [丁] 永泰寺石灯台

图版 22 [戊] 登封县少林寺天王殿柱础

图版 22 [己] 少林寺三宝殿故基

兴。其后明初创建紧那罗殿。正德六年（公元 1511 年）重修轮藏阁，并建初祖殿、玉皇殿、甘露殿等等。嘉靖三十二年（公元 1553 年）重修。万历十六年（公元 1588 年）慈圣太后撤伊府殿材，凿山为基，建毗卢阁于寺后。巡抚蔡汝楠又构廓然堂。清雍正十三年（公元 1735 年）敕修毗卢阁。乾隆十七年（公元 1752 年）、四十一年，道光九年（公元 1829 年），光绪十九年（公元 1893 年），及民国五年（公元 1916 年）相继严饰。至民国十七年（公元 1928 年）三月，军阀石友三与樊钟秀战于登封，疑寺僧与樊交通，纵兵焚掠，遂将元构之天王殿、鼓楼及其北紧那罗殿、六祖殿、三宝殿、藏经阁、库房、客堂、杂院等悉付一炬。而达摩面壁石、北齐武平元年（公元 570 年）造像碑及历代诏书墨迹经典五千余部，亦全部化归乌有。

此寺在佛教史上虽然为禅宗的发源地，然六祖以后，《传灯录》所载的唐、宋禅师卓锡少林者，实在寥寥可数。至元世祖时，命曹洞宗裕福主持此寺，于是禅风重振，称为开山第一代祖师。是时会善、法王、嵩岳等寺亦皆隶于曹洞宗之下，故在嵩山一带，不知有"天下临济"一语。

以"见性成佛，不立文字"的禅宗少林寺，在另一方面，又以外家拳术蜚声海内外，不能不算为一种奇迹。然据唐·裴漼《少林寺碑》，隋、唐之际，此寺僧众最初与山贼相抗，后又有昙宗、志操等十三人，率众擒王世充之侄仁则以献太宗，赐爵大将军。可知少林尚武风习其来由已非一朝一夕。元末至正间，寺僧亦参与红巾抗争。而明代住持墓塔中，或称"提点"，或题"都提点"，甚至大书特书"都提举征战有功某某"者，故相传明时寺内曾有僧兵五百名云。

少林寺的本院，外建东、西二石坊。坊北面三门比列，中央山门面阔三间，单檐歇山造。门内甬道两侧碑碣林立。东侧有唐永淳二年（公元 683 年）武后御制诗碑及玄宗天宝十年（公元 751 年）碑各一通，螭首雕刻均精丽可观。

甬道北端存天王殿故基三间，前部月台平面作半圆形，极不常见。据殿内残存石础（图版 22 [戊]）与须弥座花纹观之，疑是元代遗构。殿北钟、鼓二楼分据东、西。钟楼已久毁。其前丰碑矗立，刻唐秦王《告少林寺主教》，额书"太宗文皇帝御书"，乃玄宗所题。西侧的鼓楼犹存石柱和残壁，可辨出原为面阔三间，进深显四间，内、外各施墙壁一层。其外檐石柱所雕人物花纹，确是元人作风。

钟、鼓楼之北，旧有东、西配殿各一座。东为紧那罗殿，建于明初，藏北齐武平元年（公元 570）造像碑于内。西侧为六祖殿，前檐八角石柱上镌铭文一段，知创于金泰和六年（公元 1206 年）。其文如下：

"许州偃城县时曲村万四郎并男管石柱一条，为报四恩三有，平安家眷。

临颍县东王曲化木植副会首张琏，并妻刘氏，施钱拾贯充殿上用，各报义母祖先，及法界有情，同成佛道。泰和六年（公元 1206 年）六月日起建。"

正北三宝殿为寺之正殿，据现存阶砌栏楯，知从前规模极为雄巨（图版 22 [己]）。殿北又有东、西庑各二座，东为库房，西为客堂。其北藏经阁旧藏历代诏书、经典及达摩面壁石于内。殿前立元碑一通，制作甚伟。自天王殿至此，堂殿三重胥为军阀石友三所焚。

再北方丈五间，左、右以廊屋环抱，自成一区。自此陟石级，复有小殿三间，榜书"大雄宝殿"，盖劫后正殿被毁，权移于此者。殿东面山墙外，嵌金大安元年（公元 1209 年）观音像一石（图版 23 [甲]）。正北石台上列东、西配殿，中为毗卢阁五间。《县志》谓建于明嘉靖间，然结构式样已经清代改修，决非原物。内部壁面绘五百罗汉，俗传吴道子手笔，并谓诸像面貌原为墨团，年久眉目须发自行现露，直真呓语。惟此阁为旧日寺僧习技之所，内部地砖每隔二步向下凹陷，且纵横成行，不类故意捏造者。

天王殿东侧之杂院亦被砥焚毁。现惟元、明碑记数通孤立断垣中。寺西甘露台即北魏翻经台的故址，现亦惟存石基。此外尚有初祖庵、二祖庵、达摩洞、东塔院、西塔院等等，但仅初祖庵大殿与塔院较为重要。

初祖庵大殿

初祖庵位于寺西北二里小阜上，周围丘涧环抱，风景幽胜。惜现在庵门与左、右廊庑、围墙，及后

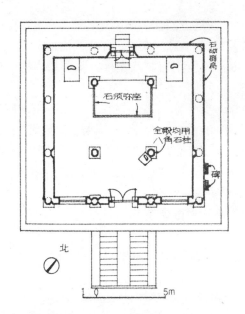

插图 43　登封县少林寺初祖庵平面图

图版 23 [乙]　少林寺初祖庵

图版 23 [丙]　初祖庵外檐斗栱

图版 23 [甲]　登封县少林寺金刻观音像

图版 23 [丁]　初祖庵外檐斗栱后尾

部千佛阁、张公祠等均已塌毁，仅存大殿与后部二亭。而后者西侧一亭，称达摩面壁庵，显是清代所构。

大殿面阔三间，进深六椽，平面略与正方形相近（插图43）。入口设于正当心间。左、右次间辟直棂窗各一。惟背面之门系自小窗改建，非原来所有。内、外皆用石制八角柱。除前槽内柱的位置与山柱一致以外，其后槽内柱因佛座关系，向后推展约一椽架，手法极为灵活。

在外观上（图版23〔乙〕），此殿的台基未施雕饰。其正面踏道，在东、西二踏步之间夹入较宽的垂带石一列，异常特别，也许此种式样，就是明、清殿陛的前身？台上檐柱具有很显著的升起。阑额前端斫作楮头形式，其上未施普拍枋。外檐斗栱五铺作单杪单昂（图版23〔丁〕），材、栔比例虽不十分雄大，但在中国营造学社已调查的古建筑中，惟此殿斗栱结构最与《营造法式》接近。不过屋顶、檐椽、瓦饰和门窗等迭经修葺，已非旧物。

此殿的外檐斗栱，自关野贞博士介绍以后，凡是留心中国建筑的几乎尽人皆知，不过最重要的却尚有二事：

（一）柱头铺作与转角铺作俱用圆栌斗，而补间铺作则用讹角斗（图版23〔丙〕）。

（二）令栱的位置比第一跳的慢栱稍低（插图44）。

以上二项恰与《营造法式》符合，而均为中国营造学社已往调查的木结构所未见*。查此殿东侧前槽内柱上，有铭刻一段：

"广南东路韶州仁化县潼阳乡乌珠经塘村居士□佛男弟子刘善恭，仅施此柱一条，回向真如实际无上佛果菩提，四恩惚报，三有齐资，愿善恭同一切有情，早圆佛果，大宋宣和七年佛成道日焚香书"。

知其建造年代属北宋徽宗宣和七年（公元1125年），而李明仲《营造法式》成于元符三年（公元1100年），二者相较仅差二十五年。在地理上登封又与开封相距甚近，所以能与《营造法式》大致符合。

当心间梁架在南面檐柱与前槽内柱之间，施乳栿与搭牵。前槽内柱以北部分施四椽栿，直达北侧的檐柱上。其上再施三椽栿与平梁（图版24〔甲〕），南端插入前槽内柱上部的童柱内，亦属创见。不过依木材解割形状观察，此殿梁架已经后人抽换过多次了。

关于雕饰方面，此殿有四种极可珍贵的遗物：

（一）檐柱表面所雕卷草式荷蕖内，杂饰人物、飞禽、伎乐，精美异常（图版24〔乙〕）。

（二）殿内柱上各浮雕神王一躯，上刻盘龙及飞仙，健劲古朴，为宋代石刻中不易多得的精品（图版24〔丙〕）。

（三）东、西、北三面壁体下部之内、外两面，均砌石护脚一列。石的表面镌刻很秀逸的云、水、龙、鱼、佛像、建筑物等等（图版24〔丁〕）。

（四）当心间佛座下的圭脚，为现存宋代最罕贵的孤例。其上以叠涩石层构成很潇洒轻快的外形。束腰部分镌刻秀丽流畅的卷草文，但四角所饰力神现已毁坏（图版24〔戊〕）。

墓塔

此寺东塔院仅存墓塔二基，其余皆集中于西塔院内。除去雷同重复，或时代过近不足供历史参考者外，兹将式样上或局部结构、手法上比较特别的实例，列举如后。

塔名	平面	式样	年代	（公元）	图版
同光禅师塔	正方形	单层单檐式	唐代宗大历六年	（771）年	25〔乙〕

---

*〔作者眉批〕：依《营造法式》卷四 · 造昂之制"凡昂上坐斗，四铺作、五铺作并归平。六铺作以上，自五铺作昂外科，并向下二分°至五分°。"是以令栱降低，仅限于六铺作以上。此殿仅五铺作，仍亦降低，不能谓与《法式》符合也。再版时，此即宜予更正。民国廿八年（公元1939年）七月十三日，士能记于昆明巡津街（〔整理者注〕：此地为中国营造学社于抗战时内迁后，在昆明市内之办公处）。

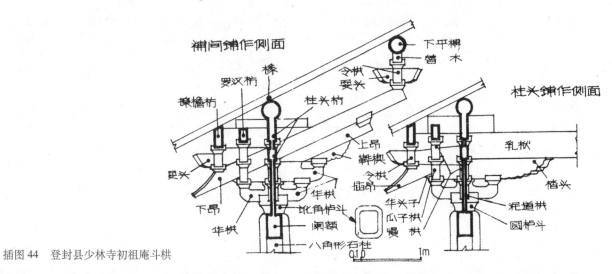

插图44　登封县少林寺初祖庵斗栱

图版24 [甲]　少林寺初祖庵梁架

图版24 [乙]　初祖庵石柱雕刻（其一）

图版24 [戊]　初祖庵须弥座

图版24 [丁]　初祖庵墙下石护脚

图版24 [丙]　初祖庵石柱雕刻（其二）

法玩禅师塔	正方形	单层单檐式	唐德宗贞元七年	(791) 年	25 [丙]
无名塔	正方形	密檐式	唐？		25 [甲]
行钧禅师塔	正方形	单层单檐式	五代后唐庄宗同光四年	(926) 年	25 [丁]
普通禅师塔	正方形	单层多檐式	宋徽宗宣和三年	(1121) 年	25 [戊]
西堂老师塔	正方形	单层单檐式	金海陵王正隆二年	(1157) 年	25 [已]
端禅师塔	正方形	单层单檐式	金世宗大定八年	(1168) 年	25 [庚]
海公塔	六角形	多檐式	金世宗大定十九年	(1179) 年	26 [甲]
崇公禅师塔	正方形	多檐式	金绍卫王大安元年	(1209) 年	26 [乙]
衍公长老窣堵波	圆形	窣堵坡式	金宣宗贞祐三年	(1215) 年	26 [丙]
铸公禅师塔	圆形	窣堵坡式	金哀宗正大元年	(1224) 年	26 [丁]
悟公禅师塔	正方形	单层多檐式	金？		26 [戊]
定公塔	正方形	单层多檐式	元世祖至元二十四年	(1287) 年	26 [已]
还元长老塔	八角形	经幢式	元武宗至大四年	(1311) 年	26 [庚]
庆公塔	圆形	喇嘛塔式	元仁宗延祐五年	(1318) 年	27 [甲]
古岩禅师塔	圆形	喇嘛塔式	元仁宗延祐五年	(1318) 年	27 [丙]
资公塔	正方形	单层多檐式	元仁宗延祐五年	(1318) 年	27 [乙]
聚公塔	正方形	单层多檐式	元泰定帝泰定三年	(1326) 年	
凤林禅师塔	六角形	单层多檐式	元顺帝至正六年	(1346) 年	27 [戊]
月岩长老塔	圆形	喇嘛塔式	元？		27 [丁]
万公和尚塔	圆形	喇嘛塔式	明世宗嘉靖四十年	(1561) 年	27 [已]
书公禅师塔	圆形	喇嘛塔式	明穆宗隆庆六年	(1572) 年	27 [庚]
坦然和尚塔	圆形	喇嘛塔式	明神宗万历八年	(1580) 年	27 [辛]

前列墓塔中采用正方形平面的数量最多。不但唐与五代、北宋如是，即金、元以后，下迄明、清，亦占据相当数目。六角形墓塔，目前以金大定十九年海公塔为国内此式塔中年代最早的一座*。但自此以后，此种平面逐渐增加，至清代竟比方塔还多。圆形平面的，大都限于窣堵坡式或喇嘛式塔。在时间上，前者仅见于金，后者见于元、明，而清代则极少发现。八角形平面，仅有元代还元长老塔一处。

此寺墓塔的外观，唐与五代采用单层单檐式的占据多数（图版25 [乙]、[丙]、[丁]）。至北宋以后，才渐渐为单层多檐式所侵夺。不过宋、元之间，此类塔的出檐数目，以二层或三层居多（图版25 [戊]、[已]，26 [戊]、[已]，27 [乙]）。明、清二代则五层以上者，几成为极普通的式样。真正的多层楼阁式塔极少（图版26 [乙]）。窣堵坡式塔仅见于金代（图版26 [丙]、[丁]）。喇嘛式塔虽盛行于元、明二代，但元代者，塔身过于高耸（图版27 [甲]），且往往琢成钟形（图版27 [丙]、[丁]），至明以后，才有少数比较标准的形体出现（图版27 [已]、[庚]、[辛]）。经幢式墓塔此寺只有一例（图版26 [庚]）。

墓塔的局部式样极富变化，决非本文篇幅所能容纳，现在仅将基座、门、窗、斗栱四部分，择要介绍如后。

基座结构，在唐代宗大历六年建造的同光禅师塔，已雕有壸门式装饰（图版28 [甲]），乃国内砖塔中最重要的证物。至五代行均禅师塔，又在各壸门之间加饰间柱（图版28 [乙]）。北宋以后，此部的雕刻更为繁缛（图版29 [丁]）。所以著者很疑心辽、宋木构式或单层多檐式砖石塔下部的台基、平座、勾栏等等，乃系自此种简单基座演绎发达的。

---

* [整理者注]：依日后梁思成先生发表之《记五台山佛光寺建筑》，知大殿东南之祖师塔（唐）亦六角形，较本文之例为早。

图版 25 [乙] 少林寺同光禅师塔

图版 25 [丙] 少林寺法玩禅师塔

图版 25 [甲] 登封县少林寺无名塔 图版 25 [丁] 少林寺行钧禅师塔 图版 25 [戊] 少林寺普通禅师塔

图版 25 [己] 少林寺西堂老师塔 图版 25 [庚] 少林寺端禅师塔

图版 26 [甲] 少林寺海公塔　　图版 26 [乙] 少林寺崇公禅师塔　　图版 26 [丙] 少林寺衍公长老窣堵坡　　图版 26 [丁] 少林寺铸公禅师塔

图版 26 [戊] 少林寺悟公禅师塔　　图版 26 [己] 少林寺定公塔　　图版 26 [庚] 少林寺还元长老塔

　　门的式样大都模仿木建筑的结构。最早的唐法玩禅师塔，除门砧、门钉、铺首以外，两侧并雕刻金刚各一尊（图版 28 [丙]）。此式门在金、元墓塔中仍可发现，但可注意的：

　　（甲）门钉的数目，无论纵、横双方均极自由，无清代仅用奇数的习惯（图版 28 [丁]、[戊]、[己]）。

　　（乙）门簪的数目，在中国营造学社已往调查的辽、宋遗物中均为二具。惟此寺金正隆二年西堂老师塔与元泰定三年聚公塔则已增为四具（图版 28 [戊]、[己]），足证金代的门簪数目已与明、清等。惟其

图版 27 [甲] 少林寺庆公塔

图版 27 [乙] 少林寺资公塔

图版 27 [丙] 少林寺古岩禅师塔

图版 27 [丁] 少林寺月岩长老塔

图版 27 [戊] 少林寺凤林禅师塔

图版 27 [己] 少林寺万公和尚塔

图版 27 [庚] 少林寺书公禅师塔

图版 27 [辛] 少林寺坦然和尚塔

时位于两侧者虽为正方形，可是中央二具或作菱形，或作圆形，未能划一，也许是一种过渡时代的作风。

门扉式样，除前述雕有门钉者外，尚有模仿槅扇形式或在槅扇之上，再加横披一层（图版 29 [甲]、[乙]、[丙]）。槅扇的数目以二扇居多。其裙板和绦环板的花纹，当以元顺帝至正六年凤林禅师塔（图版 29[丙]）较与明代遗物接近。

墓塔两侧浮雕窗形虽盛行北宋，但此寺遗物则以金代为最早。窗棂式样大体可分为直棂窗与几何形花纹二种（图版26［戊］、29［丁］）。

檐端斗栱，有二种特别证物：

（甲）唐代无名塔的第一层叠涩檐下，用土红绘出阑额、柱、斗栱与人字栱（图版29［戊］），其中人字栱的形范，完全与会善寺净藏禅师塔符合。不过自唐以来，历时千有余年暴露风雨中的土红刷饰，决难维持如是悠久。而五代以后，此式斗栱久已绝迹，又不似后人所能凭空捏造的。也许此塔修理时，曾依照旧时留下的痕迹重新描绘，亦未可知。

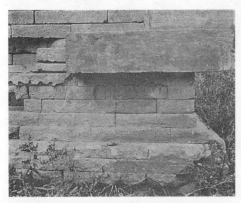

图版28［甲］　少林寺同光禅师塔详部

图版28［乙］　少林寺行钧禅师塔详部

图版28［丁］　少林寺海公和尚塔详部

图版28［丙］　少林寺法玩禅师塔详部

图版28［戊］　少林寺西堂老师塔详部

图版28［己］　少林寺聚公塔详部

（乙）元延祐五年（公元 1318 年）资公塔的令栱两端具有斜面（图版 29 [己]），与现存河北省南部及山东、河南、山西诸省的木建筑手法丝毫无异。依建筑常例来说，木构物的式样，反映到砖、石二种材料时，其式样必早已普及。故此种卷杀方法，产生在元中叶以前，是无可疑问的。

登封县　西刘碑村碑楼寺*

自登封县城出发，东南经告成镇，沿石淙河东行十里，至西刘碑村。村的东北角上有碑楼寺，内藏北齐天保八年（公元 557 年）造像碑一通。《说嵩》谓"碑上置楼，奉佛像"，所以称为碑楼寺。

寺中遗物除北齐碑以外，还有唐开元十年（公元 722 年）建造的石塔，和宋崇宁元年（公元 1102 年）石幢一基，可以推测此寺在唐、宋二代规模定然不小。不过据明嘉靖五年（公元 1526 年）及清雍正、乾隆诸碑，自明以后此寺已逐渐趋向没落。至著者等调查时，仅留下残破不堪的山门三间、正殿三间，和附属杂屋数栋而已。

北齐碑

此碑现藏于北面正殿内，自基座至顶约高 4 米。下部基座平面作长方形，每面雕刻佛龛，其上饰莲瓣一层，然后安置碑身。所有佛龛皆左右衔接，如连续的发券。而护法诸像踞坐龛内，两足分张，也不是常见的姿势。龛内、外所镌莲花纹样（图版 30 [丁]），与北响堂山石刻极相类似。

碑身正面（图版 30 [甲]）刻佛龛三行，而以位于中央的一龛面积较大。龛上饰以幛幕及枝柯交纽的树，龛内佛像面貌现已毁坏。上部螭首姿态雄劲，堪称绝作。而平浅的刀法，尤为当时石刻的特征。题额处亦雕佛像一龛。

背面在螭首下雕佛像二列，其下刻铭文一段（图版 30 [乙]）。

碑侧所雕螭龙与云气纹（图版 30 [丙]），显然秉承汉代的衣钵，惟构图描线，均不及出土汉漆器的秀逸。

唐开元石塔

此塔位于山门内西侧（图版 31 [甲]）。下部须弥座仅用极简单的叠涩和平坦的束腰合构而成。须弥座上施俯莲安置塔身。正面雕出圆拱门和左、右金刚。门内小室作梯形平面（插图 45），上部覆以筒券式室顶，极为罕见。其上再施叠涩式出檐五层。各层出檐上，在塔身每面中央镌刻佛龛一区。虽然全体形范为当时极通行的密檐式塔，但局部手法所表示的特征却相当重要。而且塔身上刻有"开元十年（公元 722 年）九月廿三日"铭记一行，其年代也异常确实。

（一）此塔须弥座上，正对拱门处雕刻踏道二列，其间插入垂带石一条（插图 45），很像合并古代的东、西二阶于一处。其后宋宣和七年建造的少林寺初祖庵大殿，并将此垂带石加宽（插图 43）。除去表面未曾施有雕刻以外，几与明、清二代的殿陛并无差别。也许殿陛的起源，即由此演变而成。

（二）各层出檐下部仍然使用叠涩石层向外挑出，但其外缘已微微向上反翘，并在断面上做出向下凹陷的反曲线（图版 31 [甲]）。足证唐代中叶此式塔的出檐结构，已经开始接受我国木建筑的影响了。

密县　法海寺塔

法海寺在密县城内西大街之北，自北宋咸平间（公元 998 ~ 1003 年）创建以来，即为当地著名佛寺。可是寺中建筑，除尚存多檐式石塔一座及后部少数堂殿外，其余都已变成废墟了。

此塔建于宋真宗咸平二年（公元 999 年），其经过见嘉庆《县志》宋·张喆所撰的《法海石塔记》：

"……密邑法海院上首帝天二年二月五日夜，有籍人安南郡仇知训者，□寐中自算造石塔，既觉，遂弃己财，泊旁诱郡好，共果厥势。凡绳准高下，规模洪促，即山以探索良珉，发地以斗……即奇势，皆

插图45 登封县碑楼寺塔平面图

图版29〔甲〕 少林寺崇公禅师塔
详部

图版29〔乙〕 少林寺定公塔详部

图版29〔丙〕 少林寺凤林禅师塔
详部

图版29〔丁〕 少林寺端禅师塔详部

图版29〔戊〕 少林寺无名塔详部

图版29〔己〕 少林寺资公塔详部

图版30〔甲〕 登封县西刘碑村碑楼寺北齐
碑正面

图版 30［乙］ 碑楼寺北齐碑背面　　图版 30［丙］ 碑楼寺北齐碑侧面花纹　　　　图版 30［丁］ 碑楼寺北齐碑碑座

自知训襟臆出，所构匠氏，但备磨刻而已。二年四月二日，□莲经七以围其躯，金像十四以实其虚。……咸平四年七月十五日记。"文中所述造塔的原由，虽然稍涉诞怪，但塔之绳准高下，都出自仇知训的心裁，倒是一件很有趣的事。

塔平面作正方形。外观分为九层，每层皆施瓦葺式出檐，但第一层塔身较高，在式样上应隶属于多层檐式塔范畴（图版 31［乙］）。塔高自地面至刹顶计 13.08 米。

下部土基已被土掩埋一部，其露出者以砖包砌，当是后人所加。台基上施仰、覆莲瓣各一层。其上于塔身内辟八角形小室一间，室内壁面上所雕佛像、花纹均系阴刻。至顶收为四边形。塔身外部遍刻《法华经》经文。其上阑额微微挑出壁面外，上施斗栱一跳，卷杀比例甚为不当，而橑檐枋与檐橼、飞子均过于局矮，足窥制作此塔者对于木建筑的详部结构并无深刻研究（图版 31［丁］）。但是檐端反翘的形式，与瓦垅、瓦当、戗脊及其他附属装饰，则又权衡精确，与实物无异。

自此以上，仅第二层至第五层每面施圆券门一处。而第三层外部施勾栏萦绕，与第五、第八两层用莲瓣承托，都不与其他各层符合，这也许就是"所构匠氏，但备磨刻"的结果？

勾栏式样极与《营造法式》卷三所述之单勾栏类似（图版 31［丙］），但地栿直接置于出檐戗脊之上，不能算为平座。这当然是平座结构未产生以前的制度，流传于后世者。

刹的结构乃以山形纹代替覆钵，最为奇特（图版 31［乙］）。其上施外轮线微微凸出的相轮九层。相轮之上再加伞形的宝盖，俱与河南武陟县五代后周显德元年（公元 954 年）建造的妙乐寺塔同一形态。再上施仰、覆莲各一层承托宝顶。宝顶略如桃形，而顶部特别高耸，浮雕龙、云，殊不常见。

图版 31 [丙]　法海寺塔详部一

图版 31 [甲]　登封县西刘碑村碑　　图版 31 [乙]　密县法海寺塔全景　图版 31 [丁]　法海寺塔详部二
楼寺唐石塔

明《鲁般营造正式》钞本校读记 *

　　《鲁般营造正式》六卷，曾著录明·焦竑《经籍志》。惟《焦》志简称《营造正式》，列于宋·李诫《营造法式》之前，读者每疑其书内容与李书相仲伯。曩岁晤赵斐云先生，知于宁波天一阁获睹是书，颇类明福建刊本，约异日以跋记见贻，以谂同好。讵比岁来人事倥偬，同居北平竟无造访之缘，以穷其究竟。去岁十一月浙省举行文献展览，范氏遗书往日深锢密藏，非常人所得问津者，至是遂公开于世。此书经陈叔谅先生影抄，以赠叶退庵先生。叶先生复以转赠社中，始悉焦氏著录者，固与坊间通行之《匠家镜鲁班经》，同为一书。

　　范氏所藏，据钞本共存三十六页。版心最低者 16 厘米，最高者 17.5 厘米，宽 11 厘米。每面八行，行十五字。内插图二十幅，占全页者十五幅，半页者一幅，余四幅略小，盖文与图篇幅略相颉颃也。

　　书中卷数，除佚卷五外，与焦氏所纪大体符合。惟此书残缺过甚，鱼尾下注明"经一"、"经二"者各仅三页，"经三"者一页。其余或径书一、二、三等字，几无由定其先后。又卷首佚亡，亦不能证通行本所列著者午荣、章严、周言三人是否正确。

　　钞本文字，以《请三界鲁般仙师文》为首，其下列定盘真尺、断水平法、鲁般真尺、曲尺、推白吉星、伐木择日、起工格式、宅舍吉凶论、三架屋后车（疑应作连）三架法、画起屋样、五架屋格、间数吉凶例、正七架三间格、九架五间堂屋格、小门式、棕蕉亭、造门法、厅堂门例、垂鱼正式、驼峰正式、五架屋图式、五架后拖二架、正七架格式、造羊栈格式等共二十五项。持与通行本核校，其羊栈格式与垂鱼、驼峰三条，今本属之卷二，余皆归于卷一。而抄本则分为六卷，疑焦氏著录者，原即此本。其后不知何人改纂，并为二卷，更益以相宅秘诀及禳解等术，成为今之三卷本与四卷本。但今本文字，似经一度润饰，讹夺处亦较钞本为少。

　　此外钞本之图，如正七架地盘、地盘真尺、水绳、鲁般真尺、曲尺、三架屋连一架、五架屋拖后架、楼阁正式、七架之格、九架屋前后合寮、小门式、棕亭式、创门正式、垂鱼、掩角、驼峰等，胥为今本所无。依此类推其割弃遗漏者，更不知凡几。又秋千架一图，原指山面梁架中柱不落地者而言（插图 1），今本乃图为真实之秋千架，微钞本不知创作原意矣。

　　此书在旧日南方诸省流传极广，几与官书《做法》、《则例》处于对等地位，而势力弥漫，殆尤过之。惟书中往往杂以咒诀及五行迷信之说，实无足取。然苟获明刊原本，依其图式，推求明以来南方住宅、祠庙结构之变迁，亦足为研究我国建筑史之一助也。

* 此文发表于《中国营造学社汇刊》第六卷第四期（1937 年 6 月）。

岐阳王墓调查记*

　　李岐阳墓在南京钟山阴蒋王庙侧，距太平门约五里。民国二十一年（公元1932年）4月，余与同事刘福泰、张至刚二君再度游焉。出太平门，官道迤逦东北驶，道侧槐、柳成荫，时值春末，鸣禽竞咏，宛转宜人，仰望钟山诸峰，巉崖插顶，蜿蜒似脊，信如古人龙蟠之喻。左瞰玄武湖诸屿，树木葱翠，若螺黛隐约烟波中，而城壁岩岩压湖西、南二面，与水色、山光相掩映，其状尤为雄绝。行半里许，道右有翁仲、石兽二组错布丛莽间，望柱与羊、虎、武像外，又具石马二，而独缺文像，疑为明初勋臣之幽宅，惜碑轶不详姓氏。询诸居民，谓为吴良、吴忠墓。然据《明史》列传，忠为良弟祯之子，疑墓属良、祯昆仲，非忠墓也。（据《明史》卷一百三十及卷一百三十一，良积勋封江阴侯，女为太祖第七子齐王榑妃。洪武十四年（公元1381年）卒，赠江国公。弟祯封靖海侯，屡总师海上，先良二年卒，赠海国公。子忠嗣，二十三年追论祯党胡唯庸，爵除。按忠没削爵后，其墓应无翁仲、石兽也。）三里，经徐中山墓，规制隆厚，为明异姓诸王之冠。自此折北，遥望蒋王庙在官道东龙尾山麓，庙祀汉秣陵尉蒋子文，历经兵乱，残毁殊甚。道西，明岐阳王李文忠墓在焉。

　　墓在蒋王庙西北小山上，面东，自官道斎沟即为神路。沟宽约3米，旧应有桥跨沟上，今片石无存。神路北侧，丰碑巍然峙田中，题《大明敕赐岐阳王碑》（奉议大夫左春坊大学士董伦撰，从仕郎中书舍人詹希原书并篆额），建于洪武十九年（公元1386年）十一月，后于岐阳之殁，盖二载余也。碑身广2.06米，厚0.75米；下承龟趺，广视碑略增，修5.04米。碑顶琢龙、云萦绕，颇工整，唯龙身秀削，无雄伟气慨，视同时北部诸碑，不逮远矣。碑自基至顶约高9.5米，较明定制几倍蓰之（按洪武五年，即公元1372年，定功臣殁后封王者，龟趺高三尺八寸，碑身高九尺，螭首高三尺二寸，共高十六尺；碑广三尺六寸。见《明史》卷六十·礼志）。当时殆与中山、开平诸王同出特赐，故能超逾常轨。惟中山墓碑，则此仍杀一等，且非立于神路中央，仍稍异耳。碑旧覆以亭，每面隔柱中心相距9.80米，揆以碑之高度，似稍嫌狭，颇疑旧时此亭为重檐建筑也。神路中段有石制望柱二，中距5.75米。柱下承以□座，刻莲瓣二层。柱身径50厘米，饰垂直凸线八（俗称海棠式），视常开平墓仅作八角形者，体制较繁。柱上施顶盘，镂仰、覆莲瓣各一层，中列珠串，与昌平明长陵华表形制略同。盘上再置石顶若莲实状，表面饰以浮雕。惜盘、顶比例皆失之高巨，不与柱身调和，殆非出自名匠手也。望柱之次，有石础二分列路侧，疑系牌坊之故址。次石马二，存南侧一躯，北侧者仅余基础。而距此约16米处，稻田中另有石马粗坯一，斫制未完，未审何时置此。按《明史》卷六十·礼志，宪宗成化十五年（公元1476年）南京礼部奏常遇春、李文忠等十四人勋臣坟墓俱在南京城外，文忠曾孙蓂等以岁久颓坏为言，请命工修治，帝可其奏。此未成之石马，虽不能断为成化修理时之物，然观诸墓修缮由礼部奏请，则洪武时营墓与成化修理二役，皆出自公帑无疑也。次石羊、石虎、武像、文像各二，依次列于神路两侧（自望柱至文像约43米，与望柱至官道距离略等）。按洪武五年定功臣殁后封王，得置石人四，文、武各二，石虎、羊、马、石望柱各二，与此悉皆符合。惟石马之制，有吏立于马之腹侧，引手控辔，与马皆一石琢成。曩尝讶唐昭陵与宋永昌、永熙诸陵石马前皆有将吏，宋以后此式失传，引为莫解。今观此墓，知明初其制犹在。嗣悉泗州皇陵，亦复如是。（《春明梦余录》卷七十，载明·蒋德璟《凤、泗皇陵记》，谓泗州陵礼殿前，竖石阙四、石兽十六、石马六、内臣控马二、朝臣十四云。）惟孝陵、长陵石马无将吏引控，嗣后遂成绝响矣。

　　文像之次有小斜坡，坡际存石础一，疑系旧时之门址。坡上地势平正如台，与徐中山墓同。余初颇疑此斜坡为围墙之故基，惟《明史》礼志称茔地周围一百步，坟墙壁高一丈。此墓之墙，若自斜坡起包岐阳墓于内，约长一百八十步至二百步，与《礼志》所载不合，或出自殊恩特赐，如前述墓碑之例，亦难逆定，惜未事发掘，不能征实耳。台上北侧有坟五，南侧坟三，胥如岐阳十二世孙祖权所图。次小坡三层，

＊本文发表于《岐阳世家文物图像册》（1937年）。

坡上亦平坦若台，其西南隅有坟一，据旧图知为岐阳七世孙旿山之墓。次有巨冢，前置石础五，殆取自旧时享堂墓庐，惜故址荡然，无从觅认矣。石础后有小碑一，题"岐阳王神道"及"营理老湘中营十八世嗣孙永钦重修，光绪二十二年（公元 1896 年）仲春月吉立"等字。此坟为旧图所无，且在神路中轴稍南，决非岐阳之墓。永钦卤莽误认，固堪发噱，而此坟之主，无端受人荐享，俯伏流涕，崇为祖先，亦可谓为无妄之福已。坟后复有巨冢，隆然高举；前列础石二，无碑，登冢东望，适与神路中轴一致，决为文忠埋骨之所。其左仅存小冢三，视旧图减半。放鹰台亦无觅处，盖岁久淹没，无术辨识矣。

按明初袭汉武故事，置功臣陪冢，一时从龙之士，多赐葬于钟山西北一带。现存徐、常、李、胡、二吴六墓，其制与《明史》礼志尚能大体符合。然仅中山一墓最为完整，次推岐阳，开平以下，残败殊甚，苟能作系统之调查，亦足印证一代文献也。

书评九则

一 《辽、金时代之建筑及佛像》

著者 关野贞 竹岛卓一
发行 日本东方文化学院东京研究所

现出版者,计图版上、下二册。上册自蓟县独乐寺观音阁以次,收辽、金木建筑九所,大都见于《中国营造学社汇刊》。惟辽宁省义县奉国寺大雄宝殿,未经国人介绍。殿建于辽圣宗开泰九年(公元 1020 年)。除内部梁栿、斗栱,尚存一部分辽代彩画,甚足珍贵。读者可参阅《美术研究》第十四号关野氏《义县奉国寺大雄宝殿》一文。

下册篇幅稍增,所收以东北与热河四省之砖塔为主,另附经幢、碑碣、铜铁钟等。就中汤玉麟旧藏铜钟一口,所镌城阙与宋建筑类似。关野氏断为辽代作品,似可信。

此书原有说明一册,未获睹。就图版言,辽代木建筑如山西应县佛宫寺塔、河北宝坻县广济寺三大士殿、易县开元寺毗卢、观音、药师三殿皆未收入。其余砖石塔、幢,遗珠尚多。而金之版图南及淮河流域,寺刹遗迹未经列入者尤夥,颇为遗憾。

(原载《中国营造学社汇刊》五卷三期)

二 《六朝佛塔之舍利安置》

著者 小杉一雄

原文载《东洋学报》二十一卷第三号。首述六朝佛塔之舍利,多数埋于中心柱下,对旧说置于相轮中者,加以指正。次论收藏舍利之容器,与铭文、瘗藏地点。结论谓六朝埋葬舍利之观念,及地点、容器、铭文等,皆受中国传统习惯之影响,故与印度异。持论极为精审。

(原载《中国营造学社汇刊》五卷三期)

三 《隋仁寿舍利塔式样》

著者 小杉一雄

原文见《中央美术》第八号,胪举隋文帝诏书,与悯忠寺《重藏舍利记》及其他文献多种。论隋仁寿元年(公元 601 年)所建三十州舍利塔,系经所司造样,送往当州建造,故式样同为五层木塔。其后仁寿二年、四年续建八十一处,一依前式,可谓为我国木塔极盛时期。虽所论尚待实物印证,要发前人未发之覆,足资参考。

(原载《中国营造学社汇刊》五卷三期)

四 《汉代圹砖集录》

著者 王振铎
发行所 考古学社

汉代空腹圹砖,自曹氏《格古要论》以来,诸家著录不一而足,然致力之勤,无如近人王振铎所著《汉代圹砖集录》一书。书仅二卷。上卷收海内拓本六十余幅,形制、纹样,各不相侔,具见取舍苦心。下卷则为详部纹样,内分几何图案、铺首、楼树、人物、动物、骑射、车御、营造、货币九类。卷末殿以附说五千余言,于命名、制造、应用、纹样诸项,颇多申论。

(原载《中国营造学社汇刊》五卷四期)

五 《新罗古瓦之研究》

著者 滨田耕作 梅原末治

发行所 刁江 书院

　　书系日本京都帝国大学文学部考古学研究所报告第十三册。专论朝鲜庆州出土新罗时代砖瓦，计有圆形与椭圆形瓦当，及勾滴、瓦模、椽头装饰、鬼板、鸱尾、地砖、壁砖多种。其椭圆形瓦当一项，最为稀睹。勾滴形状，上、下缘均用平行曲线，与中国营造学社调查之辽代遗物一致。椽头装饰有圆形、方形、长方形三种，中央开钉孔，殆系汉璧珰之遗制。鸱尾形制，与西安大雁塔门楣雕刻极相类似，其外缘鳍状装饰，在侧面特别突出，亦与辽独乐寺山门符合。

　　砖瓦纹样，有蕨纹、莲花、宝相花、卷草、葡萄、翼师、迦陵频伽（Kalavinka，即金翅大鹏鸟）、蟾蜍、玉兔、鹦、鹅、兽面、龙、凤、麟、飞仙多种。就中莲花一项，在圆形瓦当内，即有变型八十余种，意匠之丰富，出人意料以外。此外，地砖上所镌宝相花纹，及壁砖上佛像、楼阁浮雕，精美异常，纯系唐代艺术之反映。

　　我国瓦当纹之变迁，据今日所知者，饕餮纹曾盛行于周末。降及秦、汉，文字与蕨纹代之而兴。其后莲花纹逐渐萌芽，至六朝迄唐蔚为极盛。而宝相花、龙凤纹之使用，更在其后。惟汉末以来，文字铭记渐归废弃，故历来金石家著录者，大都限于秦、汉二代。今获此书，足弥缺陷之一部矣。至于朝鲜艺术之源流，滨田氏于《美术研究》第十七号《新罗画像砖》一文内，谓庆州砖瓦，以临海殿、四天王寺等处出土者为最精美。据佛国寺塔之例，疑出唐匠之手，所论最为公允。

（原载《中国营造学社汇刊》五卷四期）

六 《栾》

著者 奥村伊九良

　　汉人著述言斗栱者，曰：栌、曰：㮇、曰：枅、曰：节，后人皆释为斗；曰：欂、曰：開、曰：枅、曰：楷、曰：栾，皆释为栱。然两汉斗栱种类颇繁，此数者果为同物异名，抑其间尚有若干之区别，自来无人论及。奥村氏原文，见《支那学》第七卷第四号。引《字林》："枅，柱上方木也。"谓系直木挑出，为栱之最简单者。次谓《灵光殿赋》之"曲枅"，殆与冯焕、高颐诸阙所示之栱，前端向上弯曲者同型。再次引《释名》"栾，挛也，其体上挛曲拳然也。"疑其形状为沈府君阙之花茎形栱。又引同书"斗在栾两头，如斗也。斗，负上员檼也"，证"栾"上施斗，斗以承桁，足供术语训释之助。

（原载《中国营造学社汇刊》五卷四期）

七 《造像度量经》（附续补）

译述者 工布查布

　　此书有乾隆刊本与同治十三年（公元1874年）金陵刻经处刊本二种，本文所据为同治本。

　　书仅一册。首为译者所撰《造像度量经引》，述我国汉、晋以来佛像派别，及译书经过。次图样。次经文。最后殿以《经解》及《续补》二篇。

　　此书梵名《´Sāstra-nyagrodha-parimaṇḍala-buddha-pratimā-lakṣaṇa-nama》为现存佛教工巧明（´Silpa-kanna-sthāna-vidyā）三大典籍之一，治密宗造像者，皆奉为惟一法典。惟经文内容，限于十

揆度释迦佛像，其余胥未道及。译者除撰《经解》一篇诠释原文外，又旁搜遍揽，为《续补》一篇，述菩萨像、九揆度、八揆度、护法像、威仪式及装藏等项，补原书不备，厥功甚伟。

我国初期佛教造像，据记载所示，大抵以西来经像为模则。至晋、齐间，戴逵父子蹶起江东，始于光色和墨点采刻镂诸法，稍稍出以己意。然其时北魏云岗诸窟，健陀罗式犹与鞠多式杂然并陈。故就全体言，自南北朝至隋末、唐初，始渐脱模仿时期。有唐一代，名家辈出，如安生、宋法智、吴智敏、韩伯通、杨惠之、王温、元伽儿、刘九郎等，规式前贤，另辟新境，蔚为我国雕塑之黄金时期。降及宋、辽，益臻纤妙，而华化程度亦更趋深刻，后世因之，有汉像之称。迨元世祖以八合斯八为国师，设梵像提举司，命北印度尼泊尔国工阿尼哥董两都搏塑、镂铸之工，其徒刘元继之，益为恢廓。遂下启明、清二代密宗造像之渐。在我国佛像雕塑史中，实为重大之转变。此书所述梵像十揆度法，以百二十指为释迦本尊高度，其余各部，亦咸以指量为准。在艺术上，虽无足取，然自杨惠之《塑诀》以来，海内所存，惟此一书，不仅治元以来造像者视为重要图籍而已。

译者工布查布事略，希参阅《中国营造学社汇刊》第六卷第二期《哲匠录》造像类。

（原载《中国营造学社汇刊》第六卷第二期）

八 《印度にラけゐ礼拜像の形式研究》

著者 逸见梅荣
发行 东洋文库

本书为《东洋文库》论丛之一。所述印度礼拜像，以佛教密宗及婆罗门教之 Pura—na 及 ´Silpā—´sāstra 二类为限。在时间上，包括鞠多（Gupta）、波罗（Pala）二王朝，即公元 320 年至 1193 年间之造像艺术。

书分绪言与本论二部。绪言中，述研究范围，与印度美术流派、遗物地点，及佛教像与神像之关系、密教像与教理之关系、本尊观念、尊像形式、造像经典及其他事项。本论则分为四章：

（一）像量篇：首述印度度量制度。次介绍三十二相与佛像式样之关系。再次列举各种揆度不同之礼拜像比例，有十揆、九揆、八揆、六揆、四揆、二揆数种，与多面广臂像作法等。

（二）像威仪篇：分立、坐、卧姿势，及座乘、手印、衣冠、身色、头光、背光、庄严具，及持物之法具、兵器、乐器等，异常详尽。

（三）造像料篇：分造像料、画像料及颜料三项。

（四）像供养篇：述舍利装藏法与尊像供养法。

此书著者，似以工布查布《造像度量经》为出发点，再辅以梵、汉经典所载及实物像片，互相印证，成此巨帙。虽书中小节间有遗漏，而大端要不可易，不失为覃思竭虑之作也。愚读《造像度量经》后，再获此篇，不禁叹布氏之后，二百年间继起乏人，坐令异邦学子为之发扬光大，良可慨已。

（原载《中国营造学社汇刊》六卷二期）

九 《辽、金燕京城郭宫苑图考》

著者 朱偰
发行 武汉大学出版部

原文载于国立武汉大学《文哲季刊》第六卷第一期内，除绪言外，分第一、第二两章，另附平面略图四幅，体制简明，行文畅茂，绝无时下考证文字艰深枯燥之病。惟所引资料，迹其出处，不逾辽、金二史与《日下旧闻考》、《顺天府志》诸书，而《金史》似未全部检读，不仅遗珠尚多，其矛盾谬误处，亦未加辨证，而遽予引用。此外楼钥《北行日录》、路振《乘轺录》、程卓《使金记》，及近人奉宽《燕京故城考》、日人那波利贞《辽、金南京、燕京故城疆域考》等，咸未寓目。致篇中论断，及其所绘辽、金城郭、殿阙配置诸图，或与文献史迹枘凿不合，或未列举佐证，迹近武断，以云《图考》似有未妥。举其重要者，约有七事。

（一）辽南京城之四至　著者所绘《辽南京析津府图》，在平面上东西较南北略广，然文中所举证据仅及东、北二面，而此二面之起迄地点，亦无确证。若以城之围度定之，则《辽史》地理志谓："城方三十六里。"《奉使行程录》称："城周二十七里。"《乘轺录》又谓："城周二十五里。"三者中孰为正确，亦无论断。未知是图所示，何所依据？

（二）辽大内位置　原文列大内于丹凤门之北，谓"今外城西南角外，其地犹有沟渠遗迹，似当年之禁城护河"。然未述沟渠之详细地点，证其与辽大内之关系，足窥图中所定广袤四至，皆以臆测出之。且第二章《金中都大兴府图》，已将辽大内之大半部，划入金之皇城，是金已一度改筑矣，乌睹此沟渠遗迹即为辽禁城护河耶？

（三）金中都城之四至　金海陵营中都，展筑辽城东、南二面，著者固已论之。然毕沅《续资治通鉴》载海陵迁都燕京诏，谓"广阡陌而展西南之城"，知其时西垣亦在推展之列。今案中都东垣之位置，《日下旧闻考》与《顺天府志》言之綦详，无庸再赘。其北垣位置，则以奉宽考定今白云观西北二里之会城村，即金会城门故址，最为精确可信。自此引一直线，使与磁针所指之方向成直角，则南距白云观约一里，与明·杨士奇《郊游记》"永乐癸卯（廿一年，公元 1423 年）二月……出平则门……渡石桥，入土城，望白云观可一里。土城者，辽、金故城也"适相契合。西垣位置据奉宽考定者，自雷震口迤南至凤凰口，现存土垣一段，约长五里，高二丈，其方向恰与磁北一致。又自凤凰口折东九十度，至鹅房营，尚存土垣一里有奇，当为中都南垣故基。

著者所绘《金中都大兴府图》，除东垣位置未有错误外，其西垣、南垣俱未列举佐证，而北垣位置，较所绘《辽南京析津府图》南移一里有奇，在文献上尤无根据。

（四）彰义门之位置　原文《金中都大兴府图》列彰义门于西垣之北端。然奉宽引《金史》礼志"夕日坛曰：'夜明'，在彰义门之西北，当阙酉地"。依酉之方位，断其位于西垣之南端。在未发现有力反证以前，宜以此说为是。

（五）金大内位置　自来论辽、金建置沿革者，皆以今外城燕角胡同即燕角楼故址。而那波利贞考定之金皇城中轴，与奉宽所举之周桥寺，皆在今外城西南角外平绥铁路路线左近，足证金皇城之东部，实跨入今外城西垣之内。著者对上列证物，既未引用，亦未列举反证，而径置金皇城于其西偏，使其东垣位于今外城西垣之外。

（六）金之内、外朝　著者所绘《金皇城殿阙配置图》，在全文中谬误最多。推其缘故，盖仅据《金史》地理志与《揽辔录》二书，不知《金史》芜杂凌乱，素有定评。而《揽辔录》所载，又远不逮楼钥《北行日录》之精密。兹以楼记校著者之图，发现遗漏及错误事项如次：

（甲）应天门前部千步廊，有东西横街三道，通左、右民居及太庙、三省、六部，皆未绘入。

（乙）应天门之北，大安殿之南，遗漏大安门一座。此门除《北行日录》外，又见《金史》卷三十二及三十六·礼志。

（丙）大安门左、右两侧，有行廊及日华、月华二门，皆南向。著者误为东西向。

（丁）左、右翔龙门应位于大安门前东、西廊之中部。著者之图，置于廊后。

（戊）大安殿左、右朵殿、行廊，及其前东、西二廊，与广祐、弘福二楼，皆未载入。

（己）楼记谓敷德门之西廊，位于左翔龙门之后。则敷德门本身，宜在大安门之东矣。著者乃置之大安殿之东北角。

（庚）会通门内之西廊，楼记谓即大安殿之东荣，则此门应在殿之东南。与著者所定方位适相反对。

（辛）承明、昭庆、集禧、左嘉会四门相对。诸书所载，悉皆一致。而楼氏所纪自承明门转西，经左嘉会门，即至大安殿后，亦与《揽辔录》符合。是此四门位于殿之东北，极为明显。著者乃列于殿之西北。

（壬）尚书省之位置，著者置于大安、仁政二殿间。然考《金史》与《大金集礼》，当时实以大安殿为大朝，仁政殿为常朝。衡以我国宫阙配置之原则，决无置尚书省于大朝、常朝之间者。微楼氏纪载，亦知其误。

（癸）仁政殿左、右朵殿、回廊，及其前钟、鼓二楼，俱皆遗漏。

又是图所载之仁政殿几与拱城门邻接，疑常朝之后不应狭隘若是。此殿东侧之内省及殿西十六位，俱未签注。同乐园地点，《金房图经》谓在玉华门外，亦待考证，始能决定。

（七）泰和殿未改名庆宁殿　著者沿《金史》地理志之误，谓泰和二年（公元 1202 年）改泰和殿为庆宁殿。然考章宗本纪："泰和二年……五月……甲子更泰和宫曰：庆宁"，系指德兴府晋新州龙门县离宫而言，非大内泰和殿也。又同书卷一百七·张行信传："泰和……四年四月召见于泰和殿"，尤足证泰和二年，此殿未曾改名。

此外文中所举之枢光殿，亦漠北离宫之一，与大内殿阙无涉。其余见于《金史》与《南迁录》者，尚有福安、大庆、集贤、凝和、薰风、明阳、承安、绛霄等殿，及瑞云楼、琼华阁，与西园瑶光台、南园熙春殿等胥未收入。

（原载《中国营造学社汇刊》六卷四期）

河北古建筑调查笔记*

——1935 年 5 月 3 日 ~ 5 月 20 日——

5 月 3 日　星期五　雨后晴

上午十时二十分搭平汉特别快车离平，过高碑店，雨稍小。下午二时零五分抵保定，寓城内保阳旅馆。饭后赴南门，摄关帝庙槅扇及文庙东、西牌楼相片。牌楼仅用拽枋、正心瓜栱及内、外拽瓜栱，与日本东大寺中门同一手法，虽年代甚近，亦罕见之例也。嗣往青苑县县政会，摄明嘉靖铁狮相片，并游莲池，返旅舍已满城灯火矣。

5 月 4 日　星期六　晴

上午五时起床。六时搭公共汽车之高阳，八时一刻到达，行程八十四里。九时赴县政府，闻兴化、福泉二寺俱毁，故定即日雇车往安平。

出县署，摄东街明王昺石坊（图 1）及明孙承宗木牌楼、雀替（图 2）相片。王曾任宗人府掌宗事，官太子太师驸马都尉。孙系万历甲辰科榜眼。

十二时半自高阳出发，六十里宿蠡县北关。沿途旋风骤起，黄土漫天，自发迄踬悉为尘蔽，年来旅行之苦，莫此为甚。

自保定至此，所见民居，有三事可记：

（1）墙下部用砖石，上部用空斗砖，或土砖，或板筑，上、下二部之间，插入水平木板一层，厚 5 ~ 10 厘米；亦有用麦秸或高粱杆，或麦秸与木条混合者。据当地居民云，此地土中含碱颇重，为防碱质上升故用此法。颇疑辽代遗物如独乐寺、华严寺、善化寺及明代北平护国寺土坯殿，皆与此有联带关系。

（2）民居屋顶之坡度甚低，外绕砖垣甚高，且施垛堞，故自外观之，不易见其屋顶。

（3）高阳之瓦当，分上、下二层，上层形状与北平普通瓦当同，下层者似滴水而略小。

图 1　河北高阳明王昺石坊

图 2　河北高阳明孙承宗木石牌坊

* 此文原载《刘敦桢文集》第三卷。

5月5日　星期日　晴

上午四时起床，五时出发。经蠡县县城东南隅，见石轴柱桥五空，每空四柱，每轴柱上置横梁一层以资联络，最上铺以石板（图3）。惜年代不可考，不知与西安梁化凤所造普济桥孰先？然于高阳途中，亦见小桥与此类似，似其式在此间甚为普遍，疑籍载所称石柱桥，均此类非整块之石柱也。三十里至宋村，有灵光寺残塔一基，尚存二层，见明天顺碑二通，殆明物也。渡潴泷水及滹沱河，至安平县城，计程七十里。下午二时半，抵西关外某客栈。中饭后访县政府，后至北关外圣姑庙察视一周，六时由客寓迁庙内。

5月6日　星期一　晴、风

上午八时与陈明达君摄圣姑庙内、外檐相片（图4～7），赵君法参则抄录各种碑文。承安平县师范学校教员马质青先生多方协助，感甚。入夜刮大风，九时半就寝。

圣姑庙梁架结构甚富变化，略似保定关帝庙而规模过之，内部之梭柱及覆盆柱础，尚存宋制，襻间亦然。惟昂嘴、普拍枋与霸王拳则纯为元代式样（但后殿西侧霸王拳与大同华严下寺山门一致）。昂为假昂，其秤杆自撑头木挑起，已失杠杆作用，知明、清斗栱结构原则，早已胎息于元中叶矣。

此庙建于高台上，台经明代改造，已非原式样。据马君云，滹沱河每年泛滥，冲积泥沙甚厚，致台之下部，渐为沙土所遮蔽。又云庙前牌楼，乃三年前重建者。

5月7日　星期二　晴、风

本日余测圣姑庙平面，陈、赵*二君绘梁架图。下午四时，马质青君导观安平女校教室，为文庙大成殿旧址，似明初物，摄文庙牌坊相片而归。傍晚迁居乡村师范。

大成殿之斗栱、普拍枋及外檐梭柱等，俱与圣姑庙同。独上部梁架自瓜柱以上者，比例单薄，彩画已有箍头，年代似较圣姑庙晚。据《县志》，元大成殿乃三间，明万历时重修，已有五间之记载，则此殿应建于明。又庙前牌楼用插栱及斜栱，《县志》云为明末建。

自马君借来《县志》一部，交赵法参君摘抄。

5月8日　星期三　晴

七时起床。上午量圣姑庙各殿平面尺寸。下午绘彩画实寸图。十时半就寝。

圣姑庙彩画有四种：

（1）为清式彩画。

（2）虽属清式而颜色稍旧，似明末之物（前殿二大梁）。

（3）在后殿北部普拍枋及阑额上，用旋子但无枋心，颜色仅有黑、白、灰三种。无晕，甚雅素，疑明初绘。

（4）在前殿扒梁与秤杆、罗汉枋、柱头枋底面，直接画在木上（其下涂土红一层，线条豪放），虽不能断为元物，然较其他三种年代为古，殆无疑义。余辈只摹画第三、第四两种。

马君又以历代圣姑庙诗词见惠，甚感。

5月9日　星期四　晴

上午摹临彩画，下午摄影。晚十时就寝。

圣姑像比例硕长，衣纹简洁，面目慈祥聪慧，较慈云阁大士像尤佳，当为元代作品。瓦当有龙、凤、

---

* ［整理者注］：即研究生陈明达、赵法参。

图3　河北蠡县石柱桥全景　　　　　　　　　　　　　　图4　河北平安县圣姑庙牌楼

图5　河北平安县圣姑庙全景

图7　圣姑庙大殿垂兽走兽　　　　　　　　　　　　图6　圣姑庙大殿戗脊仙人

植物纹样数种，滴水亦然。脊兽计三种，垂兽形状与大同华严寺薄伽教藏殿一致，似较兽吻更古。筒瓦大部系布瓦，但亦偶用黄、绿二色配成小块花纹者。殿外侧之墙，系方角，疑后代改修，惟群肩上木骨一层，或尚为旧物耳。

5月10日　星期五　晴

晨五时起床，测量圣姑庙之水平度。下午四时测文庙平面并摄影，归途又摄大门枕石照片。晚饭后往乡村学校校长李子健先生及马质青先生处辞行，十时半休息。

5月11日　星期六　晴、大风

五时起身。六时乘轿车出发，五十二里至张仁村三圣庵。庵甚大，有殿阁五重，内供孔子、释迦、老子三像，三教合一，极滑稽可笑。据殿前碑记，庵建于清初，建筑上了无价值，仅摄柱础相片一幅。六十里至安国县（旧祁州），摄药王庙明铁制旗杆及南关外石柱桥。下午二时换车赴定州，大风扬沙，迷不见物，行三十五里，宿东亭镇。行役之苦，此度较高阳尤甚。

5月12日　星期日　晴

晨六时起，七时出发。九时抵定县，寓同心饭庄。浴后访瞿兑之先生，承导观众香园北魏造像莲座及北齐碑。园为东坡旧游地，清乾隆时曾充行宫。继观文庙（图8、9）、考棚及民众教育图书馆等处。文庙大殿（图10）五间挑山，建于清顺治三年（公元1646年），其制不易见。考棚正面作五级式，亦属罕见。民众教育图书馆内，藏佛像、碑碣及其他古物甚伙，内有料敌塔砖天花，刻几何花纹，极足珍异。

下午四时，随兑之先生访郑锦先生，此君研究料敌塔多年，出所制模型及天花拓本见示。七时在瞿君处晚餐，归后县政府秘书梁君偕民众教育图书馆李馆长来访，商测量料敌塔事。十时半方寝。

5月13日　星期一　雨后晴、大风

六时起。七时乘人力车出县南门，往西郊朱各村观古墓。先由兑之介绍，访罗瑞华先生，偕参观村西砖墓。墓隆然高起，发现者仅三室，余埋土中未掘。就砖式而言，疑非唐前之物。归途至东关外东岳庙，摄柱础照片。

图8　河北定县文庙棂星门

图9　河北定县文庙牌坊

图 10　定县大庙大成殿　　　　　　　　图 11　定县开元寺料敌塔东侧立面

下午大风，仅摄料敌塔相片数帧，未及测量。塔八棱十一层（图 11），创于北宋真宗咸平二年（公元 999 年），至英宗治平四年（公元 1067 年）竣工。每层四门，腰檐以砖挑出，无平座及栏干，外轮廓呈微凸形，尚留唐制。塔内有中心砖柱，围以走廊。柱内设梯级，最上层南面复有梯可登塔顶。顶上为砖砌之忍冬草及覆钵，如云岗石窟。再上为生铁制莲座与青铜宝珠二，明嘉靖十五年（公元 1536 年）定州指挥某所施造也。塔内自第一层至第七层，走廊内皆饰天花（图 12，13），八层以上，则只覆半圆形砖顶而已。天花之构造：第一层至第三层，于木支条上置浮雕之方砖；第四层至第七层，则用木板。又天花支条下，承以斗栱。斗栱之出跳，第一层不明，第二层三跳，第三层至第七层均二跳。塔外之门，仅用门簪二具。塔每层辟四窗，除西南在第二、第十、十一诸层因梯级之故，用真窗外，余皆假窗，浮雕各种不同的几何形花纹（东北面因已坍落，详状不明）。

下午至考棚及民众教育图书馆补摄相片，又至女子师范摄石狮相片。晚餐在瞿兑之寓，畅谈数小时，踏月而归，十一时方就枕。

图 12　料敌塔第二层天花　　　　　　　图 13　料敌塔天花详部

5月14日 星期二 晴、风

五时半起。六时五十分雇车往曲阳，途中大风卷土，目不能启。下午一时抵曲阳县城，寓振华栈。自定州至此共六十里。

下午至北岳庙，庙自明末改祀以来，颓败不堪，只存正殿一座。殿面阔七间，进深显六间（均连走廊在内）。就平面言，殿周围以走廊（图14），似唐、宋旧制。正面之匾，题："德宁之殿"，"大朝至元七年（公元1270年）"诸字，据下檐结构观之，其阑额仅一层，断面狭而高，无绰幕枋，普柏枋甚宽，下昂亦系真昂，疑为元世祖忽必烈至元间遗迹。惟上檐（图18）经明嘉靖、万历，清乾隆、道光、光绪五度大修，已非旧貌。后摄石坎墙（图15）、柱础（图16、17）及栏杆（图19、20）等详部照片。

访教育局长张刚三先生，请代借《县志》。晚饭后，冲洗胶片，至午夜方止。

5月15日 星期三 晴、风

晨六时半起。八时一刻乘轿车赴黄山。二十里至西郭村清化寺。寺仅存正殿三楹，明正德间重建，内供石立像一躯，高丈余，似出明人手（图21）。殿额枋出头系垂直切去，尚存宋、辽旧制。惟斗栱后侧秤杆自撑头木斜上，非宋式真昂（图22）。寺东北有石幢二，南侧者元至顺四年（公元1333年）建，北侧者元至元二十四年（公元1287年）建，为石幢中少有之例。

自西郭村西行三里，至阳平村。村户五百余，业石匠者几半数，以杨、高、刘、董四姓居多。案元攻石名匠杨琼曲阳人，不知是否隶籍阳平？仓猝中未及查访，失之交臂，良为可惜！

村北二里至少蓉山，俗称黄山，旧有八会寺，为邑中名刹。山阳有静岩院，止存石塔一基，五层，每层以石挑出，如唐式。下层内一碑，刻宋明道二年（公元1033年）记文，则此塔建造年代，最晚亦在宋初无疑也。山阴有宋僧审焉所镌巨佛及所凿华严圣集池，与金皇统间僧宝宁所建文殊殿，俱毁于庚子联军之役。惟隋开皇十三年（公元593年）《佛垂般涅槃略说教戒经》石刻，尚巍然独存，石方形，外围石垣，顶覆石板，略如云冈支提塔洞，第外垣是否隋建，尚待确证。

七时半返寓。十一时就寝。

5月16日 星期四 晴

七时起身。上午测量北岳庙大殿，并补摄照片。此殿经明、清数度修葺，已失旧观。兹将日来所得

图14 河北曲阳北岳庙德宁殿前廊

图15 北岳庙德宁殿石坎墙

图16 北岳庙德宁殿柱础

图 17　北岳庙德宁殿柱础

图 20　北岳庙德宁殿抱鼓石

图 18　曲阳北岳庙德宁殿上檐斗栱及正吻

图 21　河北曲阳西郭村清化寺大殿佛像

图 19　北岳庙德宁殿石栏

图 22　曲阳西郭村清化寺大殿梁架

归纳如下：

(1) 下檐斗栱、梁、柱，确为元代旧物（后代仅略加修补而已），乃元代建筑极佳之例。

(2) 柱础有平石、覆盆（无雕刻）、莲瓣三种，而莲瓣中又显然分为前、后二期（图16、17）。

(3) 墙身下部坎墙用砖，上部用土砖，与大同辽、金建筑一致。惟二者之间无木骨，而将砖向外挑出成带形。

(4) 正面梢间坎墙有浮刻（图15），东、西、北三面通气洞亦然，其手法似较确为明代者稍雄浑。

(5) 墙内东、西两面壁画虽经修理，但西壁一部分确出元人手笔，最堪赞美。

(6) 上檐斗栱内侧施六分头及菊花头，且最末一跳仅有罗汉枋一层，与梁架无关，极不合理。是否未经后代改造，尚属疑问。

(7) 梁架迭经修葺，杂乱无章，决为明、清两代修理所致。

(8) 西端兽吻（正脊）及一部角脊上小神像，似明作品。

(9) 石台三具，雕琢工精，似元物。

(10) 塑像极劣。

综上诸点观之，此殿墙壁与下檐斗栱，确为元代建筑。上檐斗栱尚存疑。梁架则决为明以来修改者。

下午摄城隍庙牌楼及关帝庙石虾蟆照片。又至教育局张先生处辞行。晚饭后，收拾行李，十时休息。

5月17日　星期五　晴、风

晨五时起。六时雇车返定州，十二时半到达，寓泰宁旅馆。途中经西门内，见大道观，系明初建筑，尚有真昂，梁架结构迥异，现改为救济院，约明晨往摄影。

午餐后，与陈、赵二君测量开元寺料敌塔、余以经纬仪测高度，陈、赵自塔东北隅崩坍处攀登，测量各层平面，并摄天花、壁画相片。七时半返寓，困惫殊甚。晚饭后访兑之不遇，十一时就寝。

5月18日　星期六　晴

七时起。八时至天庆观玉皇殿及大道观正殿二处摄影，并抄录碑文。此二处均明中叶遗构，梁架甚异，后者且有真昂，惟攀间已改为垫板与随檩枋，可为过渡时代之证物。

午餐在兑之家。饭后一时半至车站，搭平石区间车南下，五时十分抵正定，寓隆兴寺（俗称大佛寺）。休息片时即观庙内各建筑并拍摄照片（图23～31），私意与思成兄所断定之年代，略有出入，拟明日再作详细研究。饭后冲洗相片，十二时半方就寝。

5月19日　星期日　晴

晨八时起。早餐后赴藏殿，作精密之研究。窃意此殿正面之抱厦，绝非宋代建筑，其证据如下：

(1) 柱顶石之鼓镜为明、清式样，与殿本身用素覆盆者异。

(2) 柱头无卷杀。

(3) 阑额出头处所雕曲线，似明以来之霸王拳。

(4) 令栱栱身甚矮，其长度且较正心慢栱稍短，似集用旧料于一处者（令栱高度亦太低）。斗栱后尾形状非蚂蚱头，亦系利用旧料。

(5) 由昂大且长，与上部老角梁长度相等，亦为利用旧料之证。

(6) 双步梁上部结构与殿次间补间铺作无交代，且上部随檩枋系插入补间铺作之令栱内，苟同为宋构，不致若是（又双步梁内端与下层阑额合构，似此层阑额亦系后加）。

图 23　河北正定隆兴寺山门外檐斗栱

图 24　隆兴寺山门内檐斗栱

图 25　河北正定隆兴寺摩尼殿外观

图 27　正定隆兴寺摩尼殿抱厦檐部

图 26　正定隆兴寺摩尼殿匾额　　图 28　正定隆兴寺摩尼殿佛像

图 29　正定隆兴寺摩尼殿佛像　　　图 30　正定隆兴寺摩尼殿前石刻　　　图 31　正定隆兴寺塑像

（7）以随檩枋代替襻间。

（8）梁驼峰、瓜柱、仔角梁、老角梁、椽子等，绝非宋式。

（9）坎墙之砖比藏殿所用者稍薄。

藏殿架构虽系宋式，但转轮藏则似元、明间物，其证据如下：

（1）下部卷叶花纹与上部雀替绝非宋式。

（2）柱上端卷杀亦非宋式，颇与安平县圣姑庙接近。

（3）普拍枋出头处刻凹入线脚，似元及以后手法。

（4）坐斗四角亦刻凹入线。

（5）柱及垂莲柱之平面系八瓣形。

（6）普拍枋与阑额之表面皆刻有线条，不经见。又阑额出头处，比阑额本身宽度稍窄，其雕刻花纹与元慈云阁相近。又昂嘴非批竹式，略向内凹入。

（7）殿外檐各栱之长度，泥道栱与令栱相等，瓜子栱稍短，与辽式斗栱一致。转轮藏则令栱最长，瓜子栱与泥道栱相等。

（8）正心系重栱造，上有柱头枋一层，以上涂泥。殿本身为单栱造，与辽式同。

（9）大角梁卷杀极有明以来作风。

（10）脊头及瓦当式样存疑。

（11）阑额下花板所雕之龙似明作品。

综上诸点，此转轮藏殆元末明初大经改作，无可置疑。又据慈氏阁内之碑记，此寺曾经元代修葺，尤足为鄙见之旁证也。

又藏殿内有清顺治十六年（公元 1659 年）重修碑，知乾隆大修前，此殿曾经小举修治。藏殿墙内用木骨，亦系坎墙上累砌土砖。阑额皆不出头，如摩尼殿、慈氏阁所为。藏殿本身架构虽云宋建，但殿内前侧二柱与东、西梁架无联系，不可谓非缺点也。其上层平座之腰檐，衡以大同华严下寺西楼之例，应为清所增建无疑。

慈氏阁之抱厦结构，与藏殿抱厦纤悉皆同，当为同时代所建。阁外侧之柱分内、外二层，外层之柱仅承下檐斗栱，内层之柱则直达上部，与元慈云阁略同。原图略去外层之柱，拟仔细重新测绘。阁上部梁架绝非宋之原物，证据如下：

(1) 梁之断面近方形。

(2) 无叉手，无襻间，代以随檩枋。

(3) 驼峰形状极似明、清以来之角背。

(4) 椽子之接头非上下层交错。

(5) 斗口甚小，不与桃尖梁头相等。

(6) 栱之长度不与下檐、平座一致。

(7) 使用假昂。

(8) 昂嘴非批竹式。

(9) 转角铺作之结构近于清式，与藏殿上檐迥异。

(10) 斗栱后尾有六分头及菊花头。

(11) 上檐斗栱出跳比下檐短。

(12) 老角梁、仔角梁皆为清式。

此阁老角梁卷杀似清式，与藏殿不同。又其檐端无替木，似其建筑年代较藏殿稍晚。根据以上诸点，可决定此阁上檐系清时改作，或即乾隆重修此寺时所为，亦未可知。又此阁在乾隆修葺以前，似已经修补，如各处散斗，大小不一，一也。内侧令栱，有两种不同之卷杀，二也。权记之以待今后实物与文献之证实。

藏殿与慈氏阁斗栱之长度，各层不同，兹列表如下：

慈氏阁（无替木，上、下檐重栱造，平座单栱造）。

(1) 第一层：令栱长 = 瓜子栱长

　　　　　　　泥道栱稍短。

(2) 平　　座：令栱长 = 瓜子栱长。

　　　　　　　泥道栱略长。

(3) 第二层：瓜子栱 = 泥道栱

　　　　　　　令栱略长。

藏殿（有替木，全部单栱造）。

(1) 第一层：令栱 = 泥道栱。

　　　　　　　瓜子栱略短。

(2) 平　　座：令栱 = 瓜子栱。

　　　　　　　泥道栱略长。

(3) 第二层：令栱 = 瓜子栱 = 泥道栱。

下午至阳和楼及关帝庙（图32、33）。前者阑额、普拍枋、昂、梁架结构，确为元建筑。后者时代略同，惜管庙人不在，不获入内考察。

晚饭后冲洗相片，十一时半方就寝。

5月20日　星期一　晴

上午八时起，整理相片。九时半乘车参观城内各古建筑。首至天宁寺木塔（图34），塔下部三层均系砖砌，上部则砖木合用，所有阑额出头处皆垂直截去，蚂蚱头系批竹昂式，惟斗栱比例不大，疑为北宋末年或金、元遗物。

次至府文庙（图37、38），已改河北省立第七中学校，承校长于群先生导观泮水桥及戟门（思成兄称

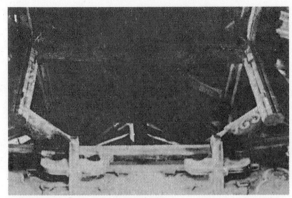

图32　正定关帝庙内檐梁架斗栱

图33　正定关帝庙立面　　　　　　　图34　河北正定天宁寺塔

前殿），此门现充图书馆，增设顶棚，致梁架与斗栱不明，就外檐栱、昂式样观之，似元代建筑。门后大成殿五间，单檐歇山，与戟门用挑山者异趣，殆明中叶所建也。

开元寺砖塔极简单，无可论者。惟东侧钟楼，乃珍贵罕见之宝物，其斗栱结构极类易县开元寺观音殿，而比例雄浑则远过之。管见似为宋初建筑，非唐末、五代作品。上层悬青铜钟一口，形制尚存唐型。惜屋顶梁架已改修，飞子已截去，仅存老角梁，足证为易县开元寺同期物耳。

花塔结构支离漫乱，年代亦不明，恐至早不出元代之前。其略可供参考者，为平面特别而已（图35）。

临济寺青塔在花塔东北（图36），式样与北平天宁寺塔一致，而详部比例失之琐碎。窃意此类之塔，以北平天宁寺塔最为雄浑。而秀丽可爱，则无出易县太宁寺塔之右者。等桧而下，皆不足论。此塔下层阑额下施悬鱼一列，与涞水西冈塔、易县荆轲塔同一手法，殆金代遗物也。

午后由隆兴寺纯三方丈导观摩尼殿，殿结构雄伟，确为宋初物，佛像及塑壁亦然，惟壁画则大部非原物矣。据碑记，寺经元、明、清三代重修，尤以清康熙四十二年至四十八年（公元1703～1709年）一役，历时六载，工程浩大。今以此殿证之，南面抱厦之普拍枋头刻凹线，疑为元代修补证据。明代曾抽换内柱，见碑文。北抱厦内之荷叶柱与内檐彩画之全部，皆清式。补量摩尼殿为余辈此行工作最重要目的之一，惟殿现为军用，藏炮车多辆，不允参观及摄影。幸赖纯三方丈疏通，许可搭架测量并摄影，令人喜出望外。

佛香阁原名"大悲阁"，亦云"天宁阁"，清以后始有今名。阁三层五檐，内设大士铜像，高七丈余，则阁之高度当在八丈以外。清光绪末阁顶残破，以款绌迁延未修，遂致波及全部。现阁上部已全崩坍，只存下层梁、柱及一部分斗栱尚为宋代原物耳。阁东、西壁之壁塑绝妙，大士像及佛座亦然。近岁于佛座上建砖龛，设铜像于其中，致座之两端受砖之压力而向下沉陷，殊为可虑。

图 35 河北正定广慧寺花塔

图 37 河北正定府文庙大成殿立面

图 36 河北正定临济寺青塔

图 38 河北正定县文庙牌坊

河南古建筑调查笔记 *

——1936 年 5 月 14 日～6 月 29 日——

5 月 14 日　星期四　晴

晚十一时四十五分搭平汉车赴新乡，同行研究生陈明达、赵法参二人。车中拥挤不堪，车开后，因气候凉爽，尚不甚苦。天将晓，微雨。

5 月 15 日　星期五　晴

晚八时十五分抵新乡，寓永兴旅馆。后至县督察处访问，询知附郭无古建筑，决明日赴修武。旅舍湫陋，臭气熏人，终夜不能成寐。

5 月 16 日　星期六　晴

晨六时起床。七时入城，至东关内关帝庙。庙现改教育局，正门单檐挑山，前附抱厦，两侧翼以短垣，上施斗栱、瓦脊，再缀以八字墙，甚特别。门内经过厅二重，至正殿。殿面阔五间，但面积甚小，其霸王拳、普拍枋及蚂蚱头等，纯系元代做法。昂亦真昂，足证确为元代遗构。殿后嵌北魏造像石一方，亦佳。

此殿栌斗计分三种：

（1）四角刻海棠线。

（2）圆栌斗。

（3）八角栌斗下用莲瓣承托。

又前述正门斗栱，在栌斗左、右两侧施三幅云，正面出跳或雕龙头、鱼头，手法异常自由。

归途访城文庙及城隍庙，一无所获。

九时返寓，十时半赴车站。十一时十分搭清道铁路车西行，十二时四十四分，抵修武。寓城内仁义楼。修武城垣甚整洁，城内沿城垣皆水池，树木参天，风景宜人，北方不易多睹。东街有石幢一（图 1），无年代，依形制判断，殆为宋物。又有宋砖塔一基，尚存八层，其出檐、斗栱与开封繁塔极相类似。

县文庙（图 2、3）现改教育局。正殿斗栱在正心万栱上，再加斗栱一层，其昂尾平直，插入垂莲柱内，

图 1　河南修武东街经幢

图 2　河南修武文庙大成殿

图 3　河南修武文庙大殿梁架

* 此文原载《刘敦桢文集》第三卷。

但仍能利用外檐挑檐枋所载之重量，与下金檩所载者保持平衡，甚为特别。就全体形制言，显系清代所建。

东侧三公祠建于明代，惟平板枋甚宽，额枋垂直截去，正心瓜栱上施隐出正心万栱之正心枋，均似辽代做法，亦鲜睹之例也。

城隍庙（图4）现改县立第一小学校，正殿前设有献殿，与山西建筑略同。惟建筑本身除柱础外无可注意者。闻百家崖诸寺，已遭焚毁。明日仅能赴汉献帝陵考察，颇令人失望。

修武民家住宅多数用瓦葺，但仅用仰瓦拼接，无盖瓦，檐口则施滴水二层，甚特别。

5月17日　星期日　晴

晨七时起床。八时乘车赴汉献帝陵。陵在修武县城东北三十五里，古汉山之西。十一时经马坊村海蟾宫，有元至元、至正二碑，及邱长春书《海蟾公入道歌》。正殿北向，斗栱似元式（图5），而梁架较新，疑清代改修所致。

十二时三刻抵古汉山，登玉皇庙午餐。二时下山测量献帝陵，陵丘作馒头形，前有乾隆五十二年（公元1787年）河北总兵王普碑一通。东北方坟一，东南圆坟一。

三时半测量毕，乘车返城。经东板桥二郎庙（图6），大门内献殿三间，其后紧接正方形正殿一座，

图4　河南修武城隍庙内景柱础　　　图5　河南修武海蟾宫大殿斗栱

图6　河南修武二郎庙
大殿背面外观

每面三间。正面用八角石柱，斗栱材、栔比例颇大（图8），其梁架结构（图7）极与安平县圣姑庙接近，惜局部经雍正间修改，因陋就简，颇失原意。殿内青石香案琢卷草甚美，有金大定二十年（公元1180年）题名，甚足珍异（图9、10）。

七时半返寓，作书寄思成、敬之。十时半就寝。

5月18日　星期一　雨后晴

天将晓微雨，七时半起床。八时赴胜果寺摄北宋砖塔相片。塔外部作八角形（图11），但内部为六角形，不审何故。次赴县文庙（改教育局）、三公祠、城隍庙（改县立第一小学）等处摄影，并东街宋幢照片。十时返寓，十一时半赴东站。下午一时搭车赴博爱县。四时抵博爱，寓城内中州旅馆。行装甫卸，即赴县政府接洽，荷科长郑君委曲指导，感甚。薄暮参观城内观音阁。

5月19日　星期二　晴

七时起床。八时出西门赴九道堰。道经四沟村关帝庙，庙前遗有铁狮一具，其西侧结义殿斗栱甚大，

图7　河南修武二郎庙大殿梁架

图8　河南修武二郎庙大殿檐下斗栱

图11　河南修武胜果寺塔

图9　河南修武二郎庙大殿石座

图10　河南修武二郎庙大殿石座雕刻

遽观之疑为宋、元旧物。但栱端斜杀，交互斗作六角形，耍头改为昂向后挑起，俱表示其为较晚所建。

十时抵九道堰，沿途竹圃密茂，山溪综错，水磨相接，宛然南中风景。自此折东，至圪塔坡老君庙（图14～16），其三清宝殿建于明万历三年（公元1575年），耍头雕龙首形，交互斗作六角形，皆末世随宜手法，无可观。自庙西登石磴，至孙真人庙（图12、13）。南望黄河与太室、少室诸山，隐若云际，景象万千。惟庙系新建，且孤立童山上，无林木衬托。

十一时半下山，东行至明月山宝光寺。寺隐于山阿间，幽折有致。山门三间，左、右辅以夹屋，殆系赵宋以来之遗制。正殿五间（图17～19）明建，梁架结构尚存古意。寺后有杰阁二层三檐（图20～23），创建于元，重修于明成化、清道光。其下檐八角柱及绰幕枋，与上层墙下之木制须弥座，尚保存一部元代旧观。寺西僧塔数基，平面作六角形，咸乾隆间建（图24、25）。

七时半返寓。十时半就寝。

5月20日 星期三 晴

晨七时起床。八时半赴城内调查观音阁（图26、27）。阁在街之终点，视点所集，如近代城市规划学

图12 河南博爱圪塔坡孙真人府槅扇　　　　　　　　　　　　图13 河南博爱圪塔坡孙真人府外景

图14　　　　　　　　　　　　　图15　　　　　　　　　　　　　图16

图 17　河南博爱明月山宝光寺大殿

图 19　博爱明月山宝光寺大殿槅扇

图 18　博爱明月山宝光寺大殿梁架及斗栱

图 20　河南博爱明月山宝光寺观音阁侧面

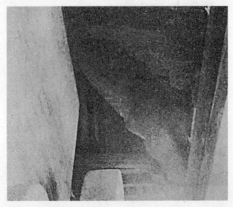

图 21　博爱明月山宝光寺观音阁斗栱后尾

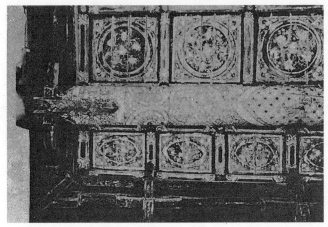

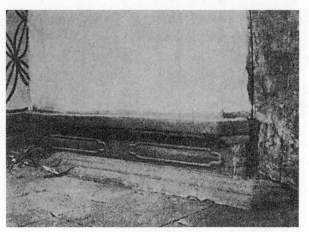

图 22 博爱明月山宝光寺观音阁梁底及天花彩画　　　　图 23 博爱宝光寺观音阁上层后墙下部

图 24 博爱宝光寺墓塔　　　　图 25 博爱宝光寺墓塔　　　　图 26 河南博爱（清化镇）观音阁

图 27 河南博爱（清化镇）观音阁斗栱

所谓之对景。阁平面作正方形，中央四柱直达上层（图28），与明月山观音阁一致。外观上、下二层，下层之檐经近代改修，斗栱甚小。其上平座比例粗巨，正面（西面）中央用斜栱一朵，显系原来旧物。上层出檐亦新修未久，惟歇山顶、转角铺作用抹角栱、内部构八角形井口枋，手法较古。又上层室内构壁塑，中央供观音等像三尊，左、右列十八罗汉及二十四诸天，另有铁像数躯弃置案下，俱似元末明初作品，殆与建筑物同时者也。

十一时访文庙及兴教寺（现改监狱），无所获。下午三时，搭道清铁路车，至陈庄下车，雇人力车，渡丹水，约行五里抵沁阳县，寓高陞栈。卸装后，即至县政府，并赴大云寺预查。九时县政府秘书崔君来访。

沁阳县在清代为怀庆府治，即汉、唐河内郡，自来为兵家必争之地，故清置河北镇总兵于此。民国改怀庆府为沁阳县，十六年（公元1927年）又划县东北之清化镇设博爱县，致沁阳精华尽失，大改旧观。城内西北旧有高台寺，为元仁宗僭邸，现已毁。除大云寺金塔外，城内几无古建筑可言也。

电约思成二十八日赴洛阳。

5月21日　星期四　晴

晨八时，县长荆壬秌先生来访。九时偕崔秘书至教育局，观东魏武定元年（公元543年）造像碑，碑正面刻佛像，背面刻人物、车马、建筑（有人字栱及鸱尾），极为珍贵，购拓本一份而归。

十时赴大云寺，寺大部已毁，仅存正殿及塔一基。殿面阔五间（图30），昂头刻三幅云，耍头雕龙首，似系明构。但背面之昂，又为正规形状，殆数经修葺而成此畸形状态。塔（图29）在殿后，特征如下：

（1）平面方形。

（2）塔下构石台，南面辟入口一处，内有走道环绕。中央另辟方形小室，直达塔之上部，尚存唐塔旧法。

（3）塔之外观，为塔身上构密檐十一层，外轮廓线构成强烈的凸弧，完全属于嵩岳寺塔系统。

（4）塔顶铁制，作炮弹形，表面饰以凸线，殆表示相轮意义，较为特别。

（5）塔内走道置有佛龛。

图28　河南博爱（清化镇）观音阁详部

图 29 河南沁阳大云寺塔

图 30 河南沁阳大云寺大殿

十二时摄文庙牌楼、棂星门抱鼓石（图 34、35）及城隍庙牌坊。后者平面作>—<形（图 31、33），屋顶甚为复杂，在此式牌楼中，又为别开生面之作品。两侧铁狮似明物（图 32）。

下午五时搭长途汽车，六时半抵济源县。寓县内天仙楼。

5月22日　星期五　晴

晨八时半，乘车往承留镇。其地在城西二十里，十时半到达。下午换骡马赴王屋镇，三十里至封门口，又十五里抵王屋，已晚间八时半矣。沿途道路崎岖，攀登不易，备尝跋涉之苦。且县城至此，名虽七十里，实则八九十里之间。经终日簸摇，困顿万状。时值镇中庙会，演戏酬神，附近农民聚集于此，致伙店无闲房，经交涉暂寓布店内，终夜未能安眠。

5月23日　星期六　阴雨

八时半赴阳台宫，宫在王屋镇北八里，天坛山北山之阳。山门面阔三间，单檐歇山（图 36），角梁后尾除自正面次间与山面平身科起秤杆承托外，又自平柱与山柱内侧出 45°之斜撑，与前述秤杆等同撑于角梁下，此法尚属初见（图 37）。次大罗三境殿五间（图 38），进深显四间，内、外均用正方形石柱，浮雕人物、花纹（图 39）。据雕刻手法观之，显与文献上所载明正德八年（公元 1513 年）重建记录一致。惟外檐柱础外镌莲瓣则系旧物。其余内、外檐斗栱、藻井、道像等，均道地明代式样，无特殊之点。殿后为玉皇阁

图 31　河南沁阳城隍庙木牌坊

图 32　沁阳城隍庙铁狮

图 33　沁阳城隍庙木牌坊夹杆石

图 34　河南沁阳文庙牌楼

图 35　沁阳文庙棂星门抱鼓石

图 36　河南济源王屋山阳台宫山门

图 37　济源王屋山阳台宫山门梁架

图 38　河南济源王屋山阳台宫大罗三境殿

图 39　河南济源王屋山阳台宫大罗三境殿内景

三层（图 40、41），歇山顶，清嘉庆间建。

下午一时自阳台宫绕前山东麓，经河口及时应宫，折西八里至紫微宫。宫在天坛山麓，前为门楼。次前殿三间，供神像八尊，殆若佛寺之天王殿。次三清殿五间（图 42～44），据碑记，元建者已毁于清顺治间，今殿系康熙间重建，其特征如下：

（1）殿之平面，极似大同华严寺辽薄伽教藏殿。

（2）背面无平身科。

（3）昂系插昂，但内侧起秤杆，支于下金檩之下；同时内槽之平身科亦施秤杆，相会于檩下如人字形，为吾人迄知唯一之例。其余造像、藻井等与阳台宫大体类似。殿后有玉皇殿三间甚小，无可记者。

自紫微宫登山，十里至什方院。再十里至山巅，因天晚且微雨，决计作罢。夜九时半返寓。

5 月 24 日　星期日　雨后晴

晨九时一刻，雇马返济源。十二时过封门口，雨益剧，衣履行装尽湿。下午四时雨止，六时一刻抵天仙楼。

旬来调查旧怀庆府所属各县古建筑，大抵斗栱比例较北平明、清建筑稍大，且平身科至多用二攒，额枋与平板枋前端或垂直截去，或为元式做法，骤视仿如明前遗物，细察则有以下不同：

（1）平板枋过厚。

（2）昂嘴饰三幅云。

（3）耍头雕龙首，或作昂之形状。

（4）厢栱等两端削成斜面。

（5）无真昂。

（6）十八斗作六边形。

（7）大斗作八角形、圆形或海棠纹下刻莲瓣。

以上咸表示手法纤弱与不纯正，故判断建筑物之年代，不能仅以斗栱比例之雄大作惟一标准也。其余如献殿等，则因地理关系，颇受山西建筑之影响。

5 月 25 日　星期一　晴

上午休息，作书寄敬之及桂老。

十二时三十分，赴西关外济渎庙。庙在城西北二里许，为唐以来祀济渎之处，规模十分宏大。外为东、

图40　河南济源王屋山阳台宫玉皇阁

图41　济源王屋山阳台宫玉皇阁石檐柱

图42　河南济源王屋山紫微宫三清殿

西牌楼。次正门，中央牌楼三间，左、右夹屋二间（图45）。次清源门。次渊德门，门前列铁狮二，元贞元年（公元1295年）铸，式样与正定铁狮一致。门西有明刻《济渎北海庙图志》一方，卧于地下，为此庙重要史料。门北拜殿三间（图46），单檐歇山，用批竹昂，似金代遗构（图47、48）。次渊德殿七间，左、右夹屋各三间，均毁。据现存东、西阶及柱石础（图49～51）花纹判断，殆北宋旧物也。殿后有过殿通寝殿，亦毁。寝殿面阔五间（图52、53），单檐九脊殿，斗栱五铺作偷心造，山面无补间铺作，颇类正定县文庙，决为北宋建筑。殿西天庆宫五间，似明建，前有元碑一通。庙东侧已改为师范学校附属小学，旧迹无存。

图43 济源王屋山紫微宫内景

图44 济源王屋山紫微宫槅扇

图45 河南济源济渎庙牌楼及石狮

图46 济源济渎庙拜殿

图 47　济源济渎庙拜殿斗栱

图 48　济源济渎庙拜庙斗栱后尾

图 49　济源济渎庙渊德殿石础之一

图 50　渊德殿石础之二

图 51　渊德殿石础之三

图 53　济渎庙寝宫正脊兽吻

图 52　济源济渎庙寝宫全貌

自此折至寝宫后，有小殿三间，清建。后为方亭（图 55～57），元建，惟石栏则确系宋物。亭北临池，池东、西二桥亭（图 58），北为水门亭。再北为北海殿五间（图 59），单檐挑山，与前述《济渎北海庙图志》碑不符，殆明末清初改作。总之，此庙规模雄大，有宋、金、元迄清各式建筑，未经学人发现，遂决计自开封返此，再作详细调查。

四时赴庙西延庆寺，前殿已毁，存八角石柱一根（图 60），上端有□□三年题刻。西侧有宋景祐三年（公元 1036 年）碑一通。后殿亦毁，仅存金大定四年（公元 1164 年）残幢一基（图 61）。寺之西北，又有宋景祐三年千佛塔一座（图 62），六角七层，内、外壁遍饰佛像，中央辟六角形小室（图 63），无塔心柱，与开封繁塔同一系统。惟外部出檐仍用叠涩，似较繁塔手法更古。

图 54　济渎庙井亭

图 55　济渎庙临水亭勾栏望柱头

图 56　济渎庙临水亭梁架斗栱

图 57　济渎庙临水亭全景

图 58　济渎庙桥亭外观

图 60　河南济源延庆寺北宋石柱

图 59　济渎庙北海殿外观

图 61　济源延庆寺金大定残幢

图 62　济源延庆寺宋塔外观

图 63　济源延庆寺宋塔内部

六时至老君庙（亦名奉仙观），庙前元碑一通。次山门。次前殿。殿后唐垂拱元年（公元685年）太上老君石像碑一通（图65），螭首极美，惟背面题额外，琢老君像及侍像二尊，纯用佛教手法。正殿五间，屋顶为单檐不厦两头式（图64），八角石柱上仅施阑额，无普拍枋，斗栱单杪单昂，材、栔甚大，昂尾向后挑起。内部仅当心间施二柱，梁架奇异，襻间纯为宋式，各间相闪（图66）。据明碑，谓此殿唐建宋修，至明重予小葺，然依式样、结构观之，似金建成分居多。

最后至圣寿宫，外有元碑一通。正殿方形，单檐歇山，大体似明构，但梁架特别，故拟作第二次之调查。

图64　河南济源奉仙观（老君庙）大殿

图65　济源奉仙观内唐碑

图66　济源奉仙观大殿梁架

5月26日　星期二　晴

晨四时起床。五时半塔长途公共汽车赴孟县，七时过沁阳。十时半抵孟县。接敬之来函，悉杰儿患猩红热甚重。据同车王君云，孟县距黄河渡口约三十里，途中不靖，遂改道氾水渡河。十一时半乘原车东行，下午一时过温县，二时抵黄河北岸，雇骡至渡口，约八里。三时乃渡河。四时半抵南岸，行五里，投宿氾水县火车站旁旅店。

5月27日　星期三　晴

晨九时至等慈寺，沿途穴居甚多，择量其一处。三里抵寺。寺西有唐·颜师古《等慈寺碑》，构小屋以覆之。正殿面阔三间，单檐硬山（图67），柱端施斗栱，据梁下题字，系明万历间建。殿内像设全毁，后檐亦凋敝，推损毁之期，为时不远。最引人注意者，为殿内柱础，共有四种：

（1）刻八狮，五大三小。
（2）八角形柱础，每面雕力神一躯。
（3）圆形柱础，上为莲瓣，其下垂直面刻卷叶纹（图68）。
（4）仅刻莲瓣。

以上四种，以第一种年代最古。又殿内侧卧石刻二，均似北魏或唐代物。

十一时返寓。零时二十分搭火车西行，四时抵洛阳。寓站侧金台旅馆。

5月28日　星期四　晴

本日休息。上午九时往县政府接洽。九时半，参观洛阳图书馆，内藏唐石佛（图69）、石磬（图70）、宋铁观音像、唐三彩陶盆及瓶、唐俑、魏墓表残柱（束竹纹与辫纹合用）及其他魏、唐墓志多种，所镌花纹，多用卷草。另有墓门石四块，刻蛋形与箭头纹饰，与云岗及龙门宾阳洞接近，似北魏末季物。

十一时返寓，作书寄桂老、敬之。下午四时，思成夫妇抵洛。五时返图书馆，候莫君不遇。

图67　河南氾水等慈寺大殿

图68　氾水等慈寺大殿柱础

5 月 29 日　星期五　晴

晨六时起床。七时乘长途汽车赴龙门。车自洛阳北门入城，经西门至军官学校侧受检查，渡吴佩孚所筑水泥桥。十五里过关羽墓。又十里抵龙门寨。寓南门外祥盛店。

尘装甫卸，即作初步调查。上午观西岸北部诸洞及南部之一部，下午尽观南部及东岸诸洞。七时回寓，商工作方针。十时就寝，朔风袭人，与日间温度相差甚远。

5 月 30 日　星期六　阴后晴

七时起身。八时半自西岸北端潜溪寺起，详细踏查。余任编号及记录建筑特征，徽音记录佛像雕饰，思成、明达摄影，法参抄录铭刻年代，而写生及局部实测，则由诸人分任之。本日查至西岸南部唐武则天所造卢舍那佛洞附近为止（图 71 ~ 82）。

寓室湫隘，蚤类猖獗，终夜不能交睫。

图 69　河南洛阳河洛图书馆藏石佛像

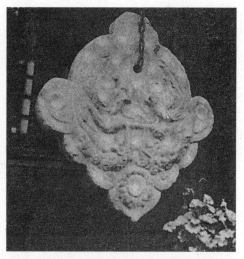

图 70　洛阳河洛图书馆藏石磬

图 71　河南洛阳龙门石窟南 23 洞

图 72　洛阳龙门石窟南 23 洞　　　　　　　　　　　图 73　河南洛阳龙门石窟南 23 洞

图 74　洛阳龙门石窟南 8 洞　　　　图 75　洛阳龙门石窟北 3 洞　　　　图 76　洛阳龙门石窟中密檐小塔

图 77　洛阳龙门石窟中密檐小塔

图 78　洛阳龙门石窟中楼阁式塔

图 79　龙门石窟唐代力神

图 81　洛阳龙门石窟北 2 洞

图 80　洛阳龙门石窟东 3 洞

图 82　洛阳龙门石窟石须弥座

153

5月31日　星期日　晴

晨六时起。七时继续工作，至午后一时止，全部告一段落。二时乘车返洛，过关羽墓时，停车入观。墓前有庙，前为戏台，次庙门，次祀殿、大殿，次寝殿，皆清代营建，可资记载者仅三事：

（1）戏台正面硬山五间，其后接以重檐歇山之台三间，空中央一间为走道，甚特别。

（2）甬道两侧石栏扶手下，承以云栱，与北平习见者稍异。

（3）望柱上端所雕狮子，颇富于变化。

五时半渡洛水，入洛阳南门，六时半抵金台旅馆。

龙门三日之游，所得印象约略如下：

地点

龙门在洛阳南二十五里，二山之间，中贯伊水，故有此称。现为洛阳至临汝汽车路必由之道，自洛乘汽车四十分钟可到。

石窟之分布

伊水两岸皆青色石灰质岩，质坚硬便于雕刻。惟现存石窟之重要者，多聚于伊水西岸，而西岸又分为北、中、南三部。北者，自石楼起，有大窟五，其一露天凿而未成。此外尚有小窟无数。中部皆小窟。南部以武则天所营卢舍那佛洞为最巨，古阳洞、万五千佛洞次之，小窟则难以计数。东岸分南、北二部；北者在香山寺下，皆小窟，佛像摧残无余。南部自看经寺以南，有大窟四，小窟数十。此龙门石窟分布之大概情形也。

石窟年代

龙门石窟大都一窟内经数代经营，不似云岗石窟限于北魏与隋。然大体言之，应以古阳洞为最早，宾阳洞次之；西岸北部第二、第三洞又次之。此外，属北魏末年及东魏者，有西岸南部第十四洞。属于隋者，有西岸北部第一洞。属于唐者，有南部第六洞（即万五千佛洞）、第二十三洞（即奉先寺卢舍那佛洞）及东岸南部第一、第二、第三、第四等洞。以上系指规模较大者言，其余小洞，另详速写册中，异日当为专文论之。

窟之平面

龙门大窟皆一室，惟小窟偶有前、后二室者，与云岗迥然异途。又室之平面，正面开门，门内之室，前方后圆者居多。仅东岸南部诸洞，采用正方形、长方形或五角形耳。

窟顶

龙门诸窟之顶，微微凸起，近于圆形，无完全之平顶，顶中央饰以巨大之莲瓣，无藻井天花，而莲瓣亦仅一层，惟宾阳洞门拱下之莲瓣，始与云冈类似。又莲瓣周围，虽偶雕佛像，但饰飞仙者居多。

门拱

窟门多作尖拱，上刻火焰。内部佛龛之拱，在时代较早之古阳洞，或用尖拱，或用五边形拱，尚存北魏典型。惟唐代新开之窟，用五边形拱者绝少。

柱

诸窟所刻之柱，有下列数种：

（1）纯粹印度式。

（2）八角柱。

（3）柱身刻束莲。

（4）柱身断面介于方、圆之间，表面浮雕卷草，中部束以细长之叶饰。

至于柱础下承托力神与否，则不一律。而柱之上端除施栌斗外，又有镌刻覆莲者。惟此就北魏诸窟而言，初唐以后，此类浮雕几乎绝迹。

斗栱

窟内浮雕之建筑物，其使用之斗栱，除柱头铺作外又有补间铺作。后者分为二种：

（1）人字形栱。

（2）慢栱上加瓜子栱二层或三层，比例瘦长，纯为写意作品。

屋顶

浮雕之屋顶多为九脊殿式，四注与平顶绝少。前者除鸱尾外，正脊中央雕琢一鸟，但无云岗之三角形火焰。又西岸南部洞建筑雕九脊殿式屋顶者，计有二处，檐椽皆用圆形。

地面

西岸北部第二、三、四洞，地面周围刻蛋形与箭形饰，内列莲瓣、八角形、龟甲形及旋纹等，变化参差，极为美观。

墙壁下部

唐中叶诸窟，如西岸南部万五千佛洞与东岸南部第一、三洞，在墙壁下部刻伎乐，或二十四祖及其他佛像，形成连续之画面，尚不多睹。

门限

西岸北部第二、三、四洞，与南部万五千佛洞，皆雕门限、门砧，系仿木建筑手法。

塔

洞内、外浮雕之塔，采用瓦葺式出檐者极少，大都为叠涩出檐，且有第一层塔身较高之密檐塔，如嵩山嵩岳寺塔者。又塔之平面，仅有八角形一处，余皆方形。

须弥座

佛像下之须弥座式样甚多，平面有方形、长方形、八角形、圆形数种。其共同特点为束腰之下虽施覆莲，而束腰之上则直接雕莲座而无仰莲。又束腰上、下虽施叠涩或莲瓣，但无使用枭混之例。

佛像

龙门佛像有一固定法则，即每洞中央置释迦，左、右胁侍二（阿难、迦叶），菩萨二，神王二，金刚二，合计九尊。虽各洞略有增省，然大体不出此范围之外。

北魏佛像之首微俯，面之轮廓由长方变为方形，至唐代则为圆形。北魏佛像之衣褶多为湿褶式，线条浅而平行，下端向外侧飘出尖端，至末期则作流云式之卷涡。唐代此式渐少，其坐像衣褶，垂于莲座下者，两侧虽系垂直下垂，中央部分且为横垂式，与北魏均作垂直下垂者异。又北魏菩萨之衣饰，用交叉式之马甲，唐像则无此法。唐像侧腰欹立，极为曼妙，但雕工拙者，失之伧俗。北魏金刚仍着裙，惟踞一足，表其威猛之态，末期以降，始裸体露出手足。北魏衣褶之刀法，浅而垂直，唐则用斜刀，或圆线，或阴刻，或类似铜像，在圆线内再镌凹线一层。又足坐式，唐代绝少。垂双足者，北魏承以莲瓣二个，唐像并而为一。多臂观音始见于唐（东岸南部第二洞）。

北魏小像刻于壁上者，以枝条连缀如树形。唐则个别独立，承以莲蕖，其中以东岸第二洞者最为生动宛妙，可称绝作。

狮

北魏洞内释迦佛前，往往雕琢二狮，非云岗所有。又此式在龙门唐窟中亦不多睹。

花纹

北魏诸洞犹用蛋与箭形饰，毛莨叶及绦环式花纹。唐代此类题材极少。

奉先寺

即西岸南部第二十三洞，武后所营之卢舍那佛洞，位于半山中，洞甚大，据所遗踏步阶级基址，及石壁所留石栱榫眼与屋顶榫槽观之，疑原有木造屋顶，覆于正面诸佛之上，面阔七间，向前泄水。其下低一段，另有门形平面之廊，以庇护两侧神王、金刚。再前为阶基，中央设踏步，今尚存一步。其前绝壁陡削，不易攀登，似应有木构之楼或平台，设木梯于内也。

其余诸寺

西岸北部第二、三、四洞之前，有潜溪寺。正殿五间，面临绝壁，后有左、右二庑。东岸有香山、看经二寺，俱颓垣败瓦，久无住持。

6月1日　星期一　晴

上午偕思成伉俪往河洛图书馆摄影，并于古董店购陶俑数枚。下午四时送思成上车。晚作书寄桂老、敬之。又嘱仲篪等抄录《洛阳县志》有关汉陵、白马寺与天津桥之史料。

6月2日　星期二　晴

八时半雇车赴北邙山，调查东汉诸陵。自车站东北行二十五里，至汉平乐观故址。折北，登山为明帝陵，北为章帝陵，次和帝陵，最后刘家井桓帝陵，距平乐观约八里。诸陵外观皆作圆形平顶（图83），地表别无长物。而和帝陵上部凹陷，殆因玄宫崩陷之故，成此形状。

下午三时，返抵白马寺（图84）。寺在汉平乐观故址东南约五里，山门内佛殿三重，前二殿正鸠工修治，翼角结构及瓦饰皆用南式，不与他部调和，令人瞠目结舌，不能赞词。最后经小殿，折北登清凉台，两庑各供坐像一，侍像二，似明末清初作品。正殿东西五楹，亦明、清间物，无可取。惟老角梁下施雕花雀替一层，又上、下檐出檐甚大，与北平明、清官式建筑稍异。

四时赴寺东南，调查砖塔。塔创于北宋初年，原来木塔九层，太祖曾施助相轮，金初毁于兵燹。现塔乃金大定间建，平面作正方形（图85），第一层塔身较高，其上十二层檐重叠密接，其外轮廓维持北魏嵩岳寺塔以来之微凸，而塔下另承以方形台座一层，与沁阳大云寺金塔一致。惟此塔台座无门，且其下又施八角台一层，为大云寺塔所无者。

八时十二分搭混合列车返洛阳。八时半抵寓，困惫万状。

6月3日　星期三　晴

晨七时搭长途汽车赴光武陵。五十五里过孟津县。又十里，至铁谢镇。镇在黄河南岸半里许，出镇

图83　河南洛阳东汉陵墓

图84　河南洛阳白马寺外观

西门约一里，即光武原陵。陵外围以方垣，内为圆坟，翠柏参天，境地幽绝，但寝殿、门阙无一遗存。惟陵西有光武庙三间，旁树一碑，叙北宋修治此庙事迹。其西道观一，明嘉靖建。十时返镇，搭原车回洛阳。十一时抵寓所。

下午二时半，乘车出洛阳南门，折西，抵洛阳桥。桥在隋时为浮梁，唐易为石，武后时李昭德创石礅金刚墙，以杀水势。宋初复络以铁锭，具见《唐书》、《宋史》。现存石券一洞，内杂明碑，似清代重修者。

四时至西关外中原民众教育馆，原为周公庙。其定鼎堂山面斗栱施真昂，承托彩步金枋。脊檩下榜书清乾隆重修。检《县志》，知为嘉庆间物。堂北新建一堂二庑，藏北魏、唐、宋墓志百余通，咸嵌入墙内，致墓志周遭之花纹、人物掩没无余，良为惋惜。

五时访东关外东大寺，仅有硬山建筑一座，令人失望。其南十详庵所藏古物，现移藏河洛图书馆。庵亦大部摧毁。

接思成函，云在汴时晤谢刚主，称渑池县鸿庆寺

图 85　洛阳白马寺塔

有北魏石窟三所，嘱往踏查。苦旅中无志文可稽，不悉鸿庆寺距车站远近，只得作罢。近日在白马寺与光武陵，发现汉空心墓砖甚夥，或掺砌墙内，或弃置地上，令人垂涎不已。

6月4日　星期四　晴

上午购置杂物。下午四时乘特别快车赴偃师。寓车站侧小店内。偃师县城去年水灾，全城陆沉，至今城内南半部，积水犹未全消，政府机关均移至车站北小村内。余辈到后，访县长薛君正清，允派员护送至登封，甚为感谢。

6月5日　星期五　晴

晨五时半起。六时半乘轿出发。十里至杨村，渡洛水。又五里过营防口。折西南，五里至唐太子弘墓。弘为高宗子，谥"孝敬皇帝"，世传死于非命，故饰终特厚。陵南向，前为望柱二，下承莲瓣，上为八角柱，顶饰以仰、覆莲及宝珠。次石马二，前足胁下雕卷云如翼，东侧者已毁。其旁石碑一仆地，圭首无字。再北路东有高宗书《孝敬皇帝叡德记》碑一通，圆首方座，亦塌倒。次石像六，分列两侧，下承仰、覆莲，甚特别。次石狮二，次陵门，已毁，仅余土堆二，略能辨其故址。门北为太子弘陵，方形平顶。东北又有小坟一，方形尖顶，似为太子妃祔葬于此者。东、西、北三面亦有门址，门外石狮二，后身踞坐，与南面二狮异。现陵垣已圮坏，四面门址及角楼位置尚存。而南、北二门偏东，东、西二门偏北，不与太子陵中线一致。殆陵东北有小坟，致四面之门，不得不以陵垣之中点为标准也。太子陵系唐韦宏机建，见新、旧《唐书》。

自太子陵西南行十八里，至府店。卸装后，出镇南门，二里至缑山升仙观。区长徐君导观唐武后所书"升仙太子之碑"，字迹与太子弘碑全符。碑上部雕盘龙，镌刻优美，而石质坚密，如新刻未久，轮廓整然，尤为鲜见。观内有宋明道二年（公元1033年）及清乾隆碑各一。此地亦发现汉空心圹砖，归途拾其残片，留作纪念。

6月6日 星期六 晴

晨五时起。六时一刻出发，十五里至参驾店。其地为唐高宗、武后避暑嵩山返洛时，百官迎驾之所，故云"参驾"，今讹为三家店。自此登山至轩辕关，计程七里。惟道途险峻，轿车至此，不但乘者须下车步行，且须加雇牲口，始能安然度此重关。逾岭，二十八里达登封县。承毛县长汝采招待，寓民众教育馆内。并代雇骡马，派员导观各处，十分可感。

6月7日 星期日 雨后晴

上午阴雨，作家书并寄九叔*、岳父**。下午雨止，一时出县北门，西北行四里，抵嵩阳书院。其地为宋时四大书院之一，与岳麓、白鹿齐名。现院址甚小，大门三间，柱础甚异。门北西侧有北宋题石柱，作八角形。内院汉柏一株，苍然矗立，大及五围，非常物也。院内门窗、墙壁，均改西式，或清末民国初改建学校之故。数载前遭军阀蹂躏，屋宇倾颓，仅存躯壳，甚为惋惜。书院西南，有唐天宝三年（公元744年）嵩阳书院圣德感应碑。下承矩形之座，壶门内雕刻人物，碑顶镌双龙宝珠，为唐碑罕见之例。清北海琼岛春荫及碧云寺诸碑，殆俱以此碑为圭臬也。

自嵩阳书院东行二里许，至宋崇福宫故址。宫仅余泛觞亭基座一所，平面作正方形，四隅柱础各一，中央刻水道。水自北侧南注，复变归原道，较《营造法式》所载者，略为简单。

宫东半里，为汉启母庙故址。启母石体积不大，疑堕自山巅，不知当时之人，何以崇奉如神？而近日学者，更目为古代穴居之遗物，询可异矣。石南坡下，有东汉朱宽所建启母阙，犹未全毁。阙东、西对峙，各附子阙，上部模仿瓦葺屋顶。阙之表面，浮雕人物、龙、蛇、马、象、兔、鹤之类，以及绦环、列钱、菱形纹样。铭文则在西阙背面，镂刻虽深，因石质粗糙，且经千余年风雨剥蚀及樵拓结果，余字已无几矣。

六时半返寓，寄龙门石刻二十品及北魏中岳灵庙碑与九叔及岳父。

6月8日 星期一 晴

八时出县东门，八里至中岳庙。庙南坡下有汉太室石阙，较启母阙保存稍佳，惟各石间未用胶泥。石之表面，皆刻有边框，其中配列套环、牛首、饕餮、人物、车马、建筑、虎、龙等，刻工亦较启母阙高出一筹。又西阙有民国壬戌（十一年，公元1922年）武进庄某专修《河南通志》，调查金石至此，竟铲除旧刻题名其上，令人视之发指。

自太室阙北行，地势渐高，约半里，有二石人埋于土中，是否汉物尚待证明。其北为中岳庙，庙建于黄盖峰下，最南端为"名山第一"坊，次遥参亭，均毁。亭左、右缀以石栏，折北建东、西坊门，亦毁。亭北天中阁，建于砖城上，下辟三门，上为七间重檐歇山之阁，略如北平天安门而规模稍小，其左、右又辟角门各一。阁北中央有"镇兹中土"坊，已毁。左右钟、鼓二楼半毁，东、西朝房全毁。

坊北崇圣门五间，及左、右旁门与垣墙俱荡然无存。门内东侧为神库，四隅铁人各一（图86、87），宋治平二年（公元1065年）忠武军匠人董瞻所铸。据金刻《中岳庙图》，神库旧为火池，俗云镇库之神，妄语也。库东有北宋碑一，再东为庙东门，西侧亦有宋碑二。次为西门，与东门俱残毁已尽。次化三门五间，单檐歇山，半毁，惟左、右旁门及东、西横墙尚存。门内侧风、云、雷、电诸祀殿，仅存下部台基及石栏。而北魏灵庙碑，则位于风神殿之南，护以砖室。殿北又有北宋天禧三年（公元1019年）石幢一基，平面作八角形。次峻极门五间，单檐歇山，左右李、海二神，塑工甚劣。门北为"嵩高峻极"坊，次拜台。台

---

* [整理者注]：即刘弘度老先生，时执教武昌武汉大学，为国内著名学者。

** [整理者注]：即陈朴老先生，时执教于长沙湖南大学，为清华首届留美学生。

图 86　河南登封中岳庙铁像之一　　　　　　　　　　　图 87　登封中岳庙铁像之二

北铁狮二，元至大二年（公元 1309 年）洛州匠人宋宣造。左、右廊庑三十一间，又折北三间，折南者已毁，间数不明。

正北为中岳大殿（图 88），下施高台，正陛三出，东、西陛一出。殿本身面阔九间，进深显五间，重檐四注，视北平故宫保和殿微小。其平面、结构可注意者如次：

（1）殿内部之柱随宜减去，不似清式建筑之板滞。

（2）山面中央二柱上施扒梁二根。

（3）外檐坐斗仅限于外侧，内侧无斗，故随梁直接置于柱上。

（4）殿内悉甃平滑之青石，整洁异常。

（5）内檐用和玺彩画，足证此殿系北平匠工所修。

殿北原有过殿与寝殿相通，现改垂花门，自成一廊。内为寝殿七间，单檐歇山。再北御书楼七间，重檐。以上就中路而言。其在大殿东院者为行宫。寝殿东院者为凝真阁。西部俱为道院。

庙垣之北，孤峰秀出，即黄盖峰，建八角重檐攒尖亭于其巅。

纵观此庙建筑，除汉太室石阙、石人、铁人、铁狮、碑、幢等外，余皆清代之物，无特殊价值。第大殿虽建于乾隆，而平面配置及梁架结构，不尽与清官式做法雷同，足堪赞美。

下午三时，赴卢岩寺。寺在中岳庙东北五里，无所获。六时返寓。

6月9日　星期二　晴

晨八时出县西门。西北径嵩阳书院，地势崎岖，不良于行。八里至嵩岳寺。寺为北魏离宫捨建，现仅存十二角砖塔一座，其余山门及大雄宝殿等，均清代所建，规模甚为狭陋。寺之现状，外为山门三间，门内即北魏砖塔。塔北建大雄宝殿，殿西白衣菩萨殿，东侧关帝庙，俱三间。后者以垣与大雄宝殿区隔，再南为方丈及杂屋等。

图 88　登封中岳庙峻极殿柱础

图 90　登封嵩岳寺塔详部

图 89　河南登封嵩岳寺塔全景

塔外观系等边十二角形，下承砖台（图 89），砖表面作十字交叉纹样。塔第一层于东、南、西、北四面开门，墙面无装饰。第二层除门之位置一致外，其余八面各砌灰身塔式之佛龛，下饰狮子。又在各隅置垂莲式柱，似受印度影响（图 90）。第三层至十五层无柱，每面仅中央砌圆券，两侧砌直棂窗。第十六层惟有直棂窗。自第三层至此，惟南侧中央之圆券在第五、七、九、十一、十三、十五等层为真窗，其余皆以假窗为饰。塔之比例，以第一、二层最高。以上诸层，重叠密接，而各层均施叠涩出檐，构成稍凸出之外轮廓线，十分美丽。而后来的唐代方塔，如小雁塔、香积寺塔等，均脱胎于此。

塔顶覆钵镌莲瓣甚高，其上复有莲瓣一层，均石质。再上相轮七层，宝珠一，砖制。珠上似尚有葫芦或其他装饰，但已遗失。

塔之内部无塔心柱，足征唐砖塔平面早已肇源于北魏矣。其第一层内室作十二角形，上施木造楼板，惟楼梯已毁。其上尚有九层，足堪注意者：

（1）内部每层高度不与外观一致。

（2）每层用叠涩砖，除承托向内收进之上层壁体外，并可支载楼板。

（3）自第二层以上，内室平面为八角形，足证八角形之建筑物非始于唐，此于建筑史上极为重要。

（4）第四层起每层南面开小窗一处，又第十层东面亦有一洞，足窥从前内部各层俱可登临，惟现均摧毁矣。

寺之文献可谓极少，仅山门内有唐《萧和尚灵塔铭》残石，述和尚为梁武帝六代孙，然与寺史无关。又西垣内有《□嵩岳寺感应罗汉记》，谓寺在北宋时有逍遥台，今已渺无遗迹可寻。其余皆清碑碣，不值记。

其他石刻，则山门外有经幢一具，无年代。塔后又有石狮二，方石塔残座一，似唐作品。

七时返寓，作书寄敬之。

6月10日　星期三　晴

晨六时起床。七时出发。陈、赵二君迳赴嵩岳寺测量。余绕道北门，摄嵩山全景，并赴启母阙及嵩阳书院补摄相片。道经崇福宫，仅存山门三间，后墙嵌北宋末年张某题字一方。其北正殿三间颇巨，惜屋顶凋残，土偶作道装，皆暴露风雨中。据院内现存元碑，知崇福宫改为崇福观，乃元初事也。

十时半抵嵩岳寺，绘平面现状图，下午三时毕事。四时半返寓，缄朱社长询问以后行止。

6月11日　星期四　晴

八时赴法王寺，寺距嵩岳寺东南一里，距县城约九里。康熙碑谓寺创于后汉，魏青龙中名护国。晋永康时另建法华寺于护国之前，即今寺所在。北周武帝废佛，寺被波及。洎隋仁寿建舍利塔于此，更名舍利寺。唐贞观中称功德寺；玄宗置御容其中，又曰：御容寺。代宗增名功德。五代后唐析为五院。宋仁宗庆历间复称法王，至于最近沿袭未替。此沿革之大概也。

寺之规模，最外为金刚殿三间，已毁，惟存元碑二通。次山门三间，单檐硬山。檐端施单翘单昂，昂尾直上，系真昂，其下且有华头子。据嘉靖十年碑（公元1531年），此建筑成于武宗正德间，为明中叶用真昂重要之例。殿中柱础为双层莲瓣式样（图93）。门内钟、鼓二楼清康熙建。次东、西配殿各二。正中大殿五间，单檐硬山，脊枋下书康熙五十年（公元1711年）重建。左、右朵殿各三间。后为地藏殿七间，亦系硬山，康熙十一年（公元1672年）建。

寺内有明嘉靖、清康熙三碑，述寺之历史颇详。又有唐开元二十年（公元732年）景晖禅师舍利石函，除铭文外，其他三面阴刻佛像、花纹，惜函盖已失。此外，尚有唐《元珪禅师塔记》与金大安元年（公元1209年）《教亨禅师塔记》，均嵌砌墙内。明嘉靖二年（公元1523年）石枕，置东朵殿。石栏数副，置大殿前，疑元、明间物。

寺后半里许，有方形砖塔，密檐十五层（图91），塔内辟方形小室，直达塔顶，在原则上，亦是北魏嵩岳寺塔遗制。现第一层度明洪武六年（公元1373年）周藩所舍白石佛像一尊，制作甚劣。然此塔之年代，决为唐代无疑。

塔之东北又有墓塔三基，皆方形单檐，尤以南侧者外观最美（图92）。其檐部与塔顶均用叠涩，上施覆钵，再上为石制之山花蕉叶与莲瓣、宝珠等。塔身正面辟圆券门，内有方室，殆为中唐遗构。后二塔年代稍晚，疑唐末、五代间物（西侧者下部雕壸门式座）。

东侧山谷复有二墓塔，虽亦为方形单檐，但左、右二侧浮雕直棂窗，极类宋塔。此外，尚有明、清六角形墓塔多处，无特征可记。

6月12日　星期五　晴

七时半赴会善寺。寺在县城西北，嵩岳寺之西，距城约十二里。但道途平夷，视嵩岳、法王二寺小径崎岖，乱石荦确，不啻康庄大道矣。寺外山门三间，左、右旁门各一。门内东、西廊屋各三间。正中月台颇宏敞。

图 91　河南登封法王寺塔

图 92　登封法王寺墓塔

图 93　登封法王寺大殿柱础

台之东侧，有乾隆御制诗碑，覆之以亭。正北大殿五间，单檐九脊殿，而正面中央四柱外，其余内、外各柱皆石制。檐下斗栱重昂，比例甚巨，补间铺作仅施一朵。除正面中央三间与背面当心间外，均无补间铺作。昂之制作甚平，后尾偷心，耍头下出锋向内凹入，似元代遗物。惟其中一部交互斗前端作尖状，而令栱两端斜杀，似明代添补者。内部梁架则显经清季改修。

自殿后登石台二层，至后殿。殿九间，硬山，建于清末。附近原有廊庑、杂屋甚夥，今俱毁。按此寺原为嵩山巨刹，规模仅次于少林。自民国十八年（公元 1929 年）冯玉祥没收此寺产后，现仅有二僧以耕种为生，寺中建筑遂无人保管修治，未免可惜。

寺中碑碣、佛像古者绝少，惟山门外有唐佛像残座一。门内明永乐七年（公元1409年）周藩施白石弥勒佛一，与法王寺大塔内者如出一曰。像前另有石盘镌龙、云，疑为唐、宋石幢之一部毁后移置于此者。大殿月台上，有康熙石幢与雍正铁香炉各一。

寺西荒圃中，存北魏嵩阳寺碑一通，正面刻小像，背面上为佛像，下镌碑文，甚奇异。其碑首与两侧纹样亦极精美。现虽筑亭覆之，但碑阴佛像已被人凿去，无复完璧矣。此碑东侧另有一碑，无年代可寻，依形制观之，似北齐物。西侧有金刚残像一躯，右手仗剑，足踏二鬼，头已失。像后附八角柱，柱表面阴刻卷叶纹，殆唐代殿柱遗物也。

再西为净藏禅师塔，塔八角形，下部残破，疑原为须弥座，座上壸门式雕刻尚存。塔身各隅施八角形倚柱，与法王寺墓塔一致。墓塔南面辟门，内有八角形小室。东、西两面，浮雕板门，北面嵌禅师碑铭。其余东北、东南、西南、西北四面刻直棂窗。柱上施栌斗及泥道栱，其上以叠涩承出檐，檐虽有破坏，但大体形状仍可辨识。塔顶上收处有须弥座一层，上置砖砌之山花蕉叶与覆钵。再上为石制莲瓣与宝珠、火焰。以上各部之处理，纯系盛唐手法，为墓塔中不可多得之佳例。

六时返寓，作书寄敬之、思成。

6月13日　星期六　晴

本日休息。上午抄录《县志》及嵩岳庙史。下午访吕馆长、毛县长，并准备赴密县事宜。

吕馆长来访，谈登邑古物保存会状况，谓1932年县公安局长曾伐嵩阳书院汉柏，又太室阙题字之庄某，系1920年前后任登封县长者。夫以一县之行政长官竟摧残古物如此，令人慨叹。吕君并赠学社拓本数本，甚感。

本日酷热异常，为今岁最热之一日。

6月14日　星期日　晴

晨五时起床，六时出发。出县东门，八里过中岳庙。又十七里至芦店镇，中餐。下午一时东行十二里至牛店镇。十八里至密县县城。自登封至此共计七十里。本日天气炎热，骑行甚苦，抵店后，倦不能支矣。

密县面积较登封为大，人民亦较富裕，城内商店及道路皆修整可观。此行所经河南各县，凡重要道路皆可通行汽车。且大镇均敷设电话，消息灵通，十分便利，不可不谓为内政进步之一端也。

6月15日　星期一　晴

本日测量法海寺北宋石塔。塔九层，平面方形，下承台基及莲瓣。第一层塔身甚高，正面辟门，门上饰门簪二枚，惜门扇已失。门内有八角形小室一间，壁面阴刻佛像及花纹，惟须弥座上佛像无存，室顶则收成四角形。第一层外部无柱，仅在壁上部刻栏干与斗栱。斗栱每面施补间铺作二朵，四铺作单栱造，制作粗劣，但斗栱间之遮椽板下，列有支条，方法较古。椽口微呈曲线，施檐椽、飞子及角梁，上为瓦葺式屋顶。戗脊结构作二叠式，上饰龙首，下端置一兽，殆为明、清建筑仙人、走兽之前身。滴水尚未使用垂尖式样。

第二层以上为密檐，檐下有檐椽、飞子，但无斗栱。仅第三层塔身下有勾片造栏杆，其地栿下无斗栱，故非平座结构。第五、八层塔身下饰莲瓣，亦为他层所无。第一至第九层塔身外部，刻全部《法华经》。又塔身仅第二、五层辟圆券门。上述处理手法，均其特殊。

刹之式样，以山形雕刻代替覆钵，尤为罕见。其上置相轮九层。再上为八角形宝盖及莲瓣、宝珠。至顶置柱状龙形装饰，惜最上已毁，无以追索其完整形状。

寺东有城隍庙，庙前列明万历初铁狮二具，式样视沁阳者为劣，未摄影。

6月16日 星期二 晴

四时半起床，五时半出发。西南登高岗，十八里至平陌镇。又三十四里至西刘碑村。村北碑楼寺藏北齐碑一通，施造者皆刘姓，俗称刘碑，村因以名焉。

碑楼寺现甚凋敝，外为山门三间。次正殿三间，藏刘碑于内。碑高三米余，下承矩形之座，东、西二面于壶门内各刻佛像三尊。正面上部镂螭首，雄伟精丽，前未曾有。其下配列大、小佛像多尊，错落有致，惜大部已毁。碑侧花纹似脱胎于云岗中部诸窟，下启唐代纹样之先河。背面上雕佛像，下刻碑文，与会善寺北魏嵩阳观碑同一方法，而比例雄健及佛像布置有致及富于变化，则又远出是碑之上。

殿前有宋崇宁元年（公元1102年）经幢一基，于八棱柱上仅覆宝盖与宝珠，较同时辽代诸幢，更能保存唐幢之面影。幢东南有唐开元十年（公元722年）石塔一基，塔方形，仅存五层。下施须弥座，座之结构，最下为叠涩，次束腰，上为叠涩及覆莲，纯为唐代标准式样。而莲瓣之在正面中央者，缺其一部以纳阶梯，为海内唯一孤例，至足珍贵。

因属密檐式塔，故第一层塔身较高，正面开门，门两侧各刻金刚一躯。门内小室平面作梯形，正面雕一佛二菩萨，上覆筒券，亦不经见。出檐用叠涩三层，檐口已向角端微有反翘，其上屋面用反曲形曲线，但未雕瓦陇，形状介乎叠涩与茸瓦式屋顶之间。第二层以上即为密檐，塔身甚矮，每面各设佛龛一处，内浮雕佛像，与嵩岳寺塔上层之假券门颇类。

下午三时，西出刘碑村。南行里许，至石淙河。河水自东北西注，至此两岸崖巉壁峭，河水萦转其间，虽长不逾二百米，而幽窅盘环，别具风趣。唐武则天置上阳宫于此，为避暑胜地，良有已也。河之南壁有唐人题字，高不可辨，仅遥睹"千仞壑"三字。时骄阳肆虐，挥汗如雨，解衣入浴，精神为之一振。五时沿河西进，再七里，宿告成镇。本日共行六十里。

[整理者按：原缺6月17日星期三日记，疑为文稿脱漏或日期错写。现仍按原有顺序不予更改。]

6月18日 星期四 晴、风

九时出县西门，十里邢家铺。铺西南二里许，遥见少室石阙孤立塍陇间。再十里抵廓店，均来时所经之路。又四里抵少林寺。

少室山之北有五乳峰，峰在轩辕关西，下即少林寺。寺正对少室背面旗、鼓二山，形势绝佳。据《县志》，北魏太和中僧跋陀自西域来，孝文帝筑此寺以居之，法水供养，取给公府。又于西台造舍利塔，塔后造翻经台。周武帝建德间灭佛，寺被废。隋开皇中，复立为少林寺，赐田百庙。唐初寺僧昙宗率众，擒王世充侄仁则，赐爵大将军。太宗书碑旌其功绩，猶存寺中，是为少林武技之始。自此以后，千数百年，海内谈武术者皆推此为巨擘。而寺自元以后，归曹洞宗住持，在临济势力弥漫中能独树一帜，亦难能可贵矣。

余等一行，荷主僧素典（字清禅）、知客体性（字定所）殷勤招待，下榻于客室。午餐后巡行寺内外一周，准备异日之工作。

寺外东、西石坊各一。中央山门三间，悬清圣祖所题"少林寺"匾额（图94）。门内甬道两侧，碑碣林立。东侧有唐武后题诗及天宝十年（公元751年）碑各一通，碑首雕刻精致秀丽。次天王殿。次钟、鼓二楼，元成宗大德间（公元1297～1307年）建。钟楼前有大唐"太宗文皇帝御书"碑，碑形伟壮，甃以砖龛。次东、西配殿。西殿八角石柱上刻"泰和六年（公元1206年）六月起建"铭记。次三宝殿。次左、右配殿。次藏经阁。自天王殿至此凡三重堂殿。民国十七年（公元1928年）三月十五日，军阀石友三与樊钟秀战于登封，以寺僧与樊交通，遂焚寺之北部。东祀殿内北魏、北齐二碑，及藏经阁内历代诏书，达摩面壁石及经典五千余部，悉付一炬。即左、右院杂屋百余间，亦同归灰烬，洵北周以来稀有之浩劫也。

藏经阁后，正中客堂五间，四周廊屋环抱，自成一廊。其后复有小殿三间，题"大雄宝殿"，盖劫后

图 94　河南登封少林寺

正殿被毁，权移于此者。东壁嵌金大安元年（公元 1209 年）观音像一石，饶有唐代作风，极可珍贵。次东、西配殿，中央台上建毗卢阁五间，《县志》谓明慈圣太后撤伊府殿材，凿山为基，创建此阁。惟现存建筑，已经清代改修，非原物也。殿内壁面绘五百罗汉，分上、中、下三层，或誉为吴道子手迹。或谓诸像之面，原为墨团，年久眉目须发，自行现露，直吃语矣。殿内地砖，每隔数尺，向下凹陷，而纵横成行，整然有序，传旧日寺僧习技所致。

　　出寺西北行二里，至初祖庵。庵处小阜上，周遭丘谷环抱如龟形，景物幽胜。庵门已毁，门内正殿三间。因管理之僧外出，未能入睹。就外部观之，其特点如下：

　　（1）殿平面作正方形，每面皆三间。

　　（2）正、背面当心间各辟一门。

　　（3）正面次间各辟一窗。

　　（4）下部石造台基，无角柱。

　　（5）正面阶砌于左、右碱之间，留平石一条，如碑楼寺唐塔式样。象眼砌法完全与《营造法式》一致，故此部决为北宋旧状。

　　（6）墙下部在东、西、北三面嵌石制之护脚，雕龙、云、人物。

　　（7）窗台石原有浮雕已磨灭，其下为嵌三角柿蒂纹之水磨砖墙。

　　（8）柱础用素覆盆。

　　（9）檐柱八角形，表面镌刻人物、飞禽，精美绚丽。

　　（10）阑额前端作楂头，与《营造法式》吻合。

　　（11）无普拍枋。

　　（12）当心间补间铺作用二朵，次间一朵。

　　（13）斗栱结构，在华栱上施华头子，再上施真昂。昂之形状，已下启金、元式样之渐。

　　（14）昂上之令栱位置，较慢栱稍低，与《营造法式》规定六铺作以上方可降低者有出入。

（15）泥道慢栱较外拽慢栱略长。

（16）令栱上施狭且高之橑檐枋。

（17）西南角及北侧斗栱虽经最近修理，外形仍按原来比例。

（18）子角梁前端所刻花纹，以西北角保存旧状较多。

（19）飞子较下部台基缩进少许，似系后代所改。

（20）屋顶、瓦饰均清代物。

总之，此殿虽经重修，而大体犹存北宋旧物，殆无疑义。

殿前东侧有巨柏，大可二抱，传为六祖自粤南移植于此。殿后方亭二，西侧者题"达摩面壁龛"，不知何据？再北千佛阁三间，大部坍塌，惟存东庑，西庑与迤西之张公祠，俱毁。

出初祖庵西南行里许，抵少林寺塔院。院无垣，树木错杂，自成一区。内有唐以来僧塔百余座，式样繁多，不愧集僧塔之大成也。其大体特点：

（1）唐塔单檐，方形，叠涩出檐。

（2）宋塔虽类唐塔，但两侧刻几何纹之窗，手法稍偏纤弱。

（3）喇嘛式塔与钟形塔始于元。

（4）六角塔始见于金*。

（5）明、清二代用多层方塔与多层六角塔者最多，出檐仍用叠涩。

归途绕道寺东，发现唐代僧塔二基。西为同光禅师塔，方形单檐（图95），正面门券、门限、抱框刻飞天等纹样甚美。出檐在叠涩上再雕檐椽、瓦当。再上于方座上施折角式须弥座及覆钵、莲瓣、宝珠，手法较复杂。据塔身背面所嵌碑记，塔建于唐大历六年（公元771年），足证法王寺塔之年代应在中唐以前。

此塔之东有后唐行钧禅师塔，建于五代唐庄宗同光四年（公元926年），体积较小。塔之基础施石板一层，次砌竖砖一层，平砖二层，再竖砖一层。其上始用普通砌砖之法，构成塔之下部。次于有壸门之须弥座上，置石板一层。上建方形塔身，正面构圆券门，背面嵌砌碑铭。在叠涩式出檐之上，施八角形小台。次八角莲瓣，及覆钵、宝珠、葫芦，形式与前塔略同。

图95　少林寺同光禅师塔（唐大历六年）

图96　少林寺书公禅师塔

图97　登封少林寺石柱础

---

* [整理者注]：此时山西五台山佛光寺唐祖师塔尚未发现。

图 98　登封少林寺石柱础　　　　　　　　　　　　图 99　登封少林寺石栏杆

6月19日　星期五　雨

本日阴雨。上午拓寺内金大安元年（公元1085年）观音像。下午测绘唐同光、行钧二禅师墓塔。五时返寺，整理图稿。

关于少林寺前部被焚之殿宇，据僧体性云，钟楼北之东配殿，称紧那罗殿，明建，旧藏北魏、北齐碑于其内。西配殿即六祖殿，元建。其正中南向者为正殿，亦称三宝殿。殿左、右为东、西库房。再北为东、西客堂，中央为藏经阁。补记于此，以正昨日之误。

少林寺分五派十八家，寺之主僧，由各家公举，二年一换。现设小学一所于寺中，主僧且兼联保主任，非如是，财产即被没收，亦可悯也。寺中以玉米及麦为主要食品，求蔬菜不可得，余辈极感痛苦，足证出世之不易也。一笑。

6月20日　星期六　晴

本日测量初祖庵大殿，其特征如次：

（1）殿之平面近方形，而面阔较进深稍大（大10厘米）。

（2）正面当心间之墙新修未久。

（3）背面中央辟一门，无门限，而保留旧有之护脚墙，非新辟（即由窗改造）者。

（4）殿中四内柱，仅前列者位置与山柱一致，后内柱则向后移尺许。

（5）柱础为素覆盆。

（6）柱身作八角形，向外之面，下部浮雕神王一尊，上部或雕龙，或雕飞仙。惟向内之面皆刻盘龙。

（7）前内柱之上另施木柱，以承托下平槫。

（8）当心间缝上之梁架，在前内柱以南之二椽，用乳栿及劄牵。此内柱以后者，因后内柱已移位，故自前内柱施一四椽栿，直达后檐柱上。四椽栿上再施三椽栿及平梁各一道。

（9）次间梁架自山柱上，各施扒梁一根。惟南侧之扒梁，搁于前内柱上；北侧者因后内柱已移位，

167

只能搁于四椽栿上。

（10）正面与山面之下平槫未能保持同一高度。

（11）梁架似屡经后代重修，非原物。角梁亦然。

（12）前、后内柱间，施平棊，纵五格，横七格，疑后代所构。

（13）当心间之石造须弥座确为宋物。下部龟脚可与《营造法式》印证。束腰雕卷草，线条流畅秀丽。角上又各雕力神一躯。

（14）檐柱表面雕饰，系于卷草式荷蕖内，杂饰人物、飞禽及伎乐。

关于此殿之文献，据左侧前内柱上部铭刻，此柱为北宋宣和七年（公元 1125 年）广东韶州刘某所施，足证此殿建于是年。此外，尚有明成化、清康熙、咸丰修理碑记多通，惟金、元二代，则付缺如。

八时返寺，晚餐已近十时矣。终夜未能交睫。

6月21日 星期日 晴

晨八时赴少室石阙，阙在邢家铺西二里，乃汉少室庙门阙。庙久毁，遗二阙孤立麦田中，其一切形制、纹样，与太室、启母二阙类似，兹不赘。

十时半测绘竣事，十一时廿分抵永泰寺。寺在太室山西麓，西南距廓店二里。据唐天宝十一年（公元 752 年）碑，北魏孝明帝之妹祝发空门，居此寺，赐名"明链"。隋开皇间重兴。唐贞观初，以尼寺山居不便，敕移偃师县，寺遂废。神龙二年（公元 706 年）复为尼寺，因追荐永泰公主，寺遂称永泰焉。观寺规模，外为山门三间。次大殿三间，康熙三十七年（公元 1698 年）尼道安、道坤所建。次东、西庑。次后殿三间，明洪武间尼圆敬创造，清代屡加修葺，已非原状。此外寺中之古物可记者：

（1）寺东北砖塔二基，皆方形。东侧者密檐九级，正面开圆券门，叠涩出檐，塔顶相轮下仅施仰莲，无覆钵。内部小室直达塔之上部。年代似较法王寺塔稍晚。西侧者密檐七层，外观与东塔略同，但相轮下垫以方形之须弥座。依少林寺同光、行钧二塔，似建于中唐前后。故此二塔决非天宝碑所云之隋塔，殆可断言。

（2）塔西千佛阁平面作长方形。正面设一门，门内壁面嵌砌浮雕佛像之砖，每砖分为六龛，龛各一佛，似唐代作品。又砌砖之法，每隔一至三层砌普通砖一层。四角筑扶壁至顶，以叠涩合尖。外檐亦用叠涩，惟其上歇山顶，则无疑为后人所加者。

（3）唐天宝十一年碑在寺北菜圃中，正面、侧面皆刻佛像甚雄丽，背面镌碑文，惜下部埋于土中，未窥全豹。

（4）寺西北关帝庙前有八角石灯一具，下承龙座，构图及雕刻手法，非宋以后之物，惟上部之年代则稍晚。

（5）寺山门外有八角形经幢二，题"开元天地大宝圣文神武应道皇帝敬造陀罗尼幢"，确系唐物。但仅存幢身一段，上、下部皆遗失，至足惋惜。

四时半测量毕，五时离永泰寺。又一时返抵少林寺。

6月22日 星期一 晴

本日调查少林寺塔院，并抄录碑文及补摄寺内、外像片。塔院在寺西半里，有唐、宋、金、元、明、清墓塔数十座，其特点如次：

（1）唐塔二座，一建于贞元间，方形单檐。一无年代，方形六层，第一层外部绘有人字栱。

（2）宋塔仅一座，方形重檐，第二层檐下甚矮，其第一层于东、西两侧浮雕几何纹样窗牖。

（3）金塔平面采用方形者有单檐、重檐、三重檐数种，此外又有平面为六角形者。

（4）元塔分为四种：一为方形平面，多为重檐或多檐，其中第一层亦有施斗栱者。二为六角形平面，多层檐。三为喇嘛教系统之塔。四为奇特之小石塔，外观不属任何系统。至于此四种塔所表现之手法与建筑有关者，亦有二事：其一为门簪之数，已增为四枚。除二侧仍长方形外，中央二具，或为菱形，或为圆形，可为明、清门簪之祖。另一为令栱两端已用斜杀之法。可证河南、山西二省明、清木建筑通行之式样，早已肇源于元矣。

（5）明塔分方形、六角形及喇嘛塔三种。

（6）清塔仅方形、六角形二种。

寺内已毁建筑可注意者：

（1）金刚殿前有半圆形月台，极不经见。

（2）鼓楼面阔三间，进深显四间，内、外壁共二层，外层石柱尚余一部，雕刻人物、花纹，确系元代遗物。

晚间本寺主僧素典来谈，云明时寺有兵额五百，按名领饷，故住持得赐官爵，如墓塔书"提点"、"都提点"是也。暇当检明史兵制，证其确否？

6月23日　星期二　晴、微雨

五时起床，六时半出发。八里至轩辕关。又七里抵参驾店，略进早餐。十五里过府店。再廿五里达营防口，午餐。下午一时，自营防口北进，五里经杨村。渡洛水，十里抵偃师车站。下午五时廿分搭特别快车东行，六时廿分到巩县。下车后寓县政府东小店。访县长梁君承祺未遇。本日炎热殊甚，虽夜间微雨，暑气仍未祛退，蛰居斗室，苦不可耐。

6月24日　星期三　晴

今日休息。上午八时赴邮局取信。返寓作书寄桂老、敬之、二兄、经府、奉璋及熊侄。并往县政府接洽调查宋陵。

6月25日　星期四　晴、风

本日上午调查石窟寺。七时半自寓所出发，经县政府，西行二里，过旧城东北，城内一片汪洋，宛如湖泊。盖民国七年（公元1918年）大水后，余潦停积，至今犹未消除。再西北二里，渡洛水。沿山麓西行里许，抵石窟寺。

寺南向，大门内正殿一所，五间硬山，清雍正间重修，现改为小学校。殿后石窟四所，又凿而未成者一处。第一窟（图100）位于东侧石壁，门上为饰毛莨叶之尖拱，两侧神王仗剑着裙，与龙门潜溪寺石窟一致。门内辟方形之室，正面佛龛内雕一佛、四侍像。东、西壁各一佛、二侍像。门之两侧，雕立像各一。窟顶中央镌莲瓣，周围配列飞仙。洞外石壁上，刻多层石塔（图101）及小龛甚众。有龙朔（公元661～663年）、乾封（公元666～667年）、总章（公元668～669年）、咸通（公元860～873年）诸年号，乃唐代增造者。窟门侧另有跪姿供养人一躯（图102）类北朝形态。第一窟之西有一佛龛，下刻"后魏孝文帝希玄寺之碑"，龛甚小，似唐人作品。

第二窟较第一窟稍大，窟中央建支提塔一处，每面刻佛龛二层。其余壁面下镌伎乐与鬼类，泰半为淤泥所掩。南壁门两侧刻供养人三列，东、北、西三面则遍雕小佛。窟顶仅施方形平棊，刻飞仙、佛像、莲叶及其他纹样，精美寡俦。

第三窟与第二窟大体类似，惟支提塔四周佛像仅一层。窟内因水灾后积泥甚厚，壁下有无其他雕刻，非发掘无以证实。窟顶施平棊天花，刻莲瓣、飞天……等纹饰（图103）。此窟之西有一窟开凿未完，半

图 100　河南巩县石窟寺第一洞

图 101　巩县石窟寺第一洞雕刻石塔

图 102　巩县石窟寺第一洞供养人

图 103　巩县石窟寺第三洞天花

途中止，其壁面铭刻有龙朔、乾封、咸亨（公元 670～673 年）年号。再西石壁上刻立像二躯，左、右侍像仅存西侧者，系北魏遗物。

第四窟主像显为北朝形式（图 104）。窟之中央亦建方形支提塔，每面刻佛一龛，惟规模较前三窟更大，其余雕刻，均与第二窟接近。所不同者，南壁之供养人更为精美，而东、北、西三面于仪仗、伎乐之上，各配置佛龛四列（图 105）。

总之，此四窟之平面配置与雕刻式样，纯属北魏系统，最与云岗石窟接近。但供养人与伎乐、鬼类则与龙门诸窟类似。又第四窟之莲花纹，偶与北响堂山一致，皆年代先后与地理关系所致也。

一时返寓，候县政府接洽宋陵测量，迄无确实复音，决暂时放弃。下午六时廿分，搭陇海路车赴开封，登车后，气候骤凉。八时半过郑州，十时抵开封，寓城内中国旅行社招待所。作书寄敬之、乔木斋，十二时就寝。

6月26日　星期五　晴、雨

九时赴县政府访龙兄非了。收到学社寄来济源县政府及县立师范缄件，并款百元。承龙君引导参观省立博物馆，其中可注意者：

(1) 殷墟发掘古物有极美之花纹，足窥商代文化已臻发达。

(2) 郑州出土铜器巨者高约一米，镂刻工奇。洵不愧为稀世瑰宝。

图 104　河南巩县石窟寺第四洞佛像　　　　　　　　图 105　巩县石窟寺第四洞浮雕

（3）前省长张钫所赠汉圹砖三十方，砖面刻人物、禽兽、车马，亦希觏之例。闻出土洛阳之西，共百余块，大部存张君处。又张藏唐墓志千余方，亦甚名贵。

（4）馆中藏墓志八百余种，最著者为东魏刘根造像及唐泉南生碑，皆有拓本出售。

（5）北魏石棺一具，出土洛阳。表面镌刻阴文龙凤及其他纹样，龙之姿态极似朝鲜大同江汉墓壁画。

（6）隋石刻一具，作正方形。每面分三层，有小型建筑及灰身塔。最上冠以屋顶，正脊上鸱尾犹存。此件自河北出土后，被人盗卖，后由天津法院追回。其余石刻众多，不能枚举。

出博物馆，至龙亭。亭居城之北部，最前列二石狮，传为宋物，似不妥。其北修道如矢，左、右皆池沼，约百五十米至龙亭。亭踞高台上，栏楯萦绕，颇饶层叠复杂之趣。所谓亭者，乃面阔七间之殿，中庋石座，雕龙、云，俗称"天水御座"。现存台上石栏，胥明代物。而"铁塔"即位于亭之东北。暇当检《东京梦华录》及《如梦录》诸书，依铁塔之位置，求其地与宋大内能否一致也。

祐国寺"铁塔"在城东北隅，除塔外，仅有铜佛一尊。佛位于塔南，约高六米，以亭覆之。据姿态衣纹为北宋物无疑。塔八角十三层，外部饰以褐色琉璃砖（以砖色类铁质，故俗称"铁塔"），虽经后代添补，而原有美点咸存，足可宝贵。塔之台基为土淹没，曾语龙君相机发掘，以存真相。

正午龙君招饮于华洋饭店。饭后，冒雨至南门访繁塔。塔之附近，划归河南大学农学院，时雨益剧，未遑细察。归途经吹台，入城至相国寺。六时复饮于华洋饭店，同坐有前博物馆长关百益君及省政府秘书马君，畅谈豫省文物，尽欢而散。

6月27日　星期六　雨

昨夜腹痛且畏寒，医云系感冒，宜静养数日。返平日程，只得临时改变。下午二时，陈、赵二君离汴赴济源，余只身静卧旅邸中，百无聊赖。晚间龙君来访，假书数册，以破岑寂，甚感。

6月28日　星期日　雨后晴

上午赴医院就医。龙君来谈，午餐后偕赴书肆，购《河南访古新录》及《西北揽胜》。并至龙君宅小坐，承惠赐豫中古建筑相片数种。四时归寓，作书寄陈、赵二君。晚餐后出门购杂物数事，归来入浴即寝。

6月29日　星期一　阴

上午九时，龙君偕赴古迹研究会，参观其历年发掘淇、濬诸县周代古物：

（1）魏灵公时陶器，表面已有薄釉一层。

（2）战国魏墓出土物品中，有刀、锥、磨石等项文具。

（3）战争用之面具。

（4）彝鼎花纹与新郑出土者异常接近。

（5）车轴有三接者、二接者。后者为喇叭形，尖端向外，惜零件未一一装配，详状不明。

（6）青铜器表面镶嵌红铜人物、车马纹样。人物中，男子或执戈戟，或弯弓引满，腰间皆悬短剑一柄。女子则着长裙，仅引弓，姿态灵活简劲，与埃及雕刻如出一臼。又有舟车构图描线，均表示其为汉画像石之前身。其他连续式纹样，亦开秦、汉铜镜装饰之先河。

遗物中属于石器时代者，大抵不出黑陶与彩陶二种。后者多用朱、褐等色，依所绘花纹观之，当时似有类似毛笔工具，否则不易绘此精饬宛转之纹样也。

返寓后，收拾行李。下午一时半离旅行社，龙君远道来送，甚感。二时二十分开车。四时十分抵郑州，赴旅行社招待所休息。旋雇车赴开元寺。寺在城内左偏，仅有孤塔一座。塔八棱，上部悉毁，可辨认者计十二层。其特点如下：

（1）塔为楼阁式。第一层特高，其上诸层逐渐低减，比例位于嵩岳寺塔与大雁塔之间。

（2）各层壁面并无梁、柱、斗栱，惟檐下另有砖二层挑出，略似普拍枋。

（3）出檐采用叠涩式。据颓坏处所示，戗角皆添加木骨。

（4）各层出檐上另有砖砌之莲瓣多层。

（5）各层在东、南、西、北四面，均辟有圆券门。券之结构，第一层三伏三券，第二层二伏二券，以上皆一伏一券。又第一、二两层之券呈半圆形，以上均为弓形券。

（6）第一层仅南、北二门，余二门封塞。第二层南、北封塞。以上诸层依次调换，疑非原状。

（7）塔内设八角形小室，壁面向内斜收，直达上部，各层无叠涩。据《县志》载，此塔创于唐开元间。但其结构手法疑点甚多，遽难论断，大约至晚亦为北宋遗物也。

塔北有石幢一基。下置台座二层，次八角幢身，刻陀罗尼经咒，有"天□三年"数字隐约可辨。其上施八角形垂幛式装饰，内杂飞仙；再次为仰莲，上置上层幢身。幢身四面雕佛像，余四面平恒。顶上冠以八角形瓦葺式屋顶，檐下斗栱互相连接，一如鸳鸯交手栱所为。角部出华栱三跳，垂脊亦如先天石塔，作两递式，饰以兽首。惟搏脊以上之宝珠过小，与屋顶颇不相称，疑非原物。总之此塔年代，似在唐、宋之间。日人关野、常盘二氏谓为唐末之物，尚可征信也。

途中游陇海铁路花园，便道至鑫开饭店晚餐。八时半登平汉快车返北平。

河北、河南、山东古建筑调查日记 [*]

—— 1936 年 10 月 19 日 ~ 11 月 24 日 ——

1936 年 10 月 19 日　星期一　晴

昨晚九时许，接明达电话云平汉慢车改晨七时开。今晨五时起床，出门天犹未白，晓星疏朗，寒风刺骨。六时达火车站，知慢车仍九时开行。未几，法参、壁文、明达相继至，乃往候车室少憩。九时车出发，凭几假寐，精神稍振。十时五十分抵涿州永乐村，下车赴东禅寺。

寺在东站西南半里许，已改县立小学。承校内陈君招待，下榻其间。饭后即测绘寺内建筑，其可记述者如次：

（一）大殿三间硬山，新建未久，内部佛像亦经涂饰。细察诸像皆石质，尤以中央佛座上所镌伎乐最为生动，殆辽物也。东侧观音之座，每面刻狮首，不常见。殿背后复有小观音一尊，丰颊重颐，姿态庄严，颇似蓟县独乐寺十一面观音，疑其制作年代亦大体相同。又案上陈红色之鬲，表面有绳纹，似殷代物。其黑色陶鼎，年代较之似稍晚，然亦周以前旧器也。

（二）殿后砖塔一基。下部已毁，塔身作六角形。其正面辟门，内为小室，供奉佛像，如辽塔常制。外壁东面嵌辽大安六年（公元 1088 年）造塔功德题名石一方。壁面上隐出阑额、普拍枋，而额下复饰以悬鱼，确为辽末手法。其斗栱结构，第一层檐用四铺作单杪，跳头上施令栱与批竹式之耍头，柱头枋与罗汉枋皆连栱交隐。第二、第三两层檐略去令栱与耍头，余如下层。据式样观之，其为辽末物无疑。

（三）寺西北有辽天庆十年（公元 1119 年）建石塔一基。下为须弥座。次勾阑一层，阑板花纹与云冈石窟同。次莲瓣。再次复为勾阑，阑板刻香印纹。其上塔身正面辟门，门上刻龙、云。内有小室，中央亦浮雕坐像一尊。外部壁面上，于北面刻云、龙与门，其余东北、西北、西南、东南四面各镌力神一尊，但姿态仅有二种，足审其时实无四金刚之制也。上部隐出阑额、斗栱及补间之驼峰。再上为带有卷杀之檐椽、飞子及角梁等等，翼角微微反翘，下覆瓦茸之檐。垂脊则作二迭式，镌刻兽首，尚有北齐石刻之遗法。其上复有密檐十二层，虽用瓦茸，但檐下仅刻叠涩三层，无斗栱。檐之外轮廓为稍带弧状之收分，但不十分显著，亦与其他宋、辽遗物吻合。塔顶已颓毁一部，其纹饰之形制，介乎云岗石窟之忍冬草雕饰及后代莲瓣之间，乃过渡时代绝佳之例也。

10 月 20 日　星期二　晴

七时起床，补摄部分照片。十时五十分，搭平汉慢车南下，十一时半抵高碑店。下午一时换轿车赴新城县。三时半，入城北门，寓万盛栈。凡行三十五里。

新城县城仅南、北二门，市面萧条，似不及定兴。惟县与大清河相邻，饶鱼水之利，则差胜定兴耳。稍息，即赴城东北隅开善寺，现充县教育科及民众教育馆。外部二进建筑，皆新建。大殿则为辽构。兹将所得撮述如下。

（一）殿面阔五间，进深六椽，单檐四注（图 1、2）。与宝坻三大士殿及大同薄伽教藏殿极类似，然面阔稍大，材、栔亦较粗巨。

（二）外檐柱头铺作（图 3）用五铺作重杪，计心造，施替木。又罗汉枋上犹留有承载遮椽板之支条榫眼，与蓟县独乐寺观音阁同一手法。

（三）补间铺作外檐每间仅一朵。下承蜀柱，故第二跳上只施替木无令栱，与薄伽教藏殿同。

（四）转角铺作施平面四十五度之抹角栱，亦与前述宝坻、大同二例一致。

* 此文原载于《刘敦桢文集》第三卷。

图1 河北新城开善寺大殿正面

图2 河北新城开善寺大殿背面

图3 河北新城开善寺大殿外檐铺作

（五）大角梁前端之卷杀，如蓟县独乐寺观音阁。

（六）飞子下皆悬铃铎。槫上升头木尚保存完好。

（七）内柱甚粗巨。又东第一缝后内柱，有"元至顺元年（公元1330年）七月，三人到此"题字。

（八）正脊与二垂脊交点之下，不用太平梁与扒梁，而代以人字形斜撑二根，撑于下部梁架之上（图5）。证以日本法隆寺金堂，知为唐制之遗。

（九）补间铺作后尾另加斜撑，撑于下平槫之下（图6、7），与《营造法式》卷四仅用挑斡而不施昂者符合。足证宋、辽斗栱并不皆用真昂，全革从前议论，须加更正。

（十）转角铺作后尾压以南北方向之大梁（图4）。与同时诸例稍异其制。

（十一）屋角反翘甚微，翼角伸出亦不大，与大同华严寺大殿及薄伽教藏殿略同。

（十二）内部壁画甚精美，惜数年前被驻军糊裱，几致全毁。

（十三）佛像及藤胎八金刚像数年前为党部所毁。

图 4　新城开善寺大殿梁架及斗栱

图 5　新城开善寺大殿梁架

图 6　新城开善寺大殿次间梁架

图 7　新城开善寺大殿次间梁架

（十四）内部梁架下遗有明代彩画。

（十五）《县志》谓殿建于宋重庆。然考宋无此年号，且其时新城属辽，疑系辽重熙之讹。

六时返。作书寄思成、敬之、木斋。

10月21日　星期三　晴

上午赴开善寺，接洽搭架测绘事宜。十时出北关，至文昌宫（图8）。宫之西北隅，有八角密檐九层砖塔一座（图9）。其下部之勾阑已毁，而基座亦经重修，惟塔身保存甚佳。南面辟圆券门（图10），内为小室，有佛像。东、西、北三面浮雕双扇门。其他四面浮雕几何纹窗棂。再上于壁面隐出饰有悬鱼之阑额，以及斗栱、槏题之属。与涿县之普寿寺塔完全一致，似亦为辽末之构。但上部叠涩式出檐九层及塔顶，则非原物矣。

下午偕搭篷匠师往开善寺，筹备测量木架。事毕，余着手摄影，明达、法参、壁文三人分别担任梁架及平面之速写。六时返寓。

图 8　河北新城文昌宫侧视

图 9　河北新城文昌宫塔

图 10　新城文昌宫塔细部

图 11　河北新城某木牌坊

图 12 河北新城石柱础 　　　　　　　　　　　图 13 河北新城石柱础

10月22日 星期四 晴

六时半起床。终日摄影，未曾稍息。殿内壁画经摄影时再四审度，决为明代作品。又柱础于方石上，雕有极浅之圆形覆盆。遮椽板下之支条，在南面西次间及西面靠北一间，亦遗有少数之例。又据剥落处所示，栌斗隐于栱眼壁之部分，仍系方木，而并非刻以斗歆。此外，屋顶无推山，兽吻有绿琉璃与青色者二种，瓦皆布瓦。南面当心间之横披比例雄伟，似为旧物。凡此诸点，足弥前记之遗漏，余则详前文不赘。

大殿梁架及全寺平面本日已测量大部，预计明日午前可以完成。

此寺数载前作县党部办公处，凡寺内佛像皆毁于是时，闻之令人发指。

大殿前有铁钟二具。西侧者铸于金大定间，其人物、莲瓣均雕画隽妙。东侧者明中叶制。

10月23日 星期五 晴

七时起。八时三刻乘轿车赴行唐县。所经皆沙碛，农产物绝少。沿途青杨渐黄，而杜栗及枲球叶殷红悦目，北地秋迟又是一番风味。十一时三刻抵目的地，计行三十里。入南门，寓德顺栈。

城垣系土筑，然颇高竣，且新修不久，垛堞整饬可观，城隅又建角楼（图14）。境内以产棉花、土布著称，故市面较新城稍佳，殊出意外。

下午三时，往城东北隅封崇寺，寺为隋以来旧刹。山门外有残破石兽一具，形制奇古，颇存汉天禄、辟邪余意。次山门三间，门北有庞大经幢一。少东有二碑，居东者刻《金刚波罗密经》，无年代。西侧者为北宋大中祥符（公元 1008 ～ 1016 年）碑。幢西另有宋宣和（公元 1117 ～ 1125 年）碑一通。其北绕以短垣，自成一廓。垣北空地已成东西通道，道北天王殿三间（图15），左、右建钟、鼓楼各一。次前殿三间。现与天王殿俱划归寺西之女子师范学校。前殿之北，复有甬道，直指大殿。道南端西侧，置八角残幢一段，所雕佛像及枝柯交纠之佛龛，似隋代作风。甬道北端之东，复有一幢，并明、清碑刻数通。西侧元碑一，隋开皇十三年（公元 593 年）石塔一。次月台。次大殿。寺之范围至此为止。兹将隋塔及经幢、大殿，分述于次：

图 14　河北行唐城墙及角楼　　　　　　　　　　　图 15　行唐封崇寺天王殿

（1）经幢

八角五层（图 16），最下为仰、覆莲构成之台座。其覆莲八隅各雕一狮，已埋于土中；仰莲每面二瓣，甚肥硕，角上复出一茎，上刻一苞，苞上凿圆洞一处，不知是何用意。

第一层幢身系等边八角形之石柱，表面镌刻《陀罗尼经》呪文，强半漶漫，无年代铭识。其上有华盖式出檐，每面雕刻缨络，杂以飞仙、人物、奔马等，极富生趣。其八隅亦各出一苞，下施圆形铁圈，似旧时悬挂铃铎之用。苞上亦凿圆孔一处。在平面上，各苞之石系嵌于华盖式顶檐之内，而非一石斫制者。

第二层幢身以仰莲承托，雕刻手法简单而美观。幢身每面均刻人物。正南面者中央有佛像坐于莲座上，左、右各出一茎，上立侍像。西南者佛像趺坐方座上，左、右雕侍像多尊，西面一树，下伏一狮。北侧一佛坐莲上，南侧供养者数人。西北面中央雕一门，具门簪，上置蒸笼状物，两侧刻供养人。正北面刻一佛及侍者像。东北面中央刻经幢，两侧立供养人各一。东面中央一树，左、右供养者数人。东南面二人相向而坐，中置灯笼状之物。以上八面所雕人物，显系一连续之故事，容当稽之释典，求其出处。此层亦有华盖式出檐与下层一致。

第三层幢身下亦雕仰莲一层。幢身上部于东、南、西、北四面各刻一门。每一门扉上横雕门钉三列，每列三枚；中央饰以门钹。四隅面则雕佛像。此层之出檐雕有释迦游四门图，甚为可贵。其构图亦于东、南、西、北四面各雕城门，门之上缘作五边形拱，一如《营造法式》所载。其上再置勾栏二间，用极简单的科子蜀柱分隔。勾栏之上设门楼三间，其当心间辟门，二次间开窗。柱上均施栌斗，上覆四注式屋顶。此门楼左、右均雕有垛堞，上为廊屋，较门楼稍低。至转角处，城壁皆突出为马面，其上之角楼，高度与门楼相等。至于壁面雕刻，四正面为生、老、病、死图；四隅面为侍从、卤簿之属。此图之上，更刻以山纹，其四正面各镌佛像一尊，上有二龙盘结。再上复为山纹，其上缘向外伸出；八隅亦各雕一苞，以承第四层之幢身。

第四层幢身之四正面各雕一门，门钉、门钹与第二层一致，惟增门簪二具及上部之尖拱而已。四隅面刻直棂窗，其上在转角处饰以悬鱼，上覆瓦茸式出檐。其结构先于内侧施支条，外施一枋，再外置檐椽、飞子各一层。上部垂脊则各刻一狮，伏于脊之前端。

　　第五层于仰莲上镌力神八躯，以支撑八棱之顶，惟此顶之隅角稍偏，不与下部各层吻合。幢顶再施仰莲及葫芦，后者形制简陋，不似原物。

　　此幢手法，异常庞杂，其制作年代极难断定，然大体似北宋物，不如日人塚本靖所谓建于李唐之早也。

　　(2) 隋塔

　　系方形密檐塔（图 17），体积甚小。下部地栿埋于土内，次覆莲一层，次线道一层，其上置平坦之座。再上为塔身，正面雕尖拱式佛龛。背面镌造塔铭文已大半磨灭，但开皇十三年（公元 593 年）字样，犹可辨析。次重叠出檐五层，非叠涩式，殆因体积过小之故，不得不稍加简化也。上部塔顶现已毁损，所置之正方形雕饰，每面具门拱、佛龛，似自他处移置于此者（此塔系白石建）。

　　(3) 大殿

　　面阔三间，单檐歇山，据碑记系明中叶所建。可注意者，其外檐明间柱础作正方形，雕覆莲一层，似年代较古（图 18）。又明间平身科斗栱用斜栱（图 19），角科施抹角栱，皆此期内罕见之例。殿内中央大佛像，制作尚佳（图 20）。案上陈石制小立像一尊，闻出土不久，依形制观察，极类北魏末或齐、隋间所镌。又残毁木像一尊，则为赵宋遗物无疑也。

　　[整理者注]：以上缺 10 月 24 日（星期六）及 10 月 25 日（星期日）记载，原因不详。

图 16　行唐封崇寺经幢

图 17　行唐封崇寺隋石塔

图 18　行唐封崇寺大殿柱础　　　　图 19　行唐封崇寺大殿铺作　　　　图 20　行唐封崇寺大殿佛像

10 月 26 日　星期一　晴

六时半起。赴封崇寺，继续测绘隋塔及宋幢。因发掘下部埋没部分，至十时四十分始竣事。正午乘轿车离行唐，三时半抵东长寺。四时三十五分搭平汉车南下，五时四十分抵石家庄，寓五洲旅馆。饭后购买旅中需用物品，就寝已十一时矣。

10 月 27 日　星期二　晴

凌晨五时半起床，甚寒。七时十五分搭平汉车，十时三十八分抵邢台，寓西关外华北旅馆。邢台城墙收分颇大，又以砖建三间硬山之城楼（图 21），为他地罕见。

午后二时往县政府，接洽调查事。嗣至城东北隅开元寺，观宋幢、金钟、元塔。转北门，访净土寺元塔及唐开元道德经。又西寺元塔。五时半返。晚作书寄敬之、木斋。

邢台旧为顺德府治，城方三里，甚严整。数载前石友三军据此叛变，城堞稍受毁损，然大体尚完好。南门外为皮商萃集之地，市面颇繁荣。外周土城，略如北平南城情况，亦冀南诸县所未有也。

县政府大门单檐歇山，面阔三间，明间作"断砌造"（图 22）。前有宋建隆碑一通，碑首刻佛像双足下垂，为宋刻中罕见之例。

10 月 28 日　星期三　晴

八时韩星北送来学社转寄之刊物廿五册。九时赴城东北开元寺，寺创于唐，俗称"东大寺"，大部建筑均为明、清所构，惟可注意者：

（1）中殿前西侧之元至元十六年（公元 1279 年）重建普门塔碑铭，高二丈余，甚雄壮。

（2）中殿东侧旧有钟楼一所，已倒塌，存金大定甲辰（二十四年，公元 1184 年）铁钟一口，约高一丈。

（3）中殿正面四石柱刻蟠龙甚雄健，至晚亦为元代遗物。

（4）大殿内柱柱础雕龙，非明以后所宜有。

（5）西墙内砌有经幢一座（图 23）。幢身八角形，比例粗巨，上雕小佛一列，覆以八角形华盖顶，未镌年代，似晚唐或五代作品。

（6）寺西菜圃中有八棱经幢，凡四层。第一、二层均施华盖出檐。第三层刻方形云状雕饰。第四层覆以八角顶。据光绪《邢台县志》，此幢建于五代梁乾化五年（公元 915 年）。

图 21　河北邢台西门及城楼

图 22　河北邢台旧县政府大门

图 23　邢台开元寺经幢

　　（7）此幢之北为恩公塔（图 24），密檐七层，建于元初。惟下部石座，则系光绪二十年（公元 1894 年）重建。其全体式样，除下部基座稍高外，自平座勾栏以上，当遵守辽末叶以来之式样。

　　净土寺在北门内西侧，有大殿三间，已半圮，据式样及殿内佛像观之，决为明构。惟殿西北小石塔一座，亦密檐塔式样（图 25、26），题"万松大师舍利塔"，建于元至元十九年（公元 1282 年）。

　　天宁寺在净土寺西南，俗称"西寺"，现因驻军未能入观。但自外眺望，所有佛殿皆为明以后之建筑。惟寺前经幢一基，下承简单须弥座，次施八棱幢身，再次为八角形华盖式出檐，上置有龟脚之台座，座上雕云形装饰，最上为六角形之顶，手法极富变化。据铭刻知建于北宋元丰七年（公元 1084 年）（图 28 ～30）。又寺西北有虚照禅师塔一座（图 27）。平面作六角形，下部建高竣之基座，已大半剥落，其上平座、勾栏及塔身均保存甚佳。再上施叠涩与枭混曲线之出檐三层，与葫芦式之覆钵、十三天、刹杆等，似受喇嘛塔之影响。按虚照为金末元初时人，与刘秉忠为友，殁后秉忠曾予旌表，见《县志》卷八所载塔铭，惜石、文俱佚，无由窥其全豹矣。寺外另有宋碑一方（图 31）。

　　下午出土城西门，西南行二里许，至开元寺塔院（图 32）。其地俗称"和尚坟"，分南、北二部，相距约半里。塔之种类，有密檐塔式（图 33、34）、经幢式（图 35）及喇嘛塔式（图 36）三种。其中以前者数量为最众，平面作正方形（图 37），或作六角形（图 38）、八角形，材料亦有石、砖二种。砖造者极似开元寺恩公塔，于平座勾栏之下，承以崇竣之基座，是为此期最重要之特征。而其代表作品"弘慈博化大士之塔"，亦即万安恩公之墓塔也。

图 24　邢台开元寺恩公塔　　　　　图 25　河北邢台净土寺墓塔　　　　　　　图 26　邢台净土寺墓塔檐部

图 28　河北邢台天宁寺宋经幢　　　图 29　邢台天宁寺宋幢详部

图 27　邢台天宁寺虚照禅师塔　　　　图 30　邢台天宁寺宋幢详部　　　　图 31　河北邢台宋碑

图 32　河北邢台开元寺塔院墓塔群

图 33　开元寺塔院墓塔之一（密檐式）　　　图 34　开元寺塔院墓塔详部　　　图 35　河北邢台开元寺塔院墓塔之二（经幢式）

图 36　邢台开元寺塔院墓塔之三（喇嘛塔式）　　　图 37　邢台开元寺塔院墓塔之四（平面方）　　　图 38　邢台开元寺塔院墓塔之五（平面六角）

10月29日　星期四　晴

八时起床，摒挡行李。十时四十分，搭平汉区间车，十二时二十分抵邯郸县。下午一时乘长途汽车东行，经成安县，四时一刻，抵大名县北关。入城，寓南大街新生活旅店。中途摄牌楼（图39、40）及石柱（图41、42）照片数帧。

10月30日　星期五　晴

上午至普照寺，寺在城西南隅。大殿内原存塑像一尊，甚雄巨，惜殿门封砌，未能入内考察。后殿有铜像三，铁像二，皆明代物。

府城隍庙在普照寺东，正殿五间，单檐歇山，施五踩重昂，惟平身科每间仅有一攒或两攒，其昂后起挑斡，异常特别，殆明末清初间所建也。

城内有府文庙一处，县文庙三处，均在城之东南隅。至早亦清初营构，毫无足观，惟府文庙棂星门施平面四十五度之如意斗栱，足证此式不仅限于南方诸省也。

下午一时赴城东十五里双台村。此村居宋大名府之中点，旧日城垣虽已湮没，四周犹存土堆断续，尚可隐约辨其故址。知旧城范围实较今城更为辽阔。村西南有巨碑倒仆地上，徽宗所书《五礼碑》也（图43）。高十一米六十厘米，约合营造尺三十六尺余，远非明、清诸碑所能望其项背，洵伟观也。

10月31日　星期六　晴

六时起身。七时半乘公共汽车离大名。沿途风沙弥漫，困苦万状。十一时十五分抵邯郸。下午一时二十分搭火车南下，抵磁县，寓西关外保安卫生旅馆。稍息，即往县政府接洽调查南、北响堂山石刻。四时返寓整理测量仪器，发现内部混杂泥沙无数，修理无术，决由王君璧文带归北平。晚饭后，作书敬之。

磁县西部以产煤、铁及粗磁著称，故县内尚称富庶。城垣街道均甚修洁，似在大名之上。

西门城楼檐端以挑出之垂莲柱代替斗栱，颇适于新式水泥建筑（图44）。城隍庙前殿外檐斗栱在外拽

图39　河北大名北门大街牌坊

图40　大名北门大街牌坊细部

图 41　河北大名北门内石柱

图 42　大名北门内石柱详部

图 43　河北大名五礼碑

图 44　河北磁县西门城楼

瓜栱之上，施简单之雀替以承托外拽枋，甚特别。南大街民众教育馆前置有石狮二，肘上雕小翼，似唐代作品。南门外滏阳桥近已改筑，旧制无存，颇为惋惜。

11 月 1 日　星期日　晴

六时起床。七时半乘人力车西行，五十里抵彭城镇。其地产陶器及粗磁，北自平津，南迄武汉，皆其售销范围。故所经之处，皆车运壅塞，尘土腾飞，为之气咽。惟滏水萦带其间，清澄可爱，不类北地风光耳。下午二时，仍乘车北行，十五里抵义井村。居乡立小学内，并参观村内多处窑厂。

11 月 2 日　星期一　晴

六时起身。七时半乘驴北行，经上拔剑及义张庄。九时抵北响堂山下之常乐寺，凡行十五里。寺之建筑可注意者如次：

（1）寺外八角九层楼阁式砖塔一座，位于寺之中轴线稍西，上部二层已毁。其第一层之出檐施偷心华栱三跳，每面中央复施斜栱及翼形栱。第二层施莲瓣式出檐。自此以上，斗栱与莲瓣交互换用，可谓开砖塔中之先例。外部之门，第一、二层设于东、南、西、北四面。第三层以上，因内部梯级之故，参差不一。壁面上未隐出柱、额，惟于四隅面之中央，各砌多层塔一基，并饰以佛龛。

第一层内部设八角形塔心柱，四正面施佛龛，下部复承以须弥座。塔心柱与塔壁间，绕以回廊。廊之上部施偷心砖栱一跳相向挑出，中央覆以雕花之砖板，略似定县开元寺塔，但雕刻手法较之粗劣多矣。第二层以上，塔之中央皆辟八角形小室，施偷心华栱。中央收为八角形平顶天花，无塔心柱及内廊之设。

第一层之阶梯设于塔内东北面，第二层在东南面，第三层于正东面。塔之内部，仅此三层，而一层兼外部两檐之高，盖塔之直径不大，不得不如是也。

此塔年代，以形样判断，疑为宋代之物。

（2）寺之最外，有石造丈八接引佛一尊，头部及手系近岁遗失后重补。现覆以小屋三间。

（3）山门北有六角石塔一座，已剥落大部。依须弥座所雕伎乐，及塔门两侧之力神观之，似为唐末所构。

（4）山门外有金正隆年间（公元1156～1161年）石碑一通。

（5）金碑之北，有东、西二幢对立。东幢三层，其第二层施方形云纹之檐，北宋建隆三年（公元962年）造。西幢之层次亦如之，第二层雕释迦游四门图，与行唐县崇封寺石幢略同，北宋乾德三年（公元965年）建也。

（6）大殿五间，单檐歇山，清康熙间重建。其斗栱式样，相当特别：

（甲）正面明、次三间用斜栱。

（乙）栱头皆刻作卷叶状。

（丙）正心缝上用栱三层。

（丁）平身科后尾用一斜撑，支于下金桁之下，而非由外斜上之挑斡。

（7）后殿及东配殿之外檐檐柱下，用比例甚高之莲瓣柱础，似唐以前作品。

（8）后殿内香案及各处之石香炉、石台，为明隆庆间（公元1567～1572年）造。

下午一时，自常乐寺登北响堂山。山在寺之东侧，石窟皆在山腰，西向，计有大窟三，小窟四。内部佛像或截头，或全部盗去，令人睹之惨然。近虽经当地人士重新修补，然已非原状矣。

第一大洞位于最南端。外部原雕有印度式之柱，其上端饰以忍冬草之□□及覆钵，如墓塔形状。现柱廊之上砌以石台，上覆木造之廊，遂将原来外观截为上、下二部，然原形尚略可辨别。又洞外北侧石壁上留有椽眼多处，知洞外原有木造之建筑，如龙门奉先寺及云岗东部大窟之状也。洞内石室略呈方形，正面及西侧各凿一龛，中央之佛座作圆形平面颇为别致。又正面之龛饰以帷幕，两侧者则作水平形，如日本奈良法隆寺之天盖装饰。洞顶雕莲花与飞仙。

第二大洞在第一大洞之北。洞之正面分为三间，施印度式之柱。中央为尖拱式入口，左、右二间，各雕力神一尊。洞内中央置支提柱，惟柱之背面系隧洞，而非直达室顶，与云岗中部第一洞所采方法一致。柱之正面刻一佛二菩萨，虽头部被盗，其身段与衣纹犹能表示为北齐艺术之精品，极可宝贵。又塔柱四隅雕鬼四躯亦极生动。内廊壁面之下部与塔柱同一手法。但上部之龛，则于印度式柱下承以鬼类，以构成龛之外形。其上浮雕窣堵坡式塔顶，尤为难得。然覆钵上饰以复杂华丽之西蕃莲纹样，则非窣堵坡式塔所原有。

小洞四处。第一洞、第二洞地势稍低。第三洞、第四洞则位于第三大洞之南、北，如左、右配殿然。

第一小洞在第二大洞至第三大洞间，而约低十余米，内部现设关羽像。但壁上雕有小佛一列，似由佛窟改造者。

第二小洞在第一小洞之北,南向,外覆以石券。内部中央之佛像双足下垂,左壁面雕小佛坐于莲茎之上,至晚亦为唐代作品。

第三小洞位于第三大洞之外,北向。依佛像姿态,殆开凿于北齐、隋间。

第四小洞南向,与第三小洞遥相对称,明代造。

下午四时下山,六时返寓。

11月3日　星期二　晴

六时起床。七时一刻,乘驴返彭城镇,九时到达。即赴南响堂寺。寺在镇东约三里,南向。其西砖塔一基(图45)。八角七层,出檐施偷心华栱及斜栱。第一层壁面上隐出柱、额,塔顶则施重叠之莲瓣,惟塔门封闭,不能入内考察,并定其建筑年代何属也。寺内范围颇广,殿堂俱严整修洁,惜无一古建筑,惟西侧有北宋太平兴国七年(公元982年)石幢一基(图46)。其第二层出檐,亦镌刻释迦游四门图(图47),与常乐寺乾德三年(公元965年)经幢如出一手。

石窟七处(图48～50),在寺之东侧,东南向。窟分上、下二层,下层二窟,上层五窟。现下层之外,庇以石券、石壁,壁上构栏楯,如平台状,其南端设梯级,可由此达上层诸窟。第一、第二两洞皆于门外列印度式之柱,柱身盘龙,柱上饰以尖拱。其内部平面,于中央设支提柱,而背面仅具隧洞亦皆一致。惟第一洞走道南侧雕有窣堵波式之佛龛,如北响堂山第三大洞然,颇堪注目。第三洞外部虽遗存印度式之柱,但内部佛像已毁,现供奉杂神牌位。第四洞甚小,平顶,十分简单。第五洞之外口,采用印度式之雕刻,先于门外置二狮,狮上立柱,柱上施尖拱。洞内天花系周斜中平之覆斗形,如天龙山石

图45　磁县响堂寺塔

图46　磁县南响堂寺宋幢

图 47　磁县南响堂寺宋幢详部　　　　　　　　　　图 48　磁县南响堂山石窟第一至第五洞全貌

图 49　磁县南响堂山石窟第五洞外观　　　　　　图 50　磁县南响堂山第六至第七洞外观

窟之状。其他如佛座之西蕃莲、壶门（图51、52）及地面所镌之莲花纹等，亦极精美。此洞外侧石壁上，又雕有三层佛塔一座。第六洞甚小，无特殊之点可言。第七洞最可宝贵者，为洞外雕出木构式样之外廊。廊三间，俱用印度式之柱，柱上施阑额及补间斗栱，再覆檐椽、瓦陇。当心间雕尖拱式入口，左、右次间，雕力神各一躯。洞内中央迎面处，置立像一尊，其佛座式样较不常见。此外正面与两侧壁面均镌刻佛龛，而西侧之垂足主像尤为美丽。天花刻莲花纹。

十二时返镇。午饭后，乘轿车返磁县。四时三刻，抵车站。仍寓保安栈。

11月4日　星期三　晴

八时入城，摄取城隍庙斗栱、民众教育馆石狮及西门城楼照片。十时返，收拾行装。十二时送壁文返平。下午一时半搭平汉区间车，三时抵安阳。寓城内江南饭店。旋至西冠带巷中央研究院殷墟发掘团晤潘实君，坚邀移居该处，盖行前梁思永先生缄嘱招待故也。傍晚，移居冠带巷，入寝已十一时矣。

11月5日　星期四　晴

上午九时，石璋如先生偕往天宁寺参观。寺在冠带巷西北，位于城之西偏，俗称"大寺"。山门已毁，现改建照壁，题"中山公园"，然实无园也。次弥勒佛殿，殿三间，单檐悬山。次大雄殿，五间歇山。均划归民众教育馆科学部。殿后有东西垣区隔，此垣以北，属之私立彰德中学。门内为雷音殿七间，单檐悬山，为寺最古之建筑。次延寿殿，已毁。再次为观音殿五间，亦单檐悬山。其东壁外部，嵌有舟形造像石一通，镌小像无数，似宋以前物。最后为弥陀宝龛，八角重檐。内置铜像一尊，约高一丈，依式样判断，似为明代所铸也。

此寺为安阳独一巨刹。据碑记，清乾隆三十六年（公元1771年）以皇太后八秩万寿，重葺此寺以为祝福，故大雄宝殿等悉成于此时。惜原状大经改造，而东北部又辟为操场，更无遗迹可寻矣。以下仅就砖塔及雷音殿二者论述之。

图51　南响堂山第五洞佛座装饰

图52　南响堂山第五洞佛座装饰

（1）砖塔 在弥勒佛殿之西，平面八角，密檐五层。可资注意者为其出檐长度，上层大于下层。而内部亦分为五层，俱可登临，为密檐塔中奇特之例（图53）。

塔之外观，下为八边形之须弥座。次为圆形平面之莲座。其上即为塔身，于东、南、西、北四面辟门，但真门仅南面一处。其余四隅面则雕直棂窗。门、窗之上，隐出佛像、云、龙、建筑等。据雕刻手法观之，当为乾隆中叶所新饰者。阑额之上置斗栱。其上诸层亦复相同。愚意塔身最晚亦为元代所构。塔顶另置喇

图53　河南安阳市天宁寺砖塔外景（上层大于下层）

嘛塔式小塔一座，纯为清式。

塔内于南门内设梯级，至北端折西，再转南，至第二层之八角小室。室之上部，饰以简单斗栱，天花中央则覆以木制楼板。现上层木楼板均毁，可自第二层仰望塔顶。

（2）雷音殿 其斗栱雄巨，当心间补间铺作二朵，次、梢、尽间俱一朵。皆五铺作重昂，昂后尾起挑斡，惟挑斡甚平，与正定阳和楼相似，殆金、元间遗构也。柱头铺作施插栱，下椽刻曲线如华头子，形状亦复接近。此殿前檐较后檐稍高，四隅用八角形石柱，俱有升起。阑额刻作月梁形。普拍枋出头处刻海棠纹曲线。除隅柱上栌斗用方角外，余皆刻海棠纹。

内部于前殿第一列内柱上施巨大内额，以承托南北向之大梁。而此列内柱在东、西第二缝者，均用八角形石柱与硕大之绰幕枋。柱下则承以雕有俯莲之石础。凡此种种，皆极引人注目。上部之梁架因迭经修葺，已杂乱无章，与曲阳北岳庙德宁殿同一情况。据外槽当心间、次间之康熙十五年（公元1676年）题记，知乾隆一役外，清初亦曾修治。

出寺至冠带巷南，有石塔一基。塔高三丈有奇，大体采用喇嘛塔式样。然须弥座犹为二层，塔覆钵颇高瘦，其上之宝匣纯为中国式须弥座，再上之十三天亦如中国式之屋顶，极类五台山中台绝顶石塔，疑建于元末明初间也（俗称白塔寺）。

归途访韩魏王祠及画锦堂，无所获。

下午仍由石君导观小屯村发掘情况。村在城西北五里，洹水之南，见唐墓及殷代石础、台阶及水沟等等，获益良深。四时半返寓。

晚微雨，作书敬之、木斋，报告行踪。

11月6日　星期五　阴

本日测量天宁寺砖塔及雷音殿，余担任抄录，并碑记与摄影。陈、赵二君任测绘。至黄昏始毕。本日因天气阴暗，摄影极为不便，幸各项杂务荷潘君莅场料理，襄助实多，可感。

11月7日　星期六　晴

六时半起床。赴天宁寺补摄影片，九时返寓。作书寄思成等。午后二时往古物保存处参观，见北齐墓表照片。表系八角形石柱，上端施横板，题篆字，极可珍贵。其铜、铁佛像皆明、清时物。惜明版《大宁寺图》因仓猝未及索观。归途至大士阁，阁建于高台上，为明赵府故迹，已经清代重建，旧制无存矣。四时至天宁寺、铁观音庙、白塔寺等处补拍照片。五时返寓。其铁观音庙之塔，与白塔同一形制，惟体积稍小。塔前又有石龛一座，正面门拱上雕金翅鸟，疑为元末明初间作品。

夜间承石璋如、潘实二君饯行，饭后畅谈至十一时半，始就寝。

11月8日　星期日　晴

六时半起身，收拾行李。七时半抵汽车站。原预定乘长途汽车，经汤阴，至道口，耗时仅三小时，因车辆已被驻军征用，废然而返。

九时出北门参观袁世凯墓。墓在城北三里许，其西有洹上村袁氏住宅，俱简陋无可观。十一时返寓。下午二时半，搭平汉区间车南下，潘实君来站送行。五时二十分抵汲县站，寓车站东振兴栈。

11月9日　星期一　晴

晨七时起。八时半乘人力车赴汲县城。城距车站约六里，其西关外商肆栉比，较城内尤为繁盛。城之西侧临于漳水，景色清澈可爱。

县建设局旧为宁静寺，有五代后晋开运二年（公元 945 年）石幢一基。幢身作八角形，第一层出檐亦八角，镌刻飞仙甚美。第二层刻盘龙，覆以八面形之城郭，雕释迦游四门图。第三层方形，每面皆镌佛像，覆以平面圆形之莲瓣。其上之第四、第五两层，胥八角形。足证行唐封崇寺之幢，实建于五代、北宋间，极足贵也。

旋赴城东北明潞王府故址，仅存望京楼与梳妆楼石台，又叠山一区，均无特征可述。惟东南道侧有石牌坊一座，六柱五间，如沁阳城隍庙牌楼，尚能引人注意。其东有一寺，藏木龛一座，似明末清初物。

十二时出汲县东门，有八角七层砖塔一基。各层出檐虽用斗栱，但比例纤弱，且壁上未施梁、柱，仅平座以莲瓣挑出。一时抵道清铁路汲县南站，适车误点，候至二时四十五分，始搭车东行。四时三刻抵道口镇，寓车站旁泰安栈。作书寄敬之。

11 月 10 日　星期二　阴

晨八时乘人力车东南行，凡八里，至滑县城。其地为唐藩镇治所，故城郭规模甚雄伟，不似普通县治。

赴南门内明福寺。寺为隋以来旧制，惟清末以还，遽行中落，殿阁廊庑无寸椽片瓦之存，亦足悲也。其可注意之遗物如次：

（1）砖塔　位于大殿故基之前，八角七层，台基已毁。各层皆于东、南、西、北面设圆券门。除第五层四隅面施浮雕之直棂窗外，所有壁面皆嵌砌小佛像砖。塔之八隅俱施圆柱，柱身以莲瓣分为数层，如印度式之柱。仅第一、二、三层之柱上直接承载普拍枋。四、五两层则于柱上隐出左、右岔出之栱，然后再施普拍枋。其出檐结构使用偷心华栱一、二跳不等，平座亦然。惟第四、五两层出檐于斗栱之上，以叠涩代替檐椽、飞子耳。

此塔之台基与六、七两层业已崩坏。滑县人士惑于"塔要塌，黄河还老家"之谚，故自去冬以来已兴工缮修。然施工不佳，塔端复置葱形之顶，并涂以黄色，使古物减色多矣。塔之内部仅设八角形小室，无塔心柱。现第一层有方形佛座，座后有梯级盘旋而登，可至第二层。自此以上，旧时似敷木楼板，现均凋落，可透望塔之顶部。塔之建筑年代，据明碑所载，系建于宋庆历年间（公元 1041 ~ 1048 年），然依式制与龙非了君发现之晋开运二年（公元 945 年）铭记，疑最早不能超逾五代也。

（2）寺东门内存残石塔一座，已裂为三截。其下部台基用挑出较长之叠涩构成须弥座，如山东神通寺朗公塔之状。其上塔身五层俱雕刻佛像及狮，上覆瓦茸之顶。虽塔顶现已不存，但依佛像雕饰观之，殆唐代遗物也。

下午二时至城东南之第一小学校。其地旧为欧阳书院，存北魏太和七年（公元 483 年）碑一通。高约一米，碑首正、背二面中央皆雕佛像一尊。又校门东侧有小浮图一座。平面方形，每层各施瓦檐，与前述明福寺残塔类似。第各层四隅皆雕方柱，上置阑额、栌斗。而阑额表面又刻斜十字及其他纹样，似为北魏作品，然不知自何处迁置于此。

三时赴城北第二小学校。校址旧为县城隍庙，西庑列有石刻四种：

（1）隋石刻一基。平面作长方形，每面刻佛像三列，上覆九脊殿顶，与开封河南博物馆所藏者一致。惜下部之座，已非原物。屋顶之鸱尾，亦已遗失。

（2）另一石与前石略同，而屋顶全佚。其雕刻手法亦较粗糙，然据佛像姿态与上部水平形之垂幛，殆魏、齐所镌也。

（3）唐大和六年（公元 832 年）经幢一座。下部台座刻莲瓣，极为雄丽。幢身八角形，仅一层，其上覆以华盖形顶及宝珠等。为余所见唐幢中最完整之一例，且以证唐代经幢尚有单层之法，甚足宝贵。

(4) 北宋开宝间（公元 968—976 年）残幢一座。仅存幢身及其上之乳形饰一层，手法相当简洁。

归途于鼓楼南街发现巨碑一通。约高五米，阔一米半，砌于墙内，依碑首所示之式样，疑为北魏旧物。出城返寓，日已晡矣。

11 月 11 日　星期三　晴

天曙起床。七时乘道清铁路车西行。午后二时十分，抵修武县，误点四十分。二时半乘人力车西南行，四时半，过木栾店。渡沁水，抵武涉县城。凡行三十五里。途中灰土飞扬，如行沙漠中。解装后，困不能支，九时入寝。

11 月 12 日　星期四　阴

晨八时起床。十时，调查法云寺。寺在东关外，惟大殿年代最古，其特征可述者如下：

(1) 殿单檐不厦两头造（即清之悬山），面阔五间，进深八椽。仅正面中央三间施长槅，二梢间置坎墙、坎窗。背面当心间只辟一窗，如辽代佛殿惯用之法。

(2) 正面二隅柱系八角石柱，柱础用素覆盆，无雕饰。

(3) 殿内仅当心间后槽用内柱二根，皆八角石质，上部雕莲瓣，以承托矮柱，乃初见之例。正面斗栱用五铺作重昂，当心间施补间铺作二朵，余皆一朵。昂均假昂，耍头作宋式之楷头，尚存古法。惟内侧之挑斡，并未延长于外，其下承以金代绰幕枋式之小木一块，疑为金代遗构。又柱头缝上仅施泥道栱，其上施柱头枋三层，隐出泥道慢栱，再上置狭而高之驼峰，载散斗、替木及柱头枋一层以承檐椽，殆导源于蜀柱制度也。

(4) 令栱上施通长之替木，然后再置狭而高之橑檐枋。

(5) 背面斗栱与正面异者：

(甲) 外出单杪单昂。

(乙) 柱头缝上施泥道栱及泥道慢栱，减去柱头枋一层。

(6) 上部梁架结构颇简洁而存古式，似后代修理时仅限于椽与望板二者而已。脊槫上有明万历五年（公元 1577 年）五月重修木牌一块。

此殿建造年代，据式样、结构与雄巨之材、栔，最晚亦为元代遗物。又此殿中央三间置铁佛三尊，姿态神情俱非明以后所制，足为旁证。

下午五时，测绘事竣。晚作书敬之、思永、璋如等。连日野外工作，双手皆生裂缝，甚感痛苦。

11 月 13 日　星期五　晴

七时起。八时赴文庙调查，无所得。旋至民众教育馆摄取石刻照片多种。其中比较重要者：

(1) 北魏造像碑一通。正面碑前阴刻盘龙，其上再阴刻佛像，为魏碑中鲜睹之例。背面浮雕立像一尊，其形态与背光、纹样等异常美丽。

(2) 唐永徽碑一通。

(3) 八角残幢一基。上端镌小佛像一列，似宋制。

(4) 石座二。一为普通莲瓣，类赵宋时物。另一石于下部方座上刻二狮相向，其上莲瓣比例甚高，重叠纷披，构图奇特，类魏、齐间物。

(5) 明万历三十二年（公元 1594 年）道像三尊，铜铸。

十时赴邮局领取兑款，归途摄民居像片数种，以檐端结构及槅扇居多。

陈、赵二君八时赴城西十二里张村，调查妙乐寺宋经幢及砖塔。塔平面方形，密檐十三层，下部无台座，出檐略带收分。至顶，四隅置四铜狮。其刹之结构，尤为特别。即方座之上，构若日本式之受花（类似仰莲），其上相轮七层。再上为伞状之华盖及宝珠等，俱青铜制。其全体形范酷似日本法隆寺五重塔之状，洵为我国六朝时期佛塔之再现？

塔内仅构方形小室一间，其顶覆以木板，故上部之结构不明。以意度之，宜有砖券或叠涩之属，惜仓卒中未获细查，证其确否若是也。室内佛像一尊，似宋物。

综观以上各节，疑此塔为唐或五代遗构，而经后世修葺者。

下午一时，乘人力车南行。沿河堤，折东，五时，抵黄河桥北岸。凡行四十里。七时半，搭平汉区间车渡河。九时抵郑州，寓中央饭店。稍息，出外晚餐并购物，及探听津浦、陇海二路客车时间。十二时返寓。

11月14日　星期六　晴

晨二时三刻起床。四时搭陇海路特别快车东行，天尚未晓。下午一时，抵徐州，下车赴城内中国旅行社招待所休息。午饭后，作书寄敬之。六时，搭平沪通车北上。九时四十分，抵山东滋阳县，即旧兖州府治也。下车，赴铁路宾馆，适客满，乃改寓福照楼。至此，始发现余之被包为郑州车站误运他处，而运来者系郑州东长发商号之货物。急托滋阳站长通电陇海、平汉、津浦诸站追问究竟。返寓就寝，已午夜十二时矣。

11月15日　星期日　晴

清晨甚冷，被薄不能支，七时即起床，赴城内估衣街购棉被。十时返寓，作书致陇海铁路局追问失物。十二时半，入城，至重兴寺，摄取砖塔照片。寺在城北，仅存孤塔一座，附近堂殿荡然无存。塔平面八棱，高十三层，但下部七层较大，其上绕以石栏，中央再建小塔六层，甚奇特。就局部式样言之，各层皆于东、南、西、北四正面设门。其余四面浮雕假窗，其窗棂构图有斜卍字及六角菱花、井字等。又于裙板上刻团花四朵者，似较定县料敌塔年代略晚。各层出檐结构，系于枭混曲线上施挑出甚短之檐椽一列，顶部则用反叠涩向内收进。塔顶形状不明，可辨析者，中央有座，座上置宝瓶，周围饰以铁条。又第十三层出檐之外椽，树立铁条三组，每组三根，以铁圈维系之。一在南面之东。一在东南面中央。一在东北面，已倒。此塔前经梁思成、麦俨曾二君测绘。但塔顶结构未及细查，故特为补摄照片也。

二时返寓。四时搭津浦路滋济支线车西北行。五时，抵济宁县。其地濒运河，旧为河北总督驻所，水陆交通便利，其市面繁荣远过滋阳，亦鲁南一大城市也。下车后，寓任城宾馆。因连日奔波，睡眠不足，九时半即就寝。

11月16日　星期一　晴

晨七时起床。九时半，乘公共汽车西南行。十时五十分，抵嘉祥县城。凡五十里。下车后，询知武梁祠在县南四十里，一时无法前往。乃至文庙摄取汉画像石数方及元大德碑照片。此碑下部，刻延祐九年*重修文庙事迹颇详。碑首镌双龙，昂首相向，极雄伟。知明代碑首制度，早已胎息于此矣。嗣于北街发现清雍正己酉年（七年，公元1729年）所建石坊一座，见檐下雕人字形斗栱与蜀柱各二层，为之喜出望外。

---

*［整理者注］：依元仁宗年表，延祐仅有七年（公元1314—1320年）。

图 54　山东济宁铁塔寺铁塔

图 55　济宁铁塔寺钟楼

　　下午三时，搭公共汽车北返。四时半，抵济宁。至铁塔寺。寺在城之东南，山门内有铁塔一基（图54），约高六丈余。下部以砖封砌，仅余西面门之上部而已。其上塔身八角九层，每层均具平座及腰檐。东、南、西、北四正面辟门。据斗栱、勾栏、门簪等式样观之，决为北宋遗构。

　　塔东南有台一处，上建钟楼（图55），重檐十字脊。虽经清乾隆间重修，但所悬铁钟手法洗练，不类明以后作品。惜因天晚，未获详为检察。

　　六时返寓。十时就寝。

　　本日在嘉祥邮局接敬之缄一通。

11月17日　星期二　晴

　　晨六时半起床。赴城内铁塔寺补摄照片。见塔第二层东南面，有宋崇宁（公元1202～1206年）铭记一段，足证确为北宋建。嗣至城西北，无所获。九时半，搭火车返滋阳。十一时一刻，抵滋阳站。下车，至铁路东之娘娘庙摄取牌楼照片（图56）。归途，询车站行李，方知余之被包尚无下落。下午三时，乘津浦车北上。五时半，抵泰安，寓泰安宾馆。晚饭后，作函寄敬之。十时入寝。

11月18日　星期三　晴、风

　　晨六时三刻起床。七时三刻，乘人力车赴肥城县，途中朔风凛冽，寒甚。下午一时抵县城，寓恒升园。自泰安至此，虽称九十里，实仅六十里耳。饭后，访文庙、关岳庙，与新建之吕祖庙。仅关庙内有金大定二十四年（公元1184年）铁钟一口，其龙纽与上部莲瓣，以及下缘所饰八卦纹样，与河北新城县开善寺金钟相似。余无足记，晚九时就寝。

图 56　山东滋阳娘娘庙牌楼

[甲]　山东肥城孝堂山石室（郭巨祠内景）　　　　　　　[乙]　山东肥城孝堂山石室（郭巨祠外景）

图 57

11月19日　星期四　晴

孝堂山在县治西北孝义镇北里许，北距黄河不足十里。自县城之北，取道山径，至镇约六十五里，惟羊肠鸟道，不便于行。余辈乃于晨七时，出县南门，乘人力车绕道茅儿店，凡八十五里，抵孝义镇。出镇北门，即为孝堂山。俗传之郭氏石室，位于山腰，现以瓦屋三间庇之，保存甚佳。石室（图57）面阔四米余，正面以八角形石柱分为二间。室进深二米有奇，上施单檐不厦两头造（即清代之悬山顶）。其瓦脊、瓦陇、排山、勾滴、瓦当等，咸与武梁祠石阙及嵩山三阙所表现者几无二致。内部之枋额与壁面，雕刻人物、车骑、卤簿及历史故事，古色古香，洵稀世之珍。而石室建筑，为今日汉代建筑惟一留存之实物，在我国建筑史中占极重要之位置。惟内中之石案、石座等乃后人所增；郭氏夫妇塑像亦好事者所为耳。

余辈于下午二时半抵山，测绘约一小时。复至山南麓无梁殿（图58、59）考察。殿平面正方形，外绕走廊五间，内构穹窿，柱、额、斗栱胥以石构，似明代遗物。惟殿顶已毁，仅摄数影。四时下山，循原路返城，未及半途，即暮色苍茫，摸索而进。十时四十分乃抵寓，往返盖百七十里矣。终日颠簸，疲困万状，几不能支。略进面食，十一时半就寝。

11月20日　星期五　晴、风

晨七时起。八时一刻，乘人力车返泰安。下午三时，抵泰安宾馆。随雇车入城，调查东岳庙。可注意之事项如次：

（1）庙外缭城壁，四隅有角楼故基，决为旧构。

（2）正面三门，无券，而代以弓形之梁，两侧复有木柱，与唐、宋壁画类似。但肥城茅儿店亦有此类之门，故其建造年代是否属宋，尚难确定。

（3）庙内宋碑二，金碑一，皆制作修伟。惟北宋宣和（公元1119～1125年）碑碑首宝珠、火焰之巨，已启元碑形制之渐。

图58　山东肥城孝堂山无梁殿　　　　　　　　图59　山东肥城孝堂山无梁殿详部

（4）大殿前铁缸二，宋铸。

（5）大殿清建，内部壁画尤俗恶不堪。惟殿内所陈铁像数躯似宋物。

（6）此庙平面规模，不及嵩山中岳庙及曲阳北岳庙之巨。

（7）南门内石牌坊虽属清建，但镂刻颇精。

五时返寓。五时半搭车北上。六时三刻抵济南。寓中国旅行社招待所。邻室即齐如山先生，无意邂逅，承惠赐《山东名胜古迹大观》一册，可感也。

11 月 21 日　星期六　晴

晨七时起床。接津浦铁路济南站电话，知郑州遗失之行李业已递到。九时，赴车站领取。午饭后赴山东省立图书馆参观。馆位于城北大明湖之西侧，东向。所藏汉画像石之大部，系清末吾湘先贤罗正钧先生截留日人所购者。内有阳刻一石出嘉祥县，与武氏祠石刻手法绝类，最为精审。该馆近岁搜罗之品，仅汉琅琊相刘君墓表（图60），于束竹纹柱上饰以双螭，较为重要。又有石刻佛像（图61）及古泉八百余板，内有三铢、四铢、棘钱等，亦极名贵。惟历下出土之画像石，均下乘之下耳。三时访趵突泉自来水工程，闻每秒钟有二立方米之水量，供给全市尚有余裕。惜水管工程施工欠密，随处渗透，故迄今尚未公开营业也。归途见民居有砖刻及木雕门头者，摄影为之纪（图62）。

五时返寓。晚作书寄敬之，通知归期。十时半入床。

11 月 22 日　星期日　晴

晨七时半起床。十时三十分搭平浦通车北行。下午二时十四分抵桑园车站。下车，即雇轿车赴河北景县。五时半，入县南门，寓大同旅馆。凡行三十里。入夜，寒甚。

11 月 23 日　星期一　晴、风

晨七时起床。九时起，调查开福寺。寺在县城西北隅。山门三间，半毁。次天王殿三间。次砖塔一座，即俗称为"望夷塔"者。其特征如次：

图60　山东济南图书馆藏汉琅琊相刘君墓表石柱　　　　图61　济南图书馆藏石刻佛像　　　　图62　济南张公祠堁头

（1）外观八角十二层。第一层除出檐外并有腰檐一层。自此以上，各层仅施出檐而无平座。

（2）出檐结构，于墙面隐起普拍枋及斗栱以受橑檐枋。其上以反叠涩向内收进，以代瓦垅。

（3）出檐之大部分保持水平状态，惟转角处施反翘之垂脊。遽观之略似反翘，然实际非是（垂脊似后人所加）。

（4）出檐之侧面轮廓线，自下而上呈轻快之收分。

（5）塔顶于八角形须弥座上施莲瓣。再上为矮而宽之相轮，已半毁。其顶置青铜葫芦。

（6）据此塔式样及塔心柱上之铭记，其最上二层与塔顶乃清同治（公元 1862～1874 年）间重建。各层出檐、斗栱亦屡经后世修葺。

（7）第一层外部于东、南、西、北四正面设门，门上施门簪二具。

（8）第二、三、四、七、八、九等层，在四隅四设浮雕几何纹之假窗。

（9）塔之平面，在第一层内部设内廊。中央设方室，内凿圆形之井。而于室之东北、北、西北三面各置梯级，相会于室之后方，自此往南，通至第二层。

（10）各层之梯皆藏于塔心内，在平面上成十字交叉形。每上一层，向左回转九十度，即为上层梯级之起点。在布置原则上，极似定县料敌塔。

（11）内部结构用穹顶者，有第一、七、八、九、十、十一等层。穹顶之下再施偷心华栱者，有第二、三、四、五、六等层。栱皆砖制，在柱头缝上连栱交隐，亦与料敌塔相似。惟其平棊上之砖板，俱已遗失。

（12）第二层内部为方形小室，无内廊及东、西门。室之中央建塔心柱，上有同治二年（公元 1863 年）建造之铭刻（刻于铁板上）。

（13）此塔内部之砖与外部之砖大小不一致。而第二层铭记及《县志》所载，俱称塔建于北宋元祐间（公元 1086～1094 年），当为可靠。但其外部则迭经金、元、明、清诸代修葺耳。

塔北复有大殿一座。面阔五间，单檐庑殿，建于明正统、天顺间（公元 1436～1464 年）。其特点如下：

（1）殿前施抱厦五间，背面有龟头屋一间。

（2）殿之斗栱仅正面为原来旧物，余经改修。

（3）明间及梢间之外拽瓜栱、厢栱等均斜削其两端。惟东、西次间则为常状。

（4）昂非真昂。但下椽向上微微反曲，如苏州元妙观三清殿及嵩山会善寺之宋、元昂式样。

（5）平身科内侧起秤杆。

（6）挑檐枋甚高。角科由昂之上尚置角神。

（7）内部明、次三间饰以八角形藻井。除下部斜栱外，其上部收束成圆形，以小栱重叠向上如螺旋纹。盖每层之栱，左侧者不延上，右侧者乃向上逐跳承托，在平面上略呈斜状，故全体乃作螺旋形。此与长沙顺治四年（公元 1647 年）所建之江西会馆正堂，不期符合。

午后至文庙考察，无所得。天寒风凛，双手皲裂，不能工作，乃返寓编制相片目录。九时半就寝。

11 月 24 日　星期二　晴

晨七时半离床，摒挡行李。九时，乘轿车返桑园。正午，抵桑园镇，午餐。下午二时十五分，搭平浦通车返北平。晚十一时，抵东车站。

龙门石窟调查笔记 *

伊水西岸

北部（图1）
第一洞

中央释迦像，左、右胁侍各一尊；次菩萨，次神王各一，而神王足踏鬼类。佛座仅用简单叠涩。头光内层施莲瓣，外层施小佛。背光尖形，施火焰。其尖端与天顶莲瓣交错。迦叶之颈刻垂直纹。菩萨原敷色彩，犹存一部。

释迦像身段较短，口角深入。神王着盔甲。

年代似唐初，或隋。

第二洞

中央释迦像撅嘴。须弥座刻叠涩、间柱及力神。左、右为迦叶、阿难二尊者，而迦叶之眉下垂，面多皱纹。再次二菩萨。左、右稍前之二须弥座（第二洞图中之 a、b），每面雕五像甚美。其上供养者之像已被凿毁。

藻井饰莲瓣，其外刻飞仙。地面雕花纹。

此窟乃北魏末年造。

第三洞（宾阳洞）

洞门外部已大部毁损，仅存门上尖拱及火焰。门外左、右二神王，原庇以短檐，足征门外原有门楼式雕刻（门券之底面刻莲花纹）。

左侧神王仗剑扬手，着战裙，与北齐以后着甲胄者异。右侧就崖上刻《伊阙佛龛之碑》，其上亦有短檐。

门内左、右原有大规模之供养人浮雕数幅，即著名之《帝后礼佛图》，已被贼人窃去（图中 a、b）。

中央佛座前二狮（c、d）极雄健，如六朝作风。座上释迦像面长圆，鼻尖，带微笑，为北魏典型作品。左、右迦叶、阿难二尊者。迦叶面无皱纹，眉不长。次菩萨及侍像各二尊，立于莲瓣上，瓣仅一层。

中央主像之头光，内为莲瓣，外为卷草。背光施火焰。洞顶中央雕莲瓣，周围饰飞仙。再外为垂幛式装饰，与背光之上端交错，十分和谐生动。

洞内地面所刻花纹最为崇丽。周围为叶饰与箭饰，四隅雕莲瓣（e、f、g、h），瓣内为飞仙。西侧中央刻八角形花纹。

此洞亦北魏末年造。

第四洞

中央释迦像，左、右二胁侍，内阿难面刻皱纹，为他处所未有。再次菩萨二。北壁下雕立像一尊，须弥座比较复杂。南侧坐像一，亦然。其余小像有唐代加刻者，如北壁题"麟德二年"（公元665年）及"显庆四年"（公元659年）是已。中央佛座前二狮双足高举，已开后世狮式之先河矣。

北壁上有浮雕三层方塔一座，出檐用叠涩，比例近大雁塔，刹顶亦完整。门内两侧原有金刚像，已半毁。

南侧中央佛像之须弥座，与先天石塔内者极相类似。

北壁下层佛像垂双足坐，足踏莲瓣。

以上第二、三、四洞，即《魏书》释老志所载刘腾经营之三大窟。其年代似以第三洞最早，第四洞次之，第二洞又次之。

自第一洞至第四洞之顶，皆近圆形。

---

* 此文原载《刘敦桢文集》第三卷。

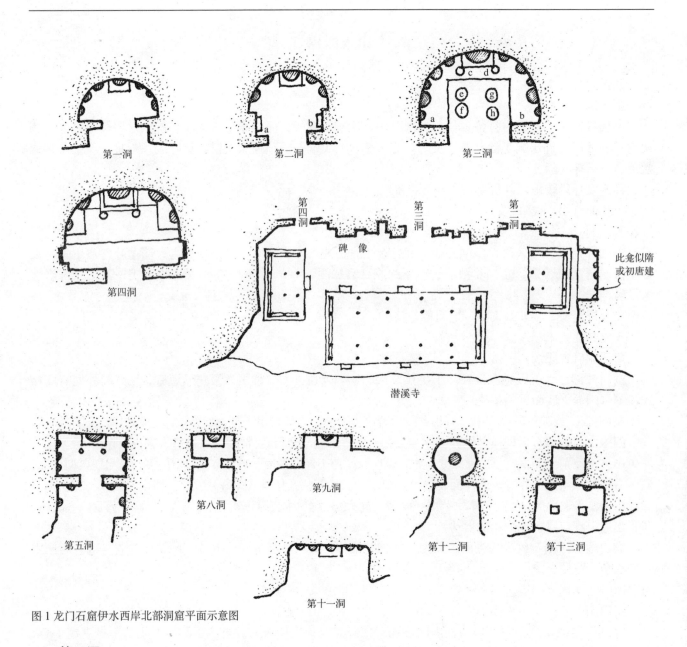

图 1 龙门石窟伊水西岸北部洞窟平面示意图

第五洞

中央释迦像，左、右二菩萨。有唐垂拱三年（公元 687 年）铭刻。

第六洞

中央释迦坐椅上，足踏须弥座。建窟年代不明。其须弥座式样甚别致。

第七洞

有内、外二室，外室已毁，仅存左、右壁二菩萨，及门左、右二金刚。
内室中央释迦，左、右二尊者，二菩萨，二神王。另有二雕像，已失。
铭文有垂拱□年者。

第八洞

亦内、外二室。外室已毁。内室仅主像一尊。门框刻小塔。

建窟年代不明。

第九洞

已毁。存显庆五年（公元 670 年）铭记。

第十洞

中央主像一尊垂双足坐，踏圆形须弥座。

有龙朔三年（公元 663 年）刻经。

第十一洞

此洞露天。中央主像垂双足坐。左侧胁侍仅残头部。右侧者已毁。再次，左、右结伽坐像各一。

无铭刻，似唐建。

第十二洞

中央一圆雕像，失头。

无铭刻。

第十三洞

在山阿中，东南向。自下而上，第一层二洞，第二层三洞，第三层四洞。而以第二层东洞较大。此洞内、外二室，外室中央有雕莲瓣之须弥座二基。次于门左、右刻二金刚。内室无佛像。

此群石窟，似开凿未毕而辍工者。

中部

第一洞

此洞亦不大，现空无所有。惟洞外北侧，浮雕六层塔一基。其下部塔身较高，以上各檐颇密接。左、右雕小像各一，坐于莲座之上。

南部（图 2）

第一龛

石壁上有小龛一处，刻结伽坐像一尊及侍像二。似唐造。

第二龛

在下述第一洞北侧。构图甚特殊。题"延寿*元年五月十五日……"等字。

第三龛

在第五洞南侧，北魏作风。左、右二神王，为过渡时代作品。

第一洞

此洞北侧刻树四株，每株出莲瓣五、六层不等。莲上坐小佛像，遍布壁上，而坐姿各不相侔。

第二、三洞

此二洞相联。

第二洞门外二金刚。室内主像结伽坐。须弥座为长方形，但截去前面二角。左、右胁侍各一尊。南、北壁菩萨各三尊，神王各一尊。南侧壁上，有垂拱三年（公元 687 年）四月八日铭记。莲瓣高，衣纹亦粗，显系初唐作品。洞顶中央刻莲瓣，周围有飞仙九躯，颇大，但一部已毁。左、右菩萨头一部亦毁，腰凸、腰细，但未作侧身状。莲座仅俯莲一层，但小像之须弥座，有并用仰、俯莲者。

第三洞门外南侧存金刚一躯，门内左、右壁遍刻雕小佛像，计十六层。门洞处有天（授）二年（公元 691 年）及垂拱年号。后壁中央主像垂双足坐，座高无涩。左、右胁侍及菩萨各一，南侧者已毁。

---

* [整理者注]：北魏孝文帝有延兴、宣武帝有延昌年号。唐武则天有长寿、延载年号，均与石刻之延寿不侔。

第四洞

中央佛像结伽坐。须弥座同第二洞式样。左、右二尊者，二菩萨。后壁遍镌小像。北侧小龛施垂幛，并有九脊殿式屋顶及鸱尾。门两侧雕小像极美，纯属盛唐手法。

洞外有天授二年（公元691年）三月卅日张元福造洞铭刻。洞内有路思忠造像记四处。

又北侧小龛内佛像中央结伽坐。须弥座为八角形，其束腰下施伏莲，束腰上即为莲座，与唐先天石塔类似。左、右菩萨一立，一半伽坐（即垂一足，盘一足）。

第五洞

此洞南侧壁面浮雕佛塔五层。其第四层叠涩上，有北宋元丰五年（公元1082年）题字，恐系后人加刻。

洞内中央主像结伽坐。须弥座与第四洞同。左、右二菩萨，二狮。后者已毁。两壁刻小佛无数。入口左、右小像四尊甚美。外部三像携手，颇别致，有希腊风趣。

洞外有唐上元二年（公元675年）、三年、仪凤三年（公元678年）、开元二年（公元714年）铭记四种。内部西壁刻"垂拱三年二月十六日成"等字。足征此洞造于垂拱间也。

第六洞

洞在崖上，门外二狮已毁。入口左、右二金刚，保存尚佳。

门有门限、门砧，原装扉四扇有迹可据。门侧小像极佳。门券下皮，有"沙门智通为天皇天后太子诸王敬造一万五千尊像一龛"等字。又有唐永隆元年（公元680年）及宋天圣四年（公元1026年）铭记。门券北侧有乾祐二年（公元949年）、垂拱二年题记。

洞内主像结伽坐，发作波形。背光上有莲座、飞仙。须弥座五角形，束腰转角处镌力神。左、右二尊者，次二小像，再次二菩萨。后壁上部小像姿态各异，甚美。

左、右壁下为须弥座，各刻伎乐六人。造型流丽精细，而以北面第一像之舞姿最佳。其上遍刻小佛像。

洞顶中央镌莲瓣，有"大唐永隆九年（公元688年）十月卅日成"等字。四周飞仙欠流畅。洞内南壁有"调露二年（公元680年）庚辰七月十五日"造像记一段。

第七洞

中央主像为弥勒像，垂两足坐，足踏方座。背光如屏风然。

左侧无迦叶，右侧有阿难。左、右菩萨二尊。南、北壁后各有二菩萨，但已毁。

南壁刻有大唐咸亨四年（公元673年）十一月七日僧惠简造像记。又有文明元年（公元684年）题记。

第八洞

洞外左、右二神王，存南侧者。着战裙，曲一膝，未着介甲，年代似稍古。

门上雕短檐，正脊两端施鸱尾，脊中立一鸟。门外北侧有"永昌元年（公元689年）三月七日安多富敬造"等字。南侧有总章元年（公元668年）铭刻一处。

内部佛像衣褶简洁，似北魏末期物。

第九洞

洞特高，外部与上部均毁。西壁左、右镌立像各一尊。中段遍刻小像，其中央浮雕佛像一躯。

第十洞

甚小，衣褶似北魏造。一佛像叉足坐，背光作长尖形，皆其明证。

第十一洞

存大魏神龟三年（公元520年）三月廿日铭记一段。

第十二洞

外覆短檐，刻瓦陇、鸱尾。内部二龛，一大一小，非对称。

第十三洞

洞内无主像。须弥座式样多，且特别。北壁浮雕七层塔，用叠涩出檐，但全体比例甚瘦削。南壁有显庆三年（公元 658 年）岁戊午四月铭刻。又有永徽元年（公元 650 年）及总章二年铭刻二处。

第十四洞

洞外南侧浮雕灰身塔一，与云岗所刻相似。门南侧神王着战裙，而无介甲，亦旧式。洞上雕尖拱，施火焰（有细纹），甚美。

洞内后壁中央立佛像一尊。衣褶为北魏式，背光长尖形。左、右二胁侍尊者，但头已失。其迦叶持杖，颇少见。次二菩萨，亦失头。洞顶中央镌莲瓣，突起甚高。周围飞仙六躯，布置生动，浮雕亦高，皆北魏形制。壁面浮刻小建筑多处。具人字补间及鸱尾，亦有平顶者。

洞内南壁有北魏正光六年（公元 525 年）、永熙二年（公元 533 年），北齐天保八年（公元 557 年）、武平元年（公元 570 年）铭刻数种。北壁亦有北魏孝昌三年（公元 527 年）及普泰（公元 531～532 年）年号，足证此洞创于北魏末，至北齐始完工。但亦有唐人题记（总章三年）。

洞外南壁有贞观二十年（公元 646 年）、龙朔二年（公元 661 年）、总章三年（公元 670 年）题记。

此洞之南有三层塔浮雕，施人字补间及皿板。另有数小龛，佛像衣纹均北魏式。

第十五洞

洞外南壁有浮雕七层方塔，密檐式，檐下皆用叠涩。洞门左、右神王已大部损毁。内部中央坐佛尚完整无恙，属北魏式，风趣甚佳，但石面较粗糙。左、右尊者、菩萨各一。西壁有"大魏普泰元年（公元 531 年）岁次辛亥八月十五日"铭刻一段。

第十六洞

此洞高不可登，外部已毁。内部中央结伽坐佛一尊，背光长尖形。左、右胁侍菩萨各一。南壁有浮雕之单层灰身塔一基。

第十七洞

中央释迦像所敷金，犹可辨识。有大唐显庆五年（公元 660 年）七月铭刻。

第十八洞

洞外北壁浮雕七层方塔，塔顶清晰异常。出檐用叠涩，但下二层已毁。

洞内像多，极劣。所刻龛有垂幛，冠以尖拱，上刻花纹。

第十九、二十洞

高不可登。未调查。

第二十一洞

洞外二神王已毁大部。洞内有"孝昌二年（公元 526 年）七月十五日"及同年五月廿三日，并"大魏正光四年（公元 523 年）九月"铭刻。佛像风貌亦属北魏系统。

南、北二侧之龛，两旁刻神王亦无甲胄但着战裙，且胸壁坦露右膝曲起，足为过渡时代之证物。

第二十二洞

洞外上壁浮雕三层塔，用瓦葺屋顶，具相轮五重。洞门琢瓦葺短檐及鸱尾，一部已毁。洞内中央主像坐高台上，左、右菩萨各一。南侧一龛，主像垂双足坐，左、右二侍像。有"大魏□□七年正月十五日"铭刻。

第二十三洞（奉先寺）

又称"九间房"。原覆以屋，现已毁，佛像暴露，实非洞也。其前有大石台，中央踏步尚存。又据北侧壁面上部之洞穴及挑梁、凹沟等，知原有殿顶，平面如凹形。推断其地下必有柱础。石台除中有踏步外，亦必另有木梯,以便升降。

中央之卢舍那佛结伽坐,其壮美。其下之须弥座束腰刻力神。自座下至顶约高七丈余,为龙门惟一巨作,乃武后施脂粉费所造也。左、右胁侍二尊者,阿难头已毁。次二菩萨,次小像二,一童一女,不审何名。南、北壁神王、金刚各一,雕刻手法,精妙洗练,为盛唐不可多得之作品。

第二十四洞

洞外南侧小像有唐永徽三年(公元652年)题记。但亦有北魏式佛像及浮雕之七层塔。

洞门两侧金刚二,露体。门券上刻三鬼负载一碑,碑两侧雕刻飞仙,异常特殊。又门上两侧之柱似印度式,为龙门惟一之例。门券北侧有"大齐武平岁次乙未(即六年,公元575年)六月甲申朔功记"等字样,上冠螭首,如碑形。

洞内主像结伽坐。左、右胁侍二、菩萨二。须弥座前置二石狮,北侧者已毁。北壁浮雕三层塔一座,类云岗所刻。南壁有类似楼阁之建筑,亦浮雕。南壁上部存北魏永安三年(公元530年)六月十二日铭刻一方。洞顶雕莲瓣。

此洞似北魏末至北齐末造。因武平碑下尚有他碑一层,足为佐证。

第二十五洞(古阳洞)

洞门砖新砌未久。洞内正面二层石台。第一层置二狮,南侧者已毁。第二层中央主像结伽坐。左、右二菩萨侍立,而非迦叶、阿难。洞顶遍刻佛像,不施莲瓣。

南、北壁佛像各三层,每层三龛。其上刻小像,直达洞顶。顶为长圆形。

南侧之狮头甚大,与后世之狮相近。

此洞之拱有数种:

(1)平拱。用龙,上加尖形装饰。

(2)五角形拱。上加尖形装饰,下饰缨络或垂幛。

柱亦有三种:

(1)南壁上层刻八角柱,加莲瓣之柱头。

(2)北壁上层之柱身刻甚粗之凹槽。上加栌斗,下置承以具力神之柱础。

(3)北壁上层之抹角方柱上加莲瓣柱头。柱身表面刻卷草,中部束以莲瓣。

洞内铭刻依年代顺序,有北魏孝文帝太和五年(公元481年)、九年(公元485年);宣武帝景明二年(公元501年)、三年(公元503年)、四年(公元504年),正始五年(公元508年),永平三年(公元510年),延昌元年(公元512年)、三年(公元514年)、四年(公元515年);孝明帝熙平二年(公元517年),神龟元年(公元518年)、二年(公元519年)、三年(公元520年),正光二年(公元521年)、四年(公元523年)。东魏孝静帝天平三年(公元536年)。唐高宗永徽五年(公元654年),武后长安四年(公元704年),中宗景龙三年(公元709年)……等题记。盖自北魏迄初唐,造像铭记极多,著名之龙门廿四品即在此洞。

第二十六洞

洞外金刚二,南侧者已毁。洞内存中央一佛,其余均不存,亦无年代铭刻。

第二十七洞

此洞在断崖上。门外两侧之金刚上覆短檐,南侧者尚存。门上雕尖形火焰,两侧配列飞仙。

门内佛像全毁。有北魏孝明帝正光三年(公元522年)铭刻。

第二十八洞

有唐武后垂拱二年(公元686年)铭刻。佛像失头,但须弥座雕刻甚美。

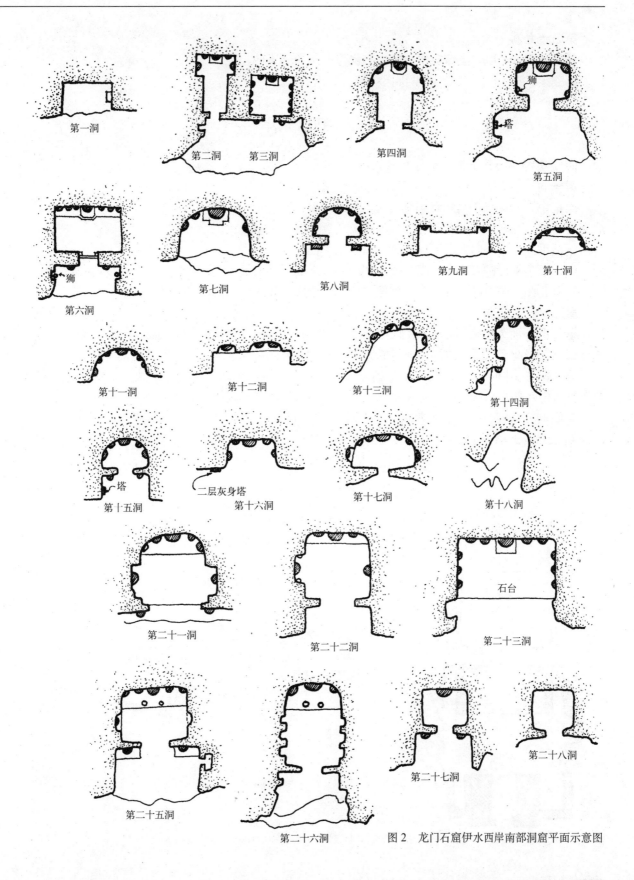

第一洞

第二洞　第三洞

第四洞

第五洞
狮
塔

第六洞
狮

第七洞

第八洞

第九洞

第十洞

第十一洞

第十二洞

第十三洞

第十四洞

第十五洞
塔

二层灰身塔
第十六洞

第十七洞

第十八洞

第二十一洞

第二十二洞

石台
第二十三洞

第二十五洞

第二十六洞

第二十七洞

第二十八洞

图2　龙门石窟伊水西岸南部洞窟平面示意图

第二十九洞

外部两侧刻金刚，上覆尖拱。拱内刻佛像，拱角刻飞仙。

第三十、三十一、三十二洞　佛像均毁。年代不明。

伊水东岸

南端看经寺（图3）

第一洞

内室中央一像坐于八角形须弥座上，似唐中叶以后作品。四壁下部，皆浮刻佛像，南、北壁各九尊，后壁十一尊，均高约二米。壁上部另刻小像无数，但大多剥毁。

洞顶平。中央略向上凸，施莲瓣，周围镌飞仙。

门外二金刚已砌入墙内，尚露出头部。其上飞仙仅存一部。

外室北侧小洞中尚存若干唐代佛像。南侧者全佚。其衣褶及刀法，较为圆浑。

第二、三、四洞

第二洞平面为六边形。内部镌三大佛，而南侧者已毁。门外左、右二像，存北侧者。门内二像，居北者四手，居南者八手。洞顶圆形，镌莲瓣。壁面小像甚多，下承莲座，甚为精美。

第三洞二金刚，存南侧者。门上遍琢小像，未施尖拱。洞内下壁刻浮雕像，上壁刻小像。中央台上之像具唐中叶作风。后壁中央主像垂双足坐，左、右胁侍二。洞顶亦刻莲瓣。

第四洞亦唐建。须弥座甚精美。惜像经后代涂饰，反觉伧俗。壁上小像甚多。顶圆形，饰以莲瓣。洞前部已毁，现甃以砖室。

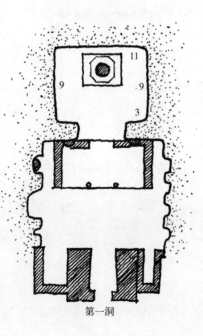

第一洞

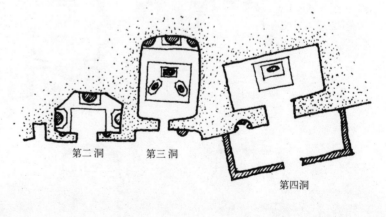

第二洞　　　第三洞

第四洞

图3 龙门石窟伊水东岸南端看经寺洞窟平面示意图

河南、陕西两省古建筑调查笔记*

——1937 年 5 月 19 日 ~ 6 月 30 日——

1937 年 5 月 19 日　星期三　晴

本日赴河南、陕西二省调查。同行除赵法参外，陈明达突患猩红热，临时以麦俨曾代替。晚十时，搭平汉快车南下。适友人徐、傅、邢诸君同车赴嵩山游览，同室抵掌长谈，颇不寂寞。

5 月 20 日　星期四　晴

车中颇闷热，下午五时，抵郑州车站。寓中国旅店。接董彦堂、杨仁辉**二先生电报，约明晨乘陇海快车往洛阳，换长途汽车去登封。

晚饭后出外购应用物品，并作书寄敬之、木斋，十一时就寝。

此次赴登封系修理三阙及周公庙。董其事者为中央研究院董彦堂先生，余与杨仁辉先生计划工程。另有天文研究所余、高二先生，担任天文测量。本社麦、赵二君则便道往嵩山，补量嵩岳寺塔。

5 月 21 日　星期五　晴

二时起床。赶乘三时陇海特别快车西行，八时抵洛阳。至汽车站，乘建设厅预备之长途汽车，经白马寺与汉故城。自杨村折南，渡洛水。一时过参驾店，四时半达登封县。六时半到告成镇，寄居关帝庙内。

登封客岁歉收，人民以树木、树皮及观音粉（即石粉之一种）充饥。致腹胀如鼓，奄奄一息，令人见之惨痛万状。

此行除麦、赵二君在登封下车外，赴告成者有董、杨及中央研究院天文研究所余青松、高平子二先生及助理员李君，另有监工员二人常年驻此，经理周公庙之修理工程。

5 月 22 日　星期六　阴

本日与杨君调查周公庙毁坏情形，并拟修缮做法，至十一时方就寝。

此次重查周公庙，发现前文舛误之点如下：

（1）大门题"元圣庙"。
（2）戟门左、右有旁门及卡墙。
（3）测量台在甬道中央。
（4）观星台踏道铺石板。
（5）同台上部之瓦屋南壁，仅厚五寸。
（6）石圭上明人题记，误刘和为刘三。
（7）石圭北侧之殿，名螽斯殿。

以上各点，又函木斋代为订正。

---

* [整理者注]：此次调查为作者在华北地区所进行的最后一次大型考察活动。回归北平后第七天即爆发了卢沟桥事变，打响了抗日战争第一枪。此后营造学社主要工作人员内迁，工作重点也转向我国西南地区。此文原载于《刘敦桢文集》第三卷。

** [整理者注]：董彦堂，即董作宾先生，我国著名考古学家，尤以研究甲骨文著称于世。

杨仁辉，即杨廷宝先生，我国著名建筑学家，亦为中国营造学社社员。

5月23日 星期日 晴

六时起,抄写缮修做法。九时携监工员往周公庙,说明缮修工作。十二时返寓。下午四时乘汽车返登封。五时经东岳庙,测量太室石阙。六时入城,寓女子小学,与赵、麦二君及徐、傅诸先生同居。

作书寄敬之及木斋。

5月24日 星期一 阴

晨六时起床。出登封西门,至十里铺访汉墓二处。再西,测量少室石阙。自此折北,往会善寺,观唐石幢残段。盖去岁遗漏,顷闻徐先生言,始知有此也。出寺再向东北行,达嵩岳寺。折东,过嵩阳书院及崇福宫,量启母石阙。五时返寓。

晚饭后,与杨先生同拟三阙修理计划。至十一时就寝。

5月25日 星期二 雨

晨五时起,勾当行李。七时乘建设厂汽车返洛阳。八时行至十里铺西七里处,因天雨山道泞滑,迭出危险,乃弃车步行至郭店,另雇牲口迳赴偃师。下午二时抵甫店中餐。五时暴雨骤至,所乘之马颠蹶频仍,乃下马步行,不五分钟,身无寸缕之干。如是约行三里,得小庙暂避。六时雨稍霁,乃乘骑至营防口,借宿于小学校内。

5月26日 星期三 晴

晨六时起。十时到偃师车站,寓教育局内。饭后参观北山上新建之县治。下午四时十五分搭陇海特别快车赴西安,董、杨、余、李诸君同时乘车东返。嵩山之行,至此告一段落。

余此次赴嵩,除参加整理三阙及周公庙外,补量嵩岳寺塔及补摄三阙照片,实为重要目的。但乡间无搭篷工匠,且无处觅借杉杆,至塔之内部,仍无法测绘,不胜遗憾。

5月27日 星期四 晴

晨八时抵西安。入中正门,寓东大街西京饭店。上午曝晒行李,并作书寄敬之、至刚、木斋。下午至碑林,访黄仲良先生,适外出。晚八时黄来晤,接谈甚快。

西安钟楼创建于明洪武十七年(公元1384年),下部砖台以十字券道(voult)相贯,交叉处施穹棱,似明代原物。惟台上木建筑则为清构。

钟楼西侧之旧布政司署,现改为民政、财政二厅办公处。前部牌楼似明物。其后大门三间,单檐挑山,当心间无阶台,如古台门之制(即《营造法式》中之"断砌造")。斗栱用四铺作单昂,比例雄大,昂尾斜上,疑为元物。二门斗栱四铺作单杪(宋《营造法式》中作"杪",而一般文献作"抄"),年代略同。当地木构建筑中,当推此二门最古矣。

西安自下车至城门内,须经军警三次盘诘,搬运工人亦须掉换三次,其烦难不便,为国内之冠。

5月28日 星期五 晴

晨七时起床。九时移居钟楼东花园饭店。上午访行政机关,接洽旅行事项。归途至陕西考古会,访何乐夫先生,观斗鸡台发掘物品。

下午访华觉巷清真寺。寺中大殿面阔七间,进深三卷,规模极大。殿前六角亭榜书明建文元年(公元1399年)四月兵部尚书铁铉重建匾额。亭内构六角形枋木二层,其上收为十二角形,中央垂莲柱饰插栱四层。而亭之两侧，复翼以牌楼及亭，形制甚奇，尚属初觏。

嗣访省立西京图书馆。观昭陵四骏，及唐景阳观铜钟（饰以龙、凤、鹤、狮、牛、飞仙等，铭文系睿宗亲笔所书），与六朝以来造像、经幢多尊。

晚七时，与黄仲良先生同餐于未央宫。归寓后，有省政府送来旅行护照，并派警察厅巡官张君济安为导游员，盖在军事期间，隐然监视余辈行动也。

5月29日　星期六　晴、雨

晨八时搭长途汽车赴临潼县。九时抵华清池。午后访县文庙所藏金大定廿一年（公元1181年）灵泉观铁钟。出东门外八里，至秦始皇陵。陵上东北军所掘战壕三层，尚未填复。五时搭长途汽车西返，六时抵西安。

晚作书寄董彦堂先生。

5月30日　星期日　晴

晨七时起床。八时至卧龙寺。寺之后殿有藤胎文殊、普贤二像，虽经后代涂髹殊失旧观，然大体犹存唐代面影。又有北朝白石小像一尊，像座一个，及北朝造像残石二方。俗称吴道子观音像者，实系明人摹刻，不值一笑。

九时至花塔寺，已改西安师范学校附属小学。塔在西院，六角七层，建于□（整理者注：原稿中此字不清）代。惟第二层每面嵌佛像一方，其西南面者，有唐武则天长安三年（公元763年）铭刻。塔内室圆形，直达塔顶。

十时至大学习巷清真寺，俗称"西大寺"，较华觉巷东大寺规模稍小。然创建年代，则为西安回寺之冠。大殿面阔七间，平面作丁字形，悬有明洪武、永乐重修匾额。据内部彩画观之（红底），决为明代所建。

十一时至东大寺，补摄影片多种。

下午二时，测量民政厅大门。门前牌楼三间似清建。大门面阔三间，进深六架，单檐不厦两头造（即清式之挑山）。柱础施素覆盆，柱身粗巨，有升起及侧脚。其材、栔雄大，又使用昂及替木，确为元构。惟背面柱头铺作及一部分梁架，已经掉换。又民政厅二门亦系旧构，惜经改修，仅余正面及西侧之斗栱一朵似元物。

五时半摄钟楼照片，返寓。

本日梁思成夫妇应顾祝同先生之邀，来此修理小雁塔。余因二位来，乃嘱麦、赵二君往车站迎接。

5月31日　星期一　晴

上午九时，思成、徽音因刘英士先生邀，同赴城南荐福寺考察唐小雁塔及金明昌铁钟。十一时访大雁塔。十二时返西京招待所午餐。

下午三时，参观东大寺、陕西考古会、东岳庙、碑林等处。其中东岳庙大殿建于清康熙间，面阔七间，规模伟大。惟斗栱结构过于繁缛，似无可取。本日下午麦、赵二君往测小雁塔。

晚黄君来访，商讨碑林修缮工程。十二时方寝。

6月1日　星期二　晴

晨九时随思成夫妇及英士先生访西京建设委员会。嗣出南门，西南往草堂寺。寺在终南山麓，距西安约四十公里，属鄠县（即户县）管辖。大殿三楹，藏元至元廿一年（公元1284年）铁钟一口。鸠摩罗什塔在殿西，覆以小亭，以制式言，似唐、宋间物。下午三时，返抵灵感寺。山门内建钟、鼓二楼及东、西庑，大殿等，皆年代甚新。惟大殿西北明万历元年（公元1573年）重建之道宣禅师塔，嵌有唐造像石八方，差足珍异。三时半抵香积寺，寺西砖塔仅有十层，内部叠涩亦与外侧一致，可知原为多层之密檐塔。惟顶已毁，自下可望见天空，非作大规模修缮，恐难保存长久矣。其外部东、南二面之梁、枋、窗棂，均涂土红色。

四时返杜曲。复折向西南，至兴教寺，访玄奘法师塔。此塔方形五层，新修未久，是否全为唐构，殊属疑问。兴教寺位于杜陵原下，面对南山，景物幽美。山门内仅存钟、鼓二楼，及东、西庑与正殿一座，规模颇隘陋。

七时返西京招待所，应黄仲良君招饮，并讨论碑林工程。十时返寓，接敬之、叙熊、至刚来函，十一时寝。

6月2日 星期三 晴

晨九时与思成夫妇，麦、赵二君乘汽车出西安西门。西北行二十五公里，渡渭水，至咸阳。折向东北，又二十公里至则天母杨氏之顺陵。陵南向，外有二土阜，殆为双阙遗址。其北存独角兽二，狮二。陵垣已毁，但依石狮位置，犹可辨出每面各有神门一座。南神门内有石羊、石人，惟偏西侧。其北为方冢，颇小。北神门外，石狮以北，复有石马二躯。

自顺陵西南，经周文王、武王陵。再西至汉武帝茂陵。陵东为霍去病墓，外缭方垣，墓门北向，中有土阜隆起，乱石错杂，即史称像祁连山者是也。冢南建东、西庑，落成未久。内置石牛、石野猪、石马等，而以石牛、马之雕刻技术，最为朴实传神。西庑新庋马踏匈奴像，反觉不佳（诸像皆就天然之石镌刻，或为立体，或为浮雕，极不一致）。

下午二时，自茂陵沿西南公路返西安。三时车轮损坏，四时至咸阳，又坏，延至七时始抵西安。原定赴文庙商讨碑林修理工程，至是作罢。晚饭后，疲不能支。九时黄君来访，稍谈即去。十时就寝。

本日燥热殊甚。

6月3日 星期四 晴

晨起作书寄敬之、木斋、至刚。八时接思成函，知已赴耀县。余等乃至东大寺及西大寺，补摄照片及测平面图。下午一时返寓。

下午四时访刘英士先生。归后整理行装，预备赴盩厔*、宝鸡等处考察。

西大寺之历史，据碑文所载，此寺大殿创于永乐十一年（公元1413年），初仅五间。万历时大事扩充，虽未载明间数多寡，但依现存殿内彩画观之，似以万历遗构较为可信。

6月4日 星期五 雨

晨五时起床。七时赴西关，乘长途汽车赴盩厔。除赵、麦二君外，公安局张济安君同行保护。七时半经秦阿房宫故址。再西南，过周镐京。九时半抵大王镇，车轮坏毁。天忽大雨，道滑不能前进，乃借宿仁义成棉花店。自北平出发以来，已逾二周，不料于荒村休息一天，殊出意料以外。

此处居民店面多采用二层式样。又庙社前建立石桅杆或铁桅杆，触目皆是。

6月5日 星期六 雨

晨六时起床。降雨仍剧，知东来汽车无开驶希望。十时雇轿车二辆返西安。下午五时行至距西安五

---

* [整理者注]：今改名周至县。

公里处，下车摄影，竟将发给之护照与通行证遗失。六时抵西关，始发现，遣人四出寻觅不得，甚为懊丧。

晚七时思成夫妇招饮。十时又来访，相与商草遗失护照、通行证经过及再申请之文稿，并答复鲍鼎先生旅行调查预算。关于陕西省之古建筑调查，经讨论结果，虽无护照，仍赴宝鸡、盩厔二县考察。

6月6日　星期日　雨晴

晨六时起床，缮寄申请补发证明信件。并答复杨大金先生关于请求加入营造学社事。九时雨仍不止，嘱麦、赵二君加购油布，整理行装。十时三刻，思成来访，出示所购古玩数件，匆匆数语，即雇车赴车站。十二时二十分，乘陇海车西行。天气逐渐晴明，惟南望终南山巅，尚为白云封蔽。九时四十分，抵宝鸡县。寓东关外之惠丰旅馆。

6月7日　星期一　晴

晨七时起床。上午调查东关东岳庙。庙南向（现改汽车站），外为大门三间。次戏台五间，以歇山顶两卷相连。自台后登石级，过牌楼一座，左、右建钟、鼓楼。次前殿三间，东、西庑各五间。其北正殿重檐五间，檐柱粗巨，额枋未伸出柱外，其上置比例雄浑之斗栱。而上檐山面之昂尾延至明间梁架之上；且正脊之吻尚保存唐式鸱尾轮廓，尤为难得。惟据碑记及匾额，此殿创于明成化四年（公元1468年），殊出意外。殿内东、西二壁之壁画，似清人手笔。

下午至金台观、锡福宫、城隍庙等处摄影。

五时赴县署领取往虢镇之介绍信。六时许，被召至警察局盘询，除强余亲自发电致省政府要求证明外，并将县署介绍信索去。署、局原属一体，瞬间态度变幻，令人莫测。

6月8日　星期二　晴

六时起床。七时三刻登陇海车。县警邀赴县署一谈，因开车在即，拒绝之。八时开车，九时抵虢镇。驻军李团长"邀"赴中山公园暂住，盖接县中电报，谓余等行迹可疑，请其扣留故也。

中山公园在虢镇南门外，原为常宁宫，最近始改为公园。余辈在此行动甚为自由，惟未得县令以前，不能离此他适耳。

6月9日　星期三　风

上午仍未接县方消息，乃电西安黄仲良先生，请敦促有关单位来电证明。下午一时，驻军谓已获命令，释余等自由。疑此电昨日已到，被县署故意拖延一日也。

6月10日　星期四　阴雨

晨九时出虢镇东门，东南行三公里，渡渭水。再东六公里，访万寿寺。寺在天王村西约二百米处，山门外有旧殿一座，面阔三间，单檐硬山，方向朝北。据殿前宋景□与明正德二碑，知寺创于五代，明弘治、正德间大事修葺。而北部诸建筑，则系清代所构，其方向也不一致也。此殿年代，据前岁北平研究院徐旭生先生摄示之照片，极似元代遗构。但经实地考察，仍为明物，其证据如下：

（1）斗栱、梁架非元式。

（2）明代大规模重修，见正德碑。

（3）殿后附龟头屋一间，与北平明代佛寺一致。

（4）彩画系明式。

（5）东侧壁画有明弘治四年（公元 1491 年）题记二处。

但此殿在建筑上亦有数点值得注意，决不因其年代稍晚而失其优点。如：

（1）元式蚂蚱头至明中叶仍然使用。

（2）正心缝上施栱三层之例，最晚亦至明代。

（3）壁画中一部异常优秀。后部壁塑观音一像，尤为代表作品。

下午二时，自天王村返回虢镇。四时抵中山公园。气候骤冷，终宵大雨，未曾稍息。

6月11日　星期五　雨后晴

晨六时起床，雨仍剧。八时一刻赴车站，路程仅二公里许，因道途泥泞，至九时半始抵车站。时快车已开，遂乘十时之慢车东返。四时廿分，抵普集镇。原拟在此下车，过渭水往盩厔县（车站至县城仅十公里），因天雨路艰，又无车，仍乘原车回西安。下车后经军警盘查，十一时，抵花园饭店。

6月12日　星期六　晴

八时起床。赵、麦二君往城外补测小雁塔。余至东大寺补摄照片。并访刘英士、黄仲良二君。下午作书寄敬之、至刚、思成、木斋等。三时出外购食品。七时约仲良及何乐夫先生至未央宫便酌，讨论古物保管会与营造学社合作事项，碑林工程亦曾议及。九时返寓，收拾行李。十一时赴车站，再经查诘，此种制度徒增旅客困苦（汽车阶级除外），于防止间谍无益。十一时半，黄、何二君来站送行，约谈二十分钟。

本日闷热殊甚。

6月13日　星期日　晴

零点二十分开车东行。五时过潼关。十二时四十五分抵渑池县。下车后寓东关外小店。

二时访县署。知鸿庆寺石窟位于城东十八公里之石窟村，当日已无法前往。四时访文庙大成殿。其正心缝上仅施单栱一层，材、栔亦比较雄大，似明构。庙前有砖造孝节牌坊一座，结构甚别致。

本日适为端午日，因豫中频年苦旱，故市井间无点缀，非关禁令也。

6月14日　星期一　晴

晨五时起床。六时赴车站。六时半乘加班车东行，七时半达铁门。下车换乘压道车，西行七公里半，八时十分抵石窟村。鸿庆寺在村西侧，改为村署及小学。内存石刻残段一方，似北齐或隋物。石窟位于寺西，面向东南，共大、小四窟，其情况（顺序自东北始）如下：

第一窟外部砌以砖墙，窟内面积约六平方米，中央有方形支提柱。龛中佛像头部已失，自肩以下，被泥沙埋没。洞顶大部残破，日光可直射窟中。惟北壁浮雕之狩猎图，及东北角所雕楼观城廓（为国内五角形城门之最早例），乃寺中最有价值者。

第二窟较小，平面方形。洞顶收为圆形，但未雕莲花等类花纹。佛像大者头部皆被斫去。

第三窟平面作长方形。入口微偏西南，洞顶亦残毁。佛像经后人涂饰，惟中央一像头部完整，为他窟所未有。窟内弃有佛像残座一，雕镂精美，似唐人作品。

第四窟极小，无可记述。

山后尚有一窟，但无佛像。

此寺诸窟虽规模不大，但由佛像雕饰观之，当开凿于北魏末或北齐时。

十时半调查完毕，仍乘原车返铁门，十一时到。访镇中张氏千唐斋所藏唐墓志千余方，但佳作绝少，徒眩俗人耳目耳。

下午一时四十分，自铁门登车，与麦、赵二君会合。七时二十五分抵郑州，寓中国旅行社招待所。午夜降微雨，连日酷热，至此为之神志一清。

6月15日　星期二　晴

晨六时起床。七时卅五分搭平汉区间车北上。十时抵新乡下车，至邮局取得敬之三函，知仪、彤二女*患痢疾甚剧。十二时半乘清道支线车东行，四时达道口，寓泰安栈。

当夜作书寄敬之、思成、木斋三人。

6月16日　星期三　晴

晨五时起床。六时自道口乘火车，约半小时抵濬县。此县城郭、街衢、衙署、学校无不整洁一新，在近岁所见北方诸县中当推第一。至图书馆（文庙改建）及民众教育馆，参观所藏崔莺莺墓志拓本，即缪荃荪谓为明人伪刻者是也。

八时出东门，一公里至大伾山。登山西吕祖洞，观伪造之崔莺莺墓志。嗣往山北，再绕东至天宁寺。寺旧日规模甚大，惜已荒废，仅中部保存尚佳。最外为山门三间。次东庑、西庑，有金大定铁钟一口弃置院中。再次经二门，至观音阁。阁作高楼，依山建筑，内藏石像一尊。发结施螺纹，长目丰颐，姿态庄严，手作施无畏式，双足下垂，自踵至顶，约高营造尺七丈，洵巨观也。惟口角已无微笑表示，颈上施横纹三道，殆初唐作品。

十时至南门外之浮丘山碧霞宫。其正殿原为挑山造，周绕以回廊，如歇山式之顶。另有歇山式献殿，紧接其前。其出檐结构，在檐柱上端施挑梁，梁端施垂莲柱，柱上置平板枋及斗栱，颇与陕中牌楼手法类似。挑梁后尾则以斜撑支于下金檩之下。

碧霞宫西北有千佛寺。寺内依岩凿石窟凡二，皆在岩之西侧，其摩崖佛像则剥蚀不可复辨矣。二窟平面略呈圆形。而南端者较巨，内部所刻之三尊主像，分据正面及左、右两侧，其旁杂列菩萨、金刚，姿态雄美，刀法圆熟，确为盛唐遗物（洞内铭刻凡四处，其中三处述唐高宗、武后间创建经过。另一处为明代装塑纪录）。

下午二时半搭道清车，三时抵道口。略事休息，即入镇参观。道口旧日濒临黄河，与朱仙、清化二镇及豫南张家口，同为省内著名商埠。惟自铁道开通后，昔日盛况不可复睹矣。

6月17日　星期四　晴

五时起身，摒挡行李。七时零八分，乘道清车西行。十时半，过新乡，接邮局转来敬之信，知仪、彤二儿痢疾渐愈。下午四时抵陈庄，雇人力车赴沁阳。五时入城，寓高升栈。五时半往县府接洽工作。寻赴城西北，访高台寺及玉清宫，皆存土台数区。归途过关帝庙，摄影壁相片数帧。

晚九时，县府秘书郭、崔二君来访。

6月18日　星期五　晴

晨六时起床。七时半出沁阳西门，西北行五公里，过洛村。又五公里渡沁河。再八公里抵东柴陵镇。

---

* ［整理者注］：即作者长女叙仪、幼女叙彤。

其地为唐时县治,现犹有户口千余。镇西北有开化寺,其北齐碑及宋幢俱佚,惟大殿尚为元构,其特征如下:

(1) 殿面阔三间,单檐不厦两头造。檐柱皆八角石柱,表面镂刻花纹。

(2) 当心间之门框制以石,尚属初见。

(3) 外檐斗栱中,将蚂蚱头作为昂之形状,后尾压在下平槫下,亦元代创见之例。

(4) 昂之后尾延长,贴于前述蚂蚱头后尾之下,但长度仅及前者四分之三。

(5) 内部当心间施八角石柱二根,其上梁架结构雄丽。柱头枋上,且隐出翼形栱。

(6) 外檐斗栱于柱头缝上,初施重栱素枋,其上再施单栱素枋二层。

下午二时,自镇西北陟长坡。乱石塞途,不良于行,凡三公里半,抵淅涧山麓。自此入谷口,两侧石壁矗立。再一公里半,抵魏夫人祠。此祠相传建于北朝,但现存建筑皆清构。殿前唐垂拱四年(公元688年)碑形制恢丽,差足注目。寺后万山丛错,风景甚佳。

四时返紫陵镇,补摄照片。七时半返城。午夜突凉并微雨。

6月19日 星期六 晴、雨

八时半搭长途汽车赴孟县。与建设厂技正赵国华,孟博公路工程师吴观海同车,二君皆肄业苏州工专土木系,执弟子礼甚恭,并邀至公路工程处暂住。

下午三时,偕赵君等访河阳书院(改女校)、文庙(改师范学校)、山西会馆(改教育局)。惟文庙内存唐碑一通,余无所获。

五时出县城北门。沿公路西行,约一公里半,至许村。访元郝文忠墓。墓前仅存石坊一座,约宽二米五,下部埋于土中。自鸡栖木观之,旧日曾装有木扉,与棂星门同一性质。此坊建于元至顺年间。

晚十时暴雨。

6月20日 星期日 晴

晨六时起床。七时出县北门,折东约十二公里,访药师村大明院(现改小学)。此寺建筑悉成于清代。惟大殿前之二石幢皆为唐物,雕琢工精,洵罕睹之珍品也。惜近岁为人拆毁,或充阶前踏步,或散置殿内,极足惋惜。其东幢之顶,琢成建筑物形状,平面作工形。与徐松《两京城坊考》所载唐东京之凉殿,竟能一致,尤足珍异。

十一时自药师村东行半公里,抵子昌镇午餐,其地为孟、温二县交界处。下午一时半,东北行二公里,至温县大吴村慈胜寺。寺之大殿建于明代中叶,但结构方式尚存元风。尤以壁画及壁塑最称瑰丽工细。惜十年前被人窃卖,存者不过百分之一。又殿前五代后晋天福间(公元936—944年)所建经幢一基,上部琢城橹飞阁,四隅复施角楼各一座,与河北行唐县封崇寺经幢,异曲同工。研究我国城郭建筑者,当舍此莫知其真相矣(其城壁与城上建筑,最与日本古代城橹类似)。

四时离镇返沁阳。七时半抵高升栈,凡行十五公里。九时至公路工程处,访赵、吴二君。

午夜复降雨。

6月21日 星期一 晴、雨

晨五时起床。六时赴陈庄车站。讵料山洪暴发,沁河桥被毁,半途折回。

九时发电与张至刚君,答复所询体校工程疑难事宜。十时赵君国华来访。十二时,闻水势稍落,复赴陈庄。几经波折,至三时始达车站。四时车东开。五时半过焦作,大雨滂沱,赵君在此下车。八时抵新乡,寓中国旅社。卸装后,往外购买应用物品,返寓已十一时矣。

6月22日　星期二　晴、雨

七时起，作书寄敬之及至刚。十时十分，乘平汉路区间车北行，十二时四十五分至汤阴县下车，寓城内国民饭庄。

下午三时，冒雨访县署及教育局。归途至文庙（改师范学校）与岳王庙，俱无所获。五时雨止，然此间连日豪雨，公路损坏不能通车。濬县翟村之行，只能作罢矣。

6月23日　星期三　晴

晨六时起。八时到车站。因火车误点，九时五十分始离汤阴。十点半抵安阳，寓车站旁中国旅社。十一时入城，访中央研究院殷墟发掘团潘实先生。

下午麦、赵二君赴天宁寺、铁观音寺及古物保存所补摄相片。余与潘君至县署接洽赴宝山调查事项，并访省立安阳中学校长张尚德先生，托代介绍。六时潘君招饮，餐后复至发掘团。归来作书寄敬之、木斋、至刚。

本晚复降雨。

6月24日　星期四　晴、雨

五时半起床，收拾行李。潘君遣勤务员一人偕赴宝山，并代雇轿车二乘，甚感。七时潘君亲来送行。七时三刻出发。自车站西北行十五公里，过大正集。再四公里，抵三合村（俗称东麻水村），访龙岩寺。寺在村西，有堂、殿三重。外为山门，次延寿殿，最后大雄殿。大殿面阔三间，单檐硬山。然此殿原系挑山，其山墙为后人所加也。外檐斗栱施重昂，昂嘴向上翻起，为罕睹之例。殿正脊檩下，榜书明正统十年（公元1445年）重建等字。殿内佛像及壁塑均明代物，后者姿态生动异常，惟神情稍近伧俗耳。

下午二时，自龙岩寺西南行八公里，抵水冶镇，其地通山西之潞州，金、元时置县治于此，后虽废置，而规模仍巨。其城垣皆石造，据门券所雕花纹观之，疑明建。

五时入镇北门折东，寓东大街三合栈。六时微雨。

余腹痛，本日服果汁盐，大泻数次，至晚，痛稍杀。八时半，略进米汤，九时就寝。

6月25日　星期五　雨

晨五时半起。至八时一刻，始乘轿车出发。西南行五公里，抵洹水岸。时山洪暴发，沿河车道间被河水淹没。折北一公里，至天善镇。下车沿山谷西北行五公里，山雨渐沥，时续时辍。十二时，达宝山县灵岩寺。

寺南向，外为山门。次金刚殿。殿后二唐塔，皆石制。据发掘下部结果，其结构式样，完全与登封牌楼寺塔一致，而年代稍早，尤足珍贵。其后大雄殿与观音阁，皆清式建筑。所塑千手观音与壁塑等，视龙岩寺尤劣。

寺东南丘上，有宋灵裕禅师塔一座。塔顶与第一层转角铺作之龙头胥后世所加。塔角有北齐碑二通。

寺西北墓塔一区。以中央砖塔年代最古，虽无铭刻，其为唐物无疑也。此塔西南有唐景龙三年（公元709年）碑一通。再西为明弘治二年（公元1489年）亮公塔。塔东南为弘治十三年（公元1500年）邱公和尚塔。再东南为嘉靖元年（公元1522年）鉴公和尚塔。以上数者为塔院内较可注意之遗物，余皆无可记述。

寺之西山以隋代开凿之大圣留窟著名。现窟内大佛之头虽已失去，但佛身、佛座、飞仙、神王等皆无上妙品。山上摩崖灰身塔无虑四五十处，有隋开皇及唐永徽、开元铭刻。又有浮雕小建筑三处，皆建筑史中重要之证物。东山大圣住窟破坏较甚，浮雕建筑及灰身塔数量亦较少。

下午三时雨霁，四时下山。八时抵水冶。

本日因时间迫促，未赴十八间穿花楼（在宝山南三公里）考察，殊为怏怏。

6月26日　星期六　晴

晨五时起。六时乘轿车返安阳。八公里过固城村。渡洹水，有石桥跨水上，嵌铸铁车辙二道，以防车辆损坏桥面，亦创举也。久雨之后，泥深尺许，曳车之骡，前进为艰，乃下车步行。下午一时抵安阳，计行二十二公里半。三时入城，访张尚德、潘实君。七时十七分，搭平汉特别快车北上。潘先生送至车站，并作书介绍武安县中学校长杨通三君。九时八分抵邯郸，寓车站旁连升栈。晚作书寄敬之、木斋、至刚。十二时就寝。

6月27日　星期日　晴、雨

五时起。赶六时长途汽车赴武安。公路初修不久，平整如砥。七时半到达南关，寓泰安栈。

九时至妙觉寺、文庙等处调查。十时返寓。县署派电话局长刘俾云君来，商讨调查古物事宜。

下午二时，赵、麦二君乘驮轿赴涉县西戍镇，调查昭福寺。余往摄县署东琉璃孝节坊及妙觉寺塔照片。四时，阴霾四布，已有雨意，返寓后，雷电交作，大雨如注。遥想麦、赵二君未携雨具，当狼狈不堪矣。

6月28日　星期一　晴、雨

晨五时起。六时三刻，雇人力车往水浴寺。四公里渡南洺河。再四公里至东周庄。改换牲口，又十公里过大社村，摄唐残塔照片。南行一公里许，至庄儿村。折西，登鼓山。又一公里半至水浴寺，已下午一时半矣。

寺前有宋端拱二年（公元989年）经幢二座，顶部琢城郭。山门内存前、后二殿，皆清建筑。

寺外西北凿石窟二。西端者规模较大，内有支提柱，据雕刻式样，疑北齐末季物。东窟较小，似唐时开凿。此二窟间，有宋乾德元年（公元963年）摩崖碑刻一通。西南有明天顺三年（公元1459年）妙用禅师灰身塔一座。均一一摄影，并测量西窟平面图。

下午三时四十分离水浴寺。拟取道四道沟返武安，行三公里，雷雨骤至，避山旁小庙中。六时雨止，沟道中洪流澎湃，不克前进，乃下山宿大社村周氏宗祠内。终日奔波，仅得馒头三枚。晚间又为臭虫、蚊蚋所攻，不能安枕，尤为痛苦。

6月29日　星期二　晴

五时起，过半小时即出发。八时抵东周庄，换牲口。十一时半返泰安栈。略事休息，即入城至刘君处辞行。并量妙觉寺塔平面，补摄照片。一时半返寓，适赵、麦二人自涉县回，所获文物如下：

(1) 丛井镇兴隆寺所藏东魏龙山寺碑，琢有建筑物二座，一为九脊殿，一为四阿，皆极精美之能事。

(2) 同寺另有魏碑二，唐石龛一。

(3) 同寺大殿似元、明间物。

(4) 阳邑县寿圣寺有元幢一基（以上皆属武安）。

(5) 涉县西戍镇昭福寺存经幢二，石狮一。

下午二时半乘汽车东返。三时四十分抵邯郸连升栈，摒挡行李。九时搭平汉车返平。车中拥挤异常，只得在餐车中凭椅假寐，幸麦君携毛衣数事，赖御晓寒。

6月30日　星期三　晴

晨八时四十分抵北京西站。马君*率杰儿等来接。

附　录

赵法参、麦俨曾分途调查涉县古建笔记。

6月27日

下午一时四十五分，自武安乘骡轿出发。初五公里为平路，后即入山，山路崎岖难行，一路岗陵起伏，迂迴曲折。中途遇大风雨，轿飘摇欲堕者再，衣履尽湿，狼狈万分。风雨过后，继续西行，黄昏七时十五分抵中万安。该地离城仅十七公里半，但已行五小时又半矣。宿一宵。

6月28日

晨六时十分上轿，向丛井镇出发。该镇离中万安八公里，八时四十五分到。早点后，即往兴隆寺察视。寺有魏碑三，一在亭内，余一倒一立。亭内者刻有元魏建筑及造像，国宝也。内院有唐佛龛一，大殿似元构，梁架平常。

工作毕，续西行，时已近十时。更四公里而至阳邑镇，则十一时三十五分矣。镇上圣寿寺有元代陀罗尼经幢一，高约二丈余。大殿似明构，佛像恶劣。十二时再上轿西行，十二公里半至西戍镇。初为山路，不久即入坦途，故此段路程仅历时二小时四十分。用午餐后，又下雨。乃冒雨至昭福寺。该寺有唐石幢二，西面者上层有出檐斗栱。工作毕，四时三十分，启程东归。七时三十分到阳邑镇。自该镇至武安分大、小二道，大者四十公里，小者三十公里。我等以时间不足，决循小道。东行四公里，至南丛口村，天黑近九时矣。所住村店狭陋，蚊蚤横行，终夜几不能成寐。

6月29日

早五时五十分出发，行九公里。八时十五分抵西万安。早饭毕，九时十分登途，再行十八公里，至武安时已过午矣。

---

* [整理者注]: 马君为英国留学生，名 Mark Livi，中文名马德良，时就读于北京大学。经友人介绍住作者家中，以便学习中文及中国文化。抗日期间任英驻华大使馆官员。1944 年在重庆时，曾至沙坪坝中央大学访问作者。抗日战争胜利后，调香港工作，夫人为日籍。

昆明附近古建筑调查日记*

——1938 年 10 月 10 日～11 月 12 日——

10 月 10 日　星期一　晴

下午赴市政府，访社会科科长孙楚生及第二股股长刘注东先生，商调查昆明市区古建筑，承派科员尹维新君同行照料。旋与尹君商定明日下午二时，至圆通公园集合。

10 月 11 日　星期二　阴

下午二时偕陈明达、莫宗江二君赴圆通公园。其地因旧圆通寺及寺后螺峰山辟为公园，故以圆通为名，正门亦即旧日寺门也。正门内道路修广，古柏参天，为境颇幽。经牌坊，渡小桥，有敞殿五间，似因旧天王殿改建者。其北凿方池，中建八角亭一座，南、北各缀以石桥三孔。而池之周围，行廊周匝，绕至池北，与大雄宝殿左、右衔接，布局甚奇，为他处不易见。大殿负山面池，前辟月台，甚宏敞（图 1）。殿重檐歇山，面阔五间。下檐绕以走廊，所施斗栱极仿佛河南中、北部手法（图 2），其为清构无疑。但殿身斗栱结构较为简洁。内部梁、枋彩画与东梢间北面壁画一幅，构图、设色显非近代之物。岂如匾额所题，此殿重建于康熙己酉（八年，公元 1669 年），重修于嘉庆己巳（十四年，公元 1809 年），而下檐走廊乃嘉庆重修时所构耶？

虽然殿内一部分佛像及佛座，如下文所举者，又确系明代遗物。

（1）殿内石须弥座与木造佛座（图 3）。

（2）东、西壁塑下部观音变像十余尊。

（3）一部分香案。

三时尹君来，以圆通山为军事区域不能摄影。乃赴土主庙考察。庙在小西门内土主街，现为市立华

图 1　昆明圆通寺大殿

---

* 此文原载于《刘敦桢文集》第三卷。

图 2　圆通寺大殿下檐斗栱　　　　　　　　　　　图 3　圆通寺大殿佛座

山小学校。除正殿及后院外，俱经改筑，而后院亦系清代所建，仅正殿年代稍旧耳。殿面阔五间，单檐歇山造（图 4）。外檐斗栱五彩重昂，比例粗短，正心缝用单栱造，疑为明代遗构（图 5）。内檐斗栱七踩出三翘（图 6）。后楼西北角存土基墙一段，厚而且坚，据当地耆老云，其年代似在百年以外。

10 月 12 日　星期三　阴

下午二时，与刘致平、陈明达二君赴鱼课司街建水会馆。摄取戏台及柱础、门、窗照片十余种（图 7 ~ 10）。三时四十分，尹君来，拟赴东寺塔、西寺塔调查，以天阴中止。

10 月 13 日　星期四　雨

本日原有调查柘东路真庆观之计划，因雨作罢。

11 月 1 日　星期二　晴

昆明市古建调查工作，以霖雨连绵及莫、陈二君误编入第三期壮丁训练，停顿经旬。近日天气放晴，阳光和煦，乃定明日调查真庆观。由市政府电知财政厅第一火柴制造厂，予以便利，因该观已改为火柴工厂多年矣。

11 月 2 日　星期三　晴

上午九时偕陈、莫二君赴真庆观。观在柘东路东段路北，大门三间疑系牌楼改建。次四帅殿一座，面阔三间，单檐硬山造。殿后东、西廊各十间。次正殿五间（图 11），殿后抱厦结构较新，似清代增建者。

图4 昆明土主庙大殿

图5 土主庙大殿外檐斗栱

图6 土主庙内檐斗栱

图7 昆明建水会馆大门

其北有东、西屋各二座。再北为老君殿五间，单檐歇山，前施廊屋，面积较正殿稍大。正殿之东有都雷府。再东复有三元宫。虽各自成一区，然旧日亦属此观范围之内。

据观内现存明宣德、正统及清康熙、乾隆诸碑，此观原名真武祠。明永乐间前卫镇抚刘忠等建真武阁于祠后，又增建门庑、藏殿。洪熙间（公元1425年）赐名真庆观。宣德末复增扩大殿，遂有今日规模。但明、清之际，真武阁毁于火，铜像被窃，殿宇侵占。康熙间经有司查禁，始复旧观。然现有建筑什九经清代重建，仅正殿一处为明宣德遗构耳。

正殿面阔五间，进深十架，显四间。但在平面上，其东、西梢间与南、北二间各宽二米，似周匝之廊，与北平智化寺如来殿同一方式。外檐斗栱五彩重昂，材高19厘米，宽12厘米，比例较巨，而式样亦极简洁，与河南武涉县法云寺大殿印象略同。斗栱后尾所施之菊花头、六分头及上昂用斜线二道，俱类似北平智化寺

图 8　建水会馆戏台

图 9　建水会馆大堂

图 10　建水会馆柱础

图 11　昆明真庆观大殿外观

万佛阁，惟材、栔较诸后者稍大耳。其上搭牵外端刻作驼峰形状，则系宋代之遗法，非明代北方建筑所有也。穿插枋前端伸出檐柱外，雕成麻叶云形式，乃南方通行方法。惟平板枋前端平直截割，尚存宋代矩矱。

内檐斗栱七踩三翘重栱造（图12）。所承上部天花全部遗失，仅明间斗八藻井保存尚佳，井内小斗栱皆如意式，殆受江南建筑之影响。明间七架梁下承以云形雀替，花纹雄健，不愧为明代之佳作。明间及次间额枋彩画之纹样亦属明式。

殿顶单檐歇山造，惟山花部全用水磨砖贴面（图13）。其内部梁架做法，如八角形瓜柱及未施彩饰之角背，皆与北平智化寺类似，足窥此殿梁架犹为明代原物。惟屋面迭经修葺，仅垂兽式样较为特别。

11 月 3 日　星期四　晴

本日仍测绘真庆观正殿。莫、陈二君于明间脊檩下，发现"大明宣德十年（公元 1435 年）……募缘重建"

图 12　真庆观大殿梁架及内檐斗栱　　　　图 13　真庆观大殿山面

题字。又明间后上金枋下，有明嘉靖甲辰（二十三年，公元 1544 年）重修题记数行。此殿建造年代因此证实，足补宣德、正统二碑之不逮。

都雷府在正殿东侧，西南向，门系单间牌楼。门内有方形重檐攒尖亭一座。亭后为正殿，面阔三间，单檐歇山。正脊檩下题同治十一年（公元 1872 年）重修等字。

三元宫在真庆观东，相距约百米。大门内堂、殿三重，规模颇巨。惜荒芜过甚，且建于近代，在建筑上无可称述。后部之太虚阁，题崇祯癸未年（十六年，公元 1643 年）黔国公沐夫波建，但经重修，非本来面目。阁前有道光甲辰（二十四年，公元 1844 年）建"七空玄苑"坊，三间三楼，两端护以砖墩，颇能另辟蹊径。

下午赴市政府接洽以后调查事宜。因尹君维新送眷返里，改派科员黄君与予等同行。

11 月 4 日　星期五　晴

上午九时至旧城隍庙考察。庙在福熙街北端，现改大众电影院。正殿前、后增建附属建筑，大改厥观。殿内又改建观览席二层，不知者不悉其为旧物利用也。此殿梁架已非原构，惟斗栱比较雄大，类明代物。但细察栱身长度，内槽较外檐稍短，似建造时凑集旧物于一处也。

下午二时，赴建水会馆补摄照片，三时半毕事。候黄科员不至，乃赴同街东大寺调查。寺现改小学校，仅存石造佛座一，镂刻精丽，殆系元代作品。

四时赴民众教育馆，调查旧省文庙建筑。庙内大成殿面阔七间，规模甚大，但斗栱结构与圆通寺大殿走廊同属一系，疑其年代不能超逾清康熙前也。因天晚，仅摄大成殿与棂星门像片数帧而返。

11 月 5 日　星期六　晴

上午九时，与陈、莫二君赴土主庙补摄像片。并测绘内、外檐斗栱。其材、栔比例与真庆观大殿极为接近。惜梁架业经抽换，且无碑记，不能证其准确年代耳。

十一时调查大德寺双塔。寺在华山东街，现改求实中学及昆华女子师范学校。大殿前有东、西双塔（图

14)，建于明成化九年（公元 1473 年）。下部须弥座二层矮而且平，各施间柱及壼门式装饰（图 15），颇类唐代墓塔。上建方形塔身。再上为密檐十一层。塔体外轮廓线向外略凸，一如唐塔式样。惟塔顶之刹，改为喇嘛式小塔，殊欠调和。佛殿均改教室，内部已面目大非，仅雀替等尚存旧意（图 16）。

　　下午二时，赴昆明县政府访杨秘书。商调查官渡元故城与筇竹寺、海源寺、松华坝、金殿、黑龙潭等处建筑。除由县政府电知各区外，并给证明书一纸，由余等携往当面接洽。旋赴市政府访黄科员，商以后之调查顺序。

图 15　大德寺塔基

图 14　昆明大德寺双塔

图 16　大德寺佛殿雀替

11月7日 星期一 晴

上午九时与陈、莫二君赴武成庙（关岳庙）。市政府黄实甫先生已先至，乃摄取大门像片数幅（图17~19）。随即赴大西门外妙应兰若塔调查。塔距城里许，位于高级农业学校东北山坡上，现殿全毁，仅有孤塔矗立翠柏丛中。塔方形，上覆出檐十三层。据背面碑记，建于元成宗元贞元年（公元1295年）。惜林木葱郁，无术摄影。

十时半入大西门，至府署甬道摄取首郡牌楼相片。此牌楼建于清康熙三十五年（公元1696年），三间四柱，覆歇山顶三座，出檐甚大（图20、21），古趣盎然。

十一时赴县政人员训练处，调查旧总督府大堂。堂面阔五间，进深七架（正脊前四架，正脊后三架），单檐挑山造。明间面阔约六米半。内部梁、柱比例雄巨（图22、23），且皆楠木缔构。据结构式样及彩画花纹判断，疑为清初建。

图17 昆明武成庙大门

图18 昆明武成庙牌楼

图19 昆明武成庙武成门

图 20　昆明滇南首郡牌坊　　　　图 21　滇南首郡牌坊详部

图 22　昆明旧总督府大堂屋架　　　　图 23　旧总督府大堂彩画

　　下午一时半，赴南门外西塔寺(慧光寺)考察。塔下基座方形，施间柱及壶门式装饰。塔身平面亦正方形，上施密檐十三层（图24），如河南嵩山法王寺塔。塔内辟方室直达上部，原有木构楼板现已凋落，不能登临。据东塔寺碑记，此塔乃唐文宗时（公元827～840年）南诏国所建。观所用之砖薄而且长，砖面且具有斜方格纹，恰是唐时手法。现寺宇荡为民居，塔之周围居民丛聚，且污秽不可向迩，缅怀胜迹，为之恻然。

　　三时访东寺塔（常乐寺塔）。塔之式样大体类西寺塔（图26），但详部结构拙陋草率，不啻大小巫之别。寺内尚存石刻佛座，上镌卷草、壶门（图25），分为上、下二层。据光绪十六年（公元1890年）碑，光绪末叶岑毓英督滇时，因旧塔圮毁，乃于塔东另营此塔以存旧观。伊东忠太等所著中指为唐建，余辈讹误相传。今读此碑，不禁羞汗浃背矣。

　　四时赴城外东南隅金牛寺，摄门扇照片。

　　据道光《云南通志》，东寺塔毁于道光十三年（公元1833年）地震（11月16日补记）。

11月8日　星期二　晴

　　晨六时起。七时抵火车站。而陈、莫二君延至七时二十五分始至，往西庄火车甫开出。乃赴西北郊，调查筇竹、海源二寺。八时雇人力车出小西门，西北行十五里，抵山麓下车。循山沟而上，四里抵筇竹寺（图27）。寺内驻军派员导观著名之五百罗汉（图28、29），其姿态衣褶甚为生动，然失之过大，似出清匠之手。嗣登寺后山坡，摄元至正、至大墓塔数座。十一时下山。复驱车北行，约三里许，至海源寺。寺依山结构，凿有圆形放生池，周以阶梯形石岸（图30）。其余堂、殿规模了无足取。惟寺后往大悲观（图31）之磴道，

图24　昆明西塔寺（慧光寺）塔

图25　昆明东塔寺（常乐寺）佛座

图 26　东塔寺（常乐寺）塔

图 27　昆明筇竹寺大殿外景

图 28　筇竹寺五百罗汉塑像之一

图 29　筇竹寺五百罗汉塑像之二

图 30　昆明海源寺放生池

盘行岩石间，间加人工，未失野趣，足为中国式庭园之模楷。下午二时返城。

11月9日　星期三　晴

晨七时二十分，与陈、莫二君搭火车至西庄。七时四十分抵西庄站下车，西行里许，至官渡镇。

妙湛寺有石塔、砖塔各一座。石塔位于寺大门外，下置方座，中贯十字筒券甬道，如过街塔形式。上建喇嘛塔五，居中者体积高大，四隅者较小（图32）。据壁上所嵌碑记，知始建于明英宗天顺二年（公元1458年），殆受印度式金刚宝座塔之影响也。砖塔在寺门内东侧，原有东、西二塔对峙，今存其一。平面方形，塔身上覆密檐十三层，亦系天顺二年镇守太监罗珪所建。寺内另有清嘉庆间喇嘛式墓塔数座，覆钵作杀去四角之正方形或六边形（图33），尚属罕见之例。

十一时赴观音庙及土主庙，摄门、窗像片。十二时十分，搭车返昆明。

11月10日　星期四　晴

下午二时半，偕陈、莫二君，驱车出小东门。沿公路东行五里，经小坝。转向东北，行旧坝上，翠柏森森，夹峙两侧，颇饶幽趣。再十里，抵龙泉镇。访区长李君，商调查龙华乡松花坝，并允派员同行。四时半，下榻李姓店中。旋访中央研究院历史语言研究所董彦堂先生*，谈至九时返寓。

11月11日　星期五　阴

晨八时起床，候区内派人前来。九时二十分，始乘骑出镇北门，循金汁河堤，东北行七里，抵松华坝（图34）。其地位于龙华乡东北山坳中，于盘龙江上跨建水闸。闸之西端与河岸毗联，东端孤立水中。自此往南，构石坝分江水为东、西二流。东流仅宽二丈，用以灌溉田畴，即前文所述金汁河也。石坝南端建闸神庙（图35）。庙以南改为土堤，但堤上辟有泄水桥一处（图36），俾山洪暴发时，金汁河之水仍可流入盘龙江内，以防止土堤崩溃。用意周密，为他处所未见。据现存闸神庙光绪六年（公元1880年）碑，此坝重修于光绪三年，但神龛中央奉祀之"赠咸阳王赛典赤赡思丁神位"，疑为创建此坝之人，容后再细考之。

下午一时测绘完毕，赴龙华乡午餐。二时，西北越土岗数重，约五里抵黑龙潭。潭有珍珠泉，汇为小池，旁植树木，缀以石桥，绕以栏楯，幽静明媚，颇具自然之美。此处有龙泉观，大殿颇雄俊（图37、38）。自此往南，约六里返龙泉镇。五时董先生招饮*，气候骤变，冷不可耐，八时返寓。

11月12日　星期六　雨

上午九时，别董先生。循公路南行，约五里至金殿。殿在鸣凤山上，经山门三重可达（图39）。此区建筑原名太和宫。宫后有砖城，上建铜殿三楹，重檐歇山，胥范铜为之。殿创于明崇祯间，后移置宾川县鸡足山。现存之殿为康熙间重铸者（图40），在艺术上无可大称道。十时半下山，沿公路西行，约十六里，返昆明。

---

*［整理者注］：时董作宾先生寓居棕皮营村，东距龙泉镇约一里。日后居此村者，有著名考古学家李济、曾昭燏、王振铎，文学家钱端升、赵元任、卞之琳……等。1939年中国营造学社工作人员由昆明城内迁郊区，梁思成先生亦构竹居于此。

图 31　海源寺大悲观

图 32　昆明官渡妙湛寺金刚宝座塔

图 33　官渡妙湛寺墓塔

图 34　昆明松华坝全景

图 36　昆明松华坝桥

图 35　昆明松华坝闸神庙

图 37　昆明黑龙潭龙泉观大殿

图 38　黑龙潭龙泉观大殿屋角

图 39　昆明太和宫二山门

图 40　昆明太和宫金殿

云南西北部古建筑调查日记 *

——1938年11月24日～1939年1月25日——

11月24日　星期四　晴

晨六时半起床。七时半出门，健弟*携杰儿等送至青云街。八时，抵护国街汽东站，莫宗江、陈明达二君适至。三人行李，共重一百三十五公斤，较之经岁北方旅行，不足四分之一。然当局限制每人行李，不得过二十公斤，几经交涉，始许携带。当日乘客甚众，除开客车二辆外，复加货车二辆。余辈以货车较新，且司机后辟坐位一排，颠簸较轻，乃改乘货车。待货物装毕，十一时二十分始离昆明。下午一时过安宁。三时四十分经禄丰。西南入山谷，林木蓊郁，流泉奔吼，尘襟为之一清。惟公路被今夏山洪冲毁，犹未修复，车行异常不便。五时，抵平浪。其地有制盐厂，以木槽自十余里外盐井引盐水至此炼制，亦滇省重要工业之一也。当夜留宿于此，旅舍虽陋，但饮食可口，穷乡得此，殊出意外。

11月25日　星期五　晴

晨八时二十分出发。九时半，越集山坡，车行山脊上，俯瞰群峦，雄阔非常。十一时抵楚雄，午餐。东门外正修筑飞机场，停练习机十余架。十二时离楚雄，一时过镇南。一时半至沙桥。自此登天子庙坡，万山丛错，雄阔较集山坡犹大。四时半，过云南驿，机场停练习机约四十架。五时经祥云西南清革洞。六时，宿江崖。其地属凤仪县境。

11月26日　星期六　晴

上午八时二十分离江崖，登定西岭，下岭即凤仪县城。遥望点苍山白雪皑皑，其下洱海，澄清如镜，翠流若黛，景物雄丽，远胜昆明。自唐以来，六诏、大理诸国雄踞其间，非无故也。十时抵下关，下车。其地位于洱海西南，为滇省西北客货麇集之处。

自昆明至下关，公路约长四百三十公里。惟山道崎岖，车行甚慢，普通客车约需三日或三日半。余辈乘新车仅二日抵此，可谓侥幸极矣。

十一时，作书寄敬之。雇滑杆（即竹轿）北行约十五公里，下午二时，抵大理。寓南门内万福隆旅店。三时访县署王县长及教育局杨局长，并晤中央研究院历史语言研究所吴禹铭先生，商工作计划。五时返寓，致电思成，报告行踪。

大理海拔与昆明略同，但因西藏高原之故，虽在日中，微风拂面亦感凉意，但不及预想之冷耳。

11月27日　星期日　晴

上午十时赴教育局，与杨督学及吴禹铭先生汇合。十时半出西门，西北行二公里半，抵崇圣寺（俗称三塔寺）（图1）。寺为南诏以来当地惟一巨刹，惜毁于咸丰六年（公元1856年）回民之役。光绪末季，复因寺之前部改建营房，门、堂、殿、墓塔遗留无几，曷胜浩叹。入营门有土阜隆起，自南亘北，疑为旧山门故址。其后有密檐式方塔，约高五十余米。下承方台二重，塔身上覆密檐十六重，每层中央辟龛安设佛像，左、右各塑灰身塔一基于壁面上（图2）。

据碑记，此塔乃唐贞观间大匠恭蹈、征义二人所建。经明嘉靖、清乾隆二度重修。民国十四年（公元1925年）二月地震，刹顶坠地，因款绌未予修复。然此塔是否唐构，尚待考察内部，并博征文献，方能决定耳。

---

* ［整理者注］：作者内弟陈强祖，适就读于昆明西南联大化工系。此文原载于《刘敦桢文集》第三卷。

图 1　大理崇圣寺三塔

图 2　崇圣寺千寻塔详部

图 3　崇圣寺双塔详部

塔后复有双塔分峙左、右,皆八角十层楼阁式。出檐作枭混曲线,浮刻山花蕉叶及宝相花、佛像、象等(图3)。而北塔出檐处尚有红色刷饰。其上平座或饰莲瓣,或施华栱一跳。塔身转角处置圆倚柱,如叠置圆鼓数枚于一处。壁面上塑方形小塔,一层或三层不等,下承卷云。依式样结构,其建造年代,似与宋代约略相等。

以上三塔俱位于大殿前,且以寺中轴线为中心,尚存北魏以来旧法。惟寺门东向,则为鲜见之例。

大殿故基甚高,殿现改陆军医院。其后绕以围墙。墙后西北有元泰定二年(公元1325年)碑一通。碑座作长方形,莲瓣下每面刻龟首一,殊特别。

再西为两铜殿。殿前有明嘉靖十六年(公元1537年)所建圆明、妙明二塔。殿内置大士立像一躯,范铜为之。但衣纹形制,仅头与足部似宋物。手及腰以下部分,乃光绪末蔡某所补铸。殿后复有净土庵一区,新建未久,伧恶之状,不可向迩。

下午四时入城，访文庙及五华楼。五时返寓，作书寄思成。

大理语言分两种，一为滇省通行之官话，一为民家话。后者内约杂官话三分之一，余为土语。就分布范围测之，所谓土语，殆即南诏语言？近英人费兹哲罗（Fitzgerald）氏居大理二载，著有《民家语辞典》，闻之令人惭汗沦背。又民家语亦作明家语。传清初时，明末遗民不忘故国，乃有此称。似出附会，不足据以为信。

11 月 28 日　星期一　晴

晨八时，吴禹铭氏来寓早餐。八时半，出南门。沿下关公路约四公里，访观音堂。再四公里，抵太和村。其地乃南诏太和城故址。旧官道旁有南诏德化碑，述南诏王蒙阁罗凤，叛唐臣属吐蕃始末。郑回撰文，杜光庭书。乾隆五十三年（公元 1788 年）布政使王昶访得之，乡人构石屋庇护，惜文字大部漶漫不能通读矣。再南三公里，访羊皮村浮图寺。寺前有方塔，上覆密檐十三层（图 4）。据《县志稿》及明嘉靖碑，此塔乃唐宪宗元和间（公元 806～820 年）南诏王劝利晟所建。证以结构式样，尚相符合。

下午，摄寺中槅扇裙板（图 5）及圆窗棂花（图 6）。一时半，离浮图寺。访太和村诸寺，无所获。四时半返城。访建设局张局长，商借用木梯。五时半返寓，作书寄新宁家中及敬之。

11 月 29 日　星期二　晴

晨九时，赴教育局。邀吴禹铭先生同出西门。西北行五公里，折西，登莲峰。又一公里，至无为寺。寺创于唐，元世祖南征时驻跸于此。明永乐八年（公元 1410 年）重修。清咸丰丙辰（六年，公元 1856 年）回民之役，杜文秀据大理，此寺与其他佛刹同遭劫火。现仅存明正统十年（公元 1445 年）铜钟一具而已。据《县志》，汉时白王自印度入滇，奠都大理，其墓即在无为寺后。余等乃披草莽，陟山巅，遍寻未获，岂《昆明志》所载，系另一无为寺耶？

下午一时，循点苍山东麓，西南行约一公里半。见山坡上有巨冢东向，其前建月台二层。下层约高七米，南北阔一百五十米，以巨石整砌。中央辟神道，规模雄壮（图 7），几与南京中山陵无别。上层之台面阔比下层略窄，壁面亦为石构。惟正面神道增为三处，乃其差别耳。此上、下二台，近为军队开掘战壕数处，余辈于掘出之土内拾得残破之砖及瓦当、筒瓦残件。砖之表面刻划斜纹，与崇圣、浮图二寺唐塔砖纹符

图 4　云南大理浮图寺塔

图 5　浮图寺槅扇裙板

图 6　浮图寺窗棂花

图7 大理白王坟全景

合。筒瓦底面具粗布纹，表面有阳刻文字，可辨者有："十五年左"四字，或如英文之"E"字，不审何义。上层之台进深较面阔尤大。其后山坡上又有砖造之墓。在中轴线稍南，阔四米余，进深九米余。内分前、后二室，覆以三伏三券之筒券。现墓内部被泥土堆积，已达积水线以上。据土著云此墓即白王坟，然墓砖甚长大，与以往所见汉墓之砖比例不合。然白王来自印度，其瓦断无刻汉字之理，故颇疑此墓乃南诏王或大理国王陵地。

四时返城，访杨督学。商测量崇圣寺塔，约明晨八时在教育局聚会。

本日吴禹铭先生所拾文字瓦片有二件极重要。一似梵文，另一件似自中国篆书变化。据英人费兹哲罗氏谓，南诏时曾以梵文字母拼注当地语言，证以此墓之瓦似足征信。

11月30日 星期三 晴

晨九时与吴禹铭、杨督学等重赴崇圣寺，调查方塔结构。可记述者如次：

（1）陈、莫二君自方塔背面塔门（位于西面）入内考察，发现塔内方室直达塔顶。内架木梁多层，但无楼板。疑即明季中叶重修时所置之木骨（见李氏碑记）。

（2）方塔内之砖上印有小塔，或"在甲戌"三字。此甲戌属贞观抑开元，或为明嘉靖李氏重修年代，容日后再行考定*。

（3）方塔塔身之灰浆作红色，但上层仍用白石灰。

（4）方塔东南角下部崩塌处所示结构，最外层仍用□□□□□（整理者注：原稿于此脱漏五字），与定州料敌塔一致。

---

* ［整理者注］：经查核我国历代干支年表，唐太宗贞观及明世宗嘉靖时均无"甲戌"年。惟开元二年（公元734年）属"甲戌"，由此可证该砖系成于唐玄宗时。

（5）塔身东、南、北三面，离台面约五米处各嵌一碑。碑首镌佛像各五躯，最晚亦宋代物。惟碑文为白垩所遮，仅北碑可辨数字，似藏文。

（6）吴禹铭先生在塔下拾得残瓦一方，表面印有阳文"年左"数字。与昨日余辈拾自"白王"墓者丝毫无异。苟此塔确建于唐，则是墓亦应为南诏蒙氏之陵矣。

下午十二时半返城午餐。二时访教育局长杨焕宇君，商拓崇圣寺方塔诸碑。二时半，逾西南城垣。折西，访宏圣寺。寺在玉局峰下，距城仅二公里半。堂、殿俱毁，惟余故基二处隐约可辨。其前（即东面）有方塔基（图9）。下部台座用乱石叠砌，饰以佛龛。而墙身下部一米许，亦为石构。其上始以红色砂浆与砖合砌，上覆密檐十六层，如崇圣寺方塔然。但其外轮廓线过于硬直。且所用之砖尺度较小，其建造年代似不能超逾大理国时期也。塔门设于西侧（图8），内辟方室。室中央建塔心柱，但仅高一层，其上架以木梁。据柱上铭记，乃明嘉靖乙巳（二十四年，公元1545年）至丙午（二十五年，公元1546年）间，郡首蔡绍科重修者。寺东南有大观楼，清末重建，无足观。四时半返寓。

12月1日　星期四　晴

晨九时，与吴禹铭先生重查白王坟。十时半着手工作，余任摄影，莫、陈测量平面，吴君采集陶片。本日发现之新事项如下：

（1）下层平台之石壁分上、下二层。下层以巨石叠砌，约高50～70厘米。上层向后退进约二米，所砌之石，较薄较小。据残破处所示，约厚一米至一米三。

（2）上层平台之石壁亦分上、下二层。但全体高度较下层平台稍低，所砌之石亦较小。

（3）上层平台之西北隅有建筑物残迹。平面作丁字形，东向。西南隅复有长方形建筑故基，北向。疑为神库、祀殿之属。

（4）吴先生所拾瓦件文字，类似梵文。余拾得一片上有阳文"王"字一列，"王"之上，似"左"字，但不能断定。莫君拾得者类象形文字，或即梵文也。

图8　大理宏圣寺塔塔门　　　　　　　　图9　宏圣寺塔

下午四时返寓，作书寄桂师及寄梅先生*。

12月2日　星期五　晴

晨九时，赴教育局商拓碑事。十时访省立大理中学校长陈君，悉明刊《大理府志》已遗失多年，无从追究。乃参观校内建筑。大门作牌坊形。门内厅堂三重，左、右屋皆三层。南侧辟小园，窗棂式样颇富变化。传杨玉科平大理回民后，撤杜文秀府改筑此宅。嗣恐言路纠弹，捐为西云书院。至光绪末改为中学，故建筑规模与普通学校稍异。

下午二时，又赴县署及教育局联系交通工具等。五时返寓，作书寄思成、守和、敬之。

12月3日　星期六　晴

晨八时三刻，与吴禹铭及陈君出南门。沿公路五公里，至观音堂。折西登山，凡二公里半，抵感通寺。《县志》载寺创于汉，恐无足据，然原有三十六院，规模宏巨，足与崇圣寺相仲伯。清康熙时，犹存二十七院。洎咸丰回民之役，全寺被毁，残垣败壁，狼藉不堪，甚足惋惜。目前寺中建筑之可观者，仅正殿与东配殿二座，均新建未久。然大殿故基面阔五间，外绕走廊，规模甚伟。而雕有兽头之残柱（图10）及柱础（图11）形式，殆为元代遗物。其前石坊三间，中央明间嵌洪武十九年（公元1386年）诰书全文，其为明构可无疑义。旋下山访寂照与感通下院，皆新修未久，无可记述。

十二时半，返七里桥午餐。二时赴西郊，观元世祖平云南碑（图12）。碑在西门外一公里许，约高五米半。现腰部裂为二段，护以砖龛。碑首雕刻则失之琐碎，殆为当时工匠技艺所限也。

四时返寓，摒挡行李，决定明日赴丽江。惟闻途中不靖，为万一计，乃将部分行李及旅费留存此间教育局。

12月4日　星期日　晴

晨九时半乘滑杆离大理。除陈、莫二君外，吴禹铭君亦同道赴丽江。出北门，沿公路北行约九公里，过土坡，

图10　大理感通寺残柱　　　　图11　大理感通寺柱础　　　　图12　大理元世祖纪功碑

---

*［整理者注］：桂师即中国营造学社社长朱启钤（字桂辛）老先生，时在北平，优秀教师尊之为师。寄梅为周寄梅先生，时亦参加料理学社事务。

遥望西侧山麓城堞蜿蜒,传为南诏遗迹。再十一公里,经喜洲。闻距此二公里许有南诏碑一通,仓猝中未获往观。十公里抵周城,中餐。再五公里,至上关。其地东濒洱海,西拥苍山,形势险要,为南诏以来军事必争之地,迄今犹遗石垒余迹。自此折西北,二公里余过沙坪。再七公里半,抵邓川县,寓车家店。

12月5日　星期一　晴

晨八时三刻,出邓川西门。经大泽,蒹葭满目,宛若水乡。遥眺南侧山麓,有塔三基掩映枫林中,归时当遍访之。五公里经右所。再二公里许,沿洱水北岸,渐向西北,下至山口,则距邓川城十四公里矣。自此入山谷,陟山岗数处,凡八公里余,抵巡检司。午餐。下午一时,北经干海子,入盆地,已属洱海县境。七公里半至应山镇。又如许至祥云。再如此抵牛街,宿共和栈。其地归鹤庆县,附近村落鳞接,鸡犬相闻,与大理南部约略相类。解装后,访第五区区长段君及县长周君,商护送事。

本日所经各处,皆妇女任劳作。其体格强健,姿态自然,毫无矫揉造作之态,令人羡慕无已。

12月6日　星期二　晴

晨八时四十分离牛街,区公所派兵三人随行。循公路北行五公里,登山。又五公里,陟拉杂坡,少憩。其地,亦名臭水井。自此西北,群山丛错,为不靖之处。护送之兵士,皆实弹警戒,如临大敌。行十公里,至双龙铺午餐。餐后下山,七公里半至野鸡坪,已属剑川县界。再七公里半抵甸尾,宿杨姓店。其地位于剑湖西南,距剑川县约十公里。

经拉杂坡及双龙铺时,发现民居墙壁全以圆木叠制,即"井干式"木构。《省志》谓此制盛行于丽江一带,实则盛产材之山岳地区大都如是,非仅丽江而已。

12月7日　星期三　晴

晨八时半出发。沿公路北行,十公里入剑川县南门。门楼重檐歇山,城垣皆石构,阊阓整然,远过邓川。十一时半出北门,沿途民居、坟墓式样新颖,且富变化。七公里半至梅花村。又如许里至九河,中餐。其地属丽江。再十三公里,抵关上。暮色已暝,宿杨家店。

自大理至此,盛行民家语,再北则为麼些语。牛街以北,妇女体格高大,面微长,鼻高且直,举动活泼,与汉人异,服装亦迥然不同。男子服装虽已汉化,但深目多须,疑有西藏血统。因《丽江郡志》载,纳西(Nashi)人自兰州迁来。古兰州即今兰坪县,位于剑川之西,在地理上,实与西藏接近也。

12月8日　星期四　晴

晨八时三刻出发。踏浓霜,登铁甲山,树荫下残雪犹存,凡六公里。至巅折东北,四公里过三神庙。附近坡陀平缓,松林与麦田相间,不似山巅景象。自此下山,十五公里抵刺是捌,中餐。东行又五公里至刺是里,越小山,抵平原。再十公里至丽江县,寓昌隆旅馆。

丽江附近建筑已完全汉化。但较昆明、大理保存古法较多,且详部手法极富变化,遂决留此考察数天。

自上关以北土质渐异,农作物亦易稻为麦,而语言与人种之差别尤甚,疑唐初此地不属南诏范围。

丽江无城垣,但北接西康,西北通西藏,为汉、藏茶、马交易之地,市面繁荣似略胜大理。

12月9日　星期五　晴

晨十时访教育局。又游西邻民众教育馆。馆后有藏书楼(图13),平面作十字形,下檐随平面周匝,中檐四面施歇山顶,上檐为四角攒尖亭,式样奇特,尚存古制。据《丽江县志》,其地乃明土司木氏光碧

图 13　云南丽江玉皇阁（藏书楼）

楼故址。清雍正元年（公元 1723 年）"改土归流"，木氏乃渐势微，易名玉皇阁。咸丰间回民之役，楼被拆毁。现存建筑乃光绪戊子（十四年，公元 1888 年）重建者。一行旋登馆后黄山（俗称狮子山），访木氏台馆故址，已荡然无一存者。

因教育局长王君坚邀，乃于一时返回旅舍，摒挡行李，并电思成汇款来。二时，迁往教育局东楼，与王君谈当地人情、习俗甚详。晚七时，阅《丽江郡志》，准备以后之调查工作。

丽江在唐时为越析诏，嗣并于南诏。宋中叶为纳西人占据，传十余世。至元世祖南征，改土知府。明洪武间赐姓木氏。至清雍正间，乃"改土归流"。其历史可考者仅如此而已。

木氏初居丽江雪山下白沙里附近，在城北约十公里处。明代改徙现址，今犹存土司衙门及木氏家祠、石坊等。

12 月 10 日　星期六　晴

上午访土司通判署。署前有石坊，三间六楼，结构新颖，尚属初见。据《丽江郡志》卷八·艺文志（下），此坊名"忠义坊"。明万历间，土知府木增奉敕建。

十一时半沿南郊大道，四公里至东员里。摄取民居门窗相片数种。旋登东员岭，访"诚款培风"塔。塔石造，八角十层，第一层西面题"诚款培风"四字，东面复双钩"丽江郡守盛卿年七十书"及"郡廪生张文湛上石"二行。其南有光绪三十一年（公元 1905 年）造塔记一通，足审营造年代甚晚。

下午二时，循道至南郊财神庙。折东登"喜衹园"（图 14），俱系新构。惟园东北墓地中，有明万历、崇祯时墓多处。墓碑浮刻喇嘛塔或佛像，甚为奇特（图 15 ～ 18）。归途访关岳庙及文庙，胥回民之役后重建，无足称述。

图 14　云南丽江喜祇园外观

图 15　丽江坟墓

图 16　丽江坟墓

图 17　丽江坟墓墓碑

图 18　丽江坟墓墓碑

12月11日　星期日　晴

　　晨八时半，出黄山坞北行。十公里抵白沙里。其地为木氏故居，村落延绵约三公里半，足观当时盛概。惜仓猝中未觅木府遗址，一穷其胜。村中央有"琉璃殿"方殿二重（图19）。前殿似建于明初，内部壁画（图20）精美绝伦。旁题施主木增等姓名，确属明人作品。其余佛像、彩画亦皆能品。惟大木结构不能相传。殆地处边陲，匠工知识抑于一隅所致耶？后殿题"大宝积宫"，建于明万历间，与前殿俱面东。此寺之后复有一寺，俗称"大定阁"（图21、22），方殿重檐，前缭回廊，平面作四方形，亦系明构。

　　十一时半，出村西北行。五公里抵雪山麓玉龙寺，即南诏时北岳庙。正殿五间，歇山顶，清中叶重建。自此陟西峰，约一公里至玉峰寺。寺创于唐，元世祖南征时驻跸于此。惟现存正殿乃清乾隆间重建。面阔五间，单檐歇山，中央三间于内部分为二层，以庋经其上。住持僧系喇嘛，询以寺之历史，则不能答。下午二时半下山，循原道，六时返县城。

　　闻白沙里在明时有户三千，最为鼎盛。清咸、同间回民之役后，始渐凋落。

图19　云南丽江宝积宫琉璃殿

图20　丽江宝积宫琉璃殿壁画

图21　丽江大定阁大殿

图22　丽江大定阁大殿棂格

12 月 12 日　星期一　晴

晨九时莫、陈二君赴西邻民众教育馆调查藏书楼。余访王筱贞局长商搜集纳西文字。归途绕道皈依堂。堂面阔三间，单檐歇山，外绕走廊，正脊上榜书："皇明成化辛卯年（七年，公元 1471 年）……中口大夫木嵚……建"，为此行第三次发现之明代建筑。惟外墙与堂前之拜庭则系近代所构。十时返寓，偕陈、莫二君，重返此堂作详细测绘。其特征可记者如下：

（1）柱础式样介乎明、清"鼓镜"与槦之间，可称过渡时期作品。

（2）柱之比例粗而且矮。

（3）外檐斗栱仅一跳，但正心缝上无栱，仅将正心枋雕成壸门形式（图 23）。

（4）内檐明间施平身科四攒，左、右次间各二攒。

（5）内檐柱头科与平身科结构完全相同。即坐斗前、后中央各出三跳，第一跳上无横栱，第二跳上施三幅云，第三跳上施刻花井口枋。此外，在坐斗左、右两角又各出四十五度之斜栱，上施斜置之三幅云。正心缝上无瓜栱、万栱，仅将正心枋刻成壸门状（图 24）。

（6）此殿明间旧装有大藻井，现已凋落。因藻井过大，致将明间梁架移至左、右次间，其下承以抹角梁。而抹角梁之两端，则置于平身科之斜三幅云上（此法亦见于大理庆洞庄圣源寺观音阁）。

（7）殿正面左、右次间，各装露空佛像板一张，雕刻精美（图 25），明土知府木崟所建也（其露空之处，可兼窗之用途）。

（8）殿壁内、外胥绘壁画，惜颜色黯淡无术摄影。

下午四时，离皈依堂。补摄忠义坊民居照片。五时返教育局。

皈依堂在教育局东南官院巷，现设小学于内。

12 月 13 日　星期二　晴

昨夜支气管炎重发，终宵未眠。本日莫、陈二君赴白沙里，测绘宝积宫与大定国寺，余未偕往。上午阅《丽江志》及《徐霞客游记》。下午服周医药，病稍瘥。

纳西（Nashi）文字分二种。最古者似象形文字，自左至右，以竹笔书之。内容或为历史神话，或为西藏传来之多神教经典，惟土巫、刀把能通读耳。其较进步之文字略似藏文，近时美人罗克（Rock）居此二十载，详为介绍，始稍为人注意，可愧也。

图 23　皈依堂梁殿及前檐斗栱　　　　图 24　皈依堂内檐斗栱　　　　图 25　皈依堂次间木雕

12月14日　星期三　晴

本日病大愈。陈、莫二君调查附近民居，余摘录《丽江郡志》。十一时王筱贞先生携纳西书二册见贻，一为迎神之经，一为历史故事，皆象形古文。下午四时，县长周仰东先生来访，同赴城北龙王庙，商改建戏台，往返约五公里。六时返县署晚餐。八时回寓，仍钞录《郡志》。

12月15日　星期四　晴

晨九时，陈、莫二君赴南郊调查民居。余仍阅录《郡志》。午发电致思成。下午二时，摘木氏家谱。谱云木氏原为西域蒙古人，宋徽宗时，迁居通安州。事迹荒诞有类神话，不足置信。盖宋中叶时，蒙古势力未达西域，讵能于西域之下缀以蒙古二字？此殆木氏以迎降功，受元代封袭，后人不察，缘传蒙古以自荣耳。以愚意观之，似以《郡志》来自兰州（即今之兰坪县）之说为近。惟洪武赐姓以前，谱中所载之诸代人氏，皆以父名为姓，与阿剌伯、满州等处略同，岂纳西为吐蕃支裔来自西陲耶？然其事关涉人种、语言、宗教等等，决非短期内所能解决者也。

又木氏宗谱有嘉靖二十四年（公元 1545 年）杨慎序，称木氏始祖叶古年，于唐武德间仕为总兵官。然谱载第十世于宋徽宗时始迁雪山，自此以前，缺而不书。而郡书载木公所为，《建木氏勋祠自记》亦谓："祖叶古年以上十一代，虽有俗老所传名讳，而无谱牒，不敢据信。"不知杨氏何所据而叙其唐代勋业，足为盛名之累也。

12月16日　星期五　晴

晨七时起床，收拾行李。因轿夫缺人，不能成行。乃调查城北民居。并便道游龙王庙。其地距城约二公里半，水源发自象山，汇为巨池，节为石坝，建水碾其下，并供应全城饮用，亦当地重要水利之一也。

下午赴东郊调查。并偕陈、莫二君访木氏家祠。祠位于教育局之北，大部荒废。现存正殿三楹，似系当时门址。惟柱础饰仰覆莲花（图26），与白沙里宝积宫一致，乃仅有之旧物耳。其前又有坊门一间，单檐歇山（图27），施如意斗栱（图28）。其比例结构较宝积宫尤为合理。据木公《建木氏勋祠自记》及杨慎《木氏官谱序》，似成于嘉靖二十二、三年（公元 1543～1544 年）间，为现存如意斗栱最早之例。殆即木公所云："大理巧工杨乃和"所构也。四时，补摄文昌阁相片。

12月17日　星期六　晴

晨七时起床。九时一刻离丽江。四公里过东圆里。逾岭东南行，三公里半至木家院。又七公里半经

图26　云南丽江木氏家祠柱础

图27　丽江木氏家祠坊门

图28　木氏家祠坊门斗栱

木家桥。复逾山岭，降至鹤庆盆地，地势如建瓴直下，较丽江约低二百米。再八公里至楠木桥，午餐。行十公里抵逢密镇，已下午五时。其地距鹤庆县城犹十五公里。乃下轿步行，半途经板桥，已黑不辨物。及入县城北门，已晚八时矣。寓钟鼓楼南康家店。

12 月 18 日　星期日　晴

上午调查南门外杨公祠及城北城隍庙。皆清代木建筑，简陋无可取。

下午至城西南隅，访旧文庙。其大成殿面阔三间，外绕走廊，屋顶重檐歇山。但明间面阔达 9.3 米，致上部梁架，不得不于明间之五架梁及中金檩之上，施平面为四十五度之抹角梁，其上再置三架梁，以承载明间之上金檩与脊檩。据脊檩下题字，此殿鼎建于明崇祯五年（公元 1632 年），经清乾隆、道光数次重修。然重修范围，仅限于外廊及屋顶、梁架，若内槽斗栱仍为崇祯原构也。四时返寓。

鹤庆民居式样虽与丽江属于同一系统，但山面无搏风板，门、窗棂格亦殊草率，致全体印象不逮丽江远甚。

按文庙大成殿下檐外层斗栱使用之重昂，仅于正面加平面四十五度之斜栱，其余三面则否。此种方法，又见于鸡足山金顶寺铜殿，似为明末滇省通行之方法。

12 月 19 日　星期一　晴

晨十时半，出鹤庆南门。五公里至斗山镇。自此西南登山，十八公里抵黑泥哨。虽非山巅，而山风萧飒，奇冷异常，较之丽江为甚。且前途无投宿处，冒险前进，危险綦多，乃寄宿于此。

12 月 20 日　星期二　晴

晨六时起床。八时半，登瓜拉岭。积雪凝冻，步履维艰，凡二公里半，始跻绝顶。附近林木葱郁，绝少人烟。行十二公里余，过瓜拉村。再五公里，至三长纠，午餐。下午行十公里，至板桥哨，又五公里，为观音山，始入平原，与公路相会合。南下七公里半，抵牛街，宿共和栈。

自黑泥哨至板桥哨之间，虽有圆木叠置之建筑，然多用作猪圈、厕圈之类。其结构颇简单，不能与双龙铺、关上、喇是里等处比拟也。

12 月 21 日　星期三　晴

晨八时三刻出发。四公里抵洱源县三营镇。经应山镇，登干海子，至巡检司，中餐。下午沿洱水，经下山口及右口，五时一刻抵邓川县，寓双合栈。晚访刘县长。并作函寄思成、敬之。拟明日绕道洱海北岸，赴鸡足山考察。

12 月 22 日　星期四　晴

晨十时出邓川县城东门。沿洱水东行，二公里半至马甲里。又如是至青索。再五公里达江尾街。其地位于洱海北端，自此绕至海东北，二公里许即登山东趋。再十三公里，抵大王庙，已入宾川县境。借宿于小学校楼上。

12 月 23 日　星期五　晴

晨六时半起床。八时四十分离大王庙。循山径而东，十五公里至白河嘴，中餐。附近民居亦以圆木叠置为壁，如丽江一带者。下午二时南行，山势渐陡。至鸡足山南峰下，悬崖峭壁尤为险绝。凡十五公里抵金顶寺，已暮色迷茫。俯瞰群山若隐若现，惟苍山、洱海较易辨别耳。是夜宿寺东楼，寒不可耐。

金顶寺位于玉柱峰之南端，亦即鸡足山之绝顶，巍然秀耸，形势绝佳。寺外为山门。次韦陀殿三间。殿后东、西庑之间，有铜殿三间，平面方形，上覆重檐歇山顶。据《徐霞客游记》，乃明崇祯间，自昆明太和宫移此者。前部月台之上，置□□八年固原侯王尚礼所施铜鼎一具，制作甚工。惟殿本身所缭白石栏楯，则系近代所构，式样甚拙。殿之槅扇施套环纹，颇为娟秀。上、下檐斗栱皆五踩重昂。其特点：

（1）跳头上及正心缝上皆单栱造。而正心瓜栱左、右相联，若鸳鸯交手栱形状。

（2）上、下檐正面斗栱，在坐斗与跳头上加左、右斜栱。其余三面，胥无此种结构法。证以鹤庆文庙大成殿，知为明末此间通行之手法。

铜殿（亦称"金殿"，见上檐正面匾额）后有楞严塔。塔平面方形，塔身上施密檐十三层。上部外轮廓线收分过大，全体形制虽秀丽，但欠自然。内部分为九层，第一、二层于塔中央立中心柱，以木梯盘旋而上。惟第三层以上，因内室过小，仅于室隅置铁扒梯。在原则上，似踏袭大理塔寺之成法。据碑记，此寺之塔不审创于何时，明代曾加修葺。清初山内寺刹多罹回禄。康熙中叶，云贵总督范某惑于行家之说，拆毁此塔。至民国十九年（公元1930年）云南省主席龙云倡议重建，二十二年（公元1933年）始工，二十四年落成。董其事者，同学刘君澍国也。塔东稍后新建楼房五间，供游览人寄宿之用。塔北为大雄宝殿三间，单檐硬山，为清末所构，甚简陋。

鸡足山寺刹大都属曹洞宗，大、小无虑二十余所。最巨者推石钟、大觉、悉檀、华严、传灯，称五大寺。而十方丛林惟祝圣寺一处而已。最近金顶寺亦招待游客，究以地居绝顶，攀登不易。游此山者，多宿石钟、祝圣二寺。若余辈自后山陟绝壁，而投宿金顶者，殆百不一睹也。

12月24日 星期六 晴

晨七时起床。早餐毕，即调查铜殿结构。十一时半下山，约一公里，至传灯寺。寺正殿三间，单檐硬山，似清初物。内庋达摩铜像，形范衣褶，绝类明代所铸，故此寺又称铜佛寺。寺之西侧，石壁崩落如拱门状，俗称华首门。《齐东野语》称内藏伽叶肉身，妄诞不足置辩。其前亦有铜殿一所，但结构简陋，不能与金顶寺同日而语。

循大道而下，再一公里许，西侧有金襕寺，旧称迦叶寺。传为阿育王时代迦叶之道场所在。《徐霞客游记》称，寺前有天长阁，建于明天启间。后有观风台，亦天启初年物。今俱荡毁，渺无遗迹可认。山门内有前殿一排。其后以东、西庑及正殿构成方院，为滇省西北一带佛寺最通行之布局法。大殿五间，单檐硬山，前辟走廊，建于乾隆中叶。惟寺内柱础及其下之方板，皆以木制，乃罕见之例。

离此前行三公里，折西北。再一公里半，至华严寺。山门内左、右列钟、鼓二楼，胥重檐歇山。次前楼，次东、西庑，次正殿，合构为方院。其左、右复有精舍数区，规模宏阔，久为此山五大寺之一。其正殿面阔五间，单檐歇山，前辟走廊，外檐斗栱七踩三昂。据康熙二十二年（公元1683年）碑，此寺曾罹火灾，康熙初重建大殿及两庑。然就结构观之，前楼及两庑极类清初手法。惟大殿存明天启香炉与万历沐氏匾额。而佛座、背光、佛具等均颇类明代遗物，岂当时并未全毁，碑文所述，言过其实耶。

出寺东南行四公里，抵祝圣寺，原名迎祥寺，亦称白玉庵。规模颇巨，然皆最近三十年内所构，无足参考。一行以此山寺刹，萃集于山腰以下，故留宿于此，以便就近调查。住持怀空，淮安人，居此十余载，雅善应酬，无伧俗气，不易得也。

祝圣寺外为照壁（此山佛刹多建照壁，为他处少见）。次月牙池，中构小亭，犹未竣工。次天王殿，殿后东为伽蓝殿，西为祖师殿，咸重檐歇山顶。正北大雄宝殿，面阔五间，重檐歇山。东侧有客堂、斋堂，西侧为禅堂，回廊周匝，遥相对称。殿北重楼五间，而明间突出，题"龙藏阁"，内庋北藏一部。阁东另有客堂,西为方丈,各成一区。综观此寺之全体布局,尚存禅宗制度,与当地佛寺迥异其趣。住持怀空云:光绪末僧虚云游此山,慨僧道无栖止处,乃发愿增扩此寺为十方丛林,亦盛举也。虚云湖南湘乡人,俗姓许,生于福建,现犹长广东某寺云。

12月25日　星期日　晴

晨十时出祝圣寺。东南约二百米至悉檀寺。外为照壁。次山门,五间重楼。次尚友阁,重檐歇山。自阁左、右跻石级,经砖门,至天王殿,三间挑檐。有董思白题匾,内置明天启四年(公元1624年)御敕碑。四天王像亦皆明制。最奇特者为外檐斗栱施单昂,其后尾亦作昂形,甚为罕见。殿后东、西屋各三间。正北大殿五间,重檐歇山,前构走廊,顶部施罗锅椽。殿内仅明间置佛像一尊,左、右次间各列经橱一具,似明代遗物。据万历碑,此殿乃神宗中叶丽江木知府所施造。然斗栱结构琐碎,已失原有机能,与华严寺大殿相伯仲。

自寺西北登小坡,折东至五华庵。乃新构工程,犹未完竣。再西二百余米,至石钟寺。寺位于祝圣寺之后,自明以来,即为此山寺刹之总会所,现设佛教分会于内。山门作牌坊式。内为钟、鼓二楼。次前楼五间。次东、西屋各三间。次大殿五间。单檐歇山。据碑记,重建于康熙中季,嘉庆初复加装饰。按此寺平面配置,极类华严寺。惟大殿左、右所列二院,较为狭陋,不及华严、悉檀二寺之严整耳。

自石钟寺西北,经兴云寺。遥望堂殿,新构未久,遂未入观。自此寺后再西北行数百步,访万松庵。其正殿单檐歇山,为清中叶重建。再西北约二百米,抵大觉寺,乃山中著名巨刹。惜三载前不戒于火,全寺荡为灰烬,重建工程刻正进行中。自此西北,经飞虹桥。折北约半公里,访寂光寺。寺正殿五间,重檐歇山。建于清中叶,了无足取。惟殿前铜锅二,乃明天启五年(公元1625年)旧物。其侧之水月庵,闻新建未久,未往观。

下午一时,循原径返兴云寺后。复折西北,约数百步,访龙华寺。再南经祝圣寺西,转西南,至摩尼庵。此二处皆规模湫隘,正殿三间,单檐歇山,清代所建。自此再南,下长坡,约一公里半,抵大士阁。山门施木制抱鼓石,似因坊门改建者。次经木牌坊及前楼。至正殿,乃清道光间火后重建,斗栱纤弱,毫无意义。时已二时半,在此中餐。三时出大士阁,望西坡上传衣寺,规模甚巨,然嘉庆时曾遭回禄,古物荡然。其旁八角庵又非巨刹。乃沿旧道经摩尼庵,四时半返祝圣寺。略事休息,即应佛教会之邀,赴石钟寺晚餐,与怀空聚谈佛教流派。六时仍返祝圣寺。

12月26日　星期一　阴后晴

晨八时赴悉檀寺,摄大殿经橱及天王殿之照片。九时返祝圣寺早餐。十时赴华严寺,测绘大殿平面。经详细调查,似此殿建于康熙初期之说,较可征信。在寺午餐。下午二时,循原路访兴云寺。大殿五间,单檐歇山,建于清乾隆五十六年(公元1791年)。再东至石钟寺,补摄大殿斗栱、门窗。四时,东南赴悉檀寺,量大殿平面。寺西南隅有"生白公祠",祀木增像,盖此寺在明时为木氏道场故耳。祠前悬裔孙木翘、木荣匾额,谓增于明末隐道,不知所终,足补《木氏官谱》之不备。五时半,返祝圣寺。定明日取道挼色,渡洱海,重返大理。

12月27日　星期二　晴

晨十时,离祝圣寺下山。经大士阁,山脚有木牌坊一座,建于乾隆辛亥年(五十六年,公元1791年)。凡五公里,抵平地,憩沙子街。由此登南山,折西南,十三公里宿下仓。旅舍无床,登楼藉叶而卧,累日疲劳,酣睡达旦,亦快举也。

12月28日　星期三　阴后晴

九时出发。越石级岭，十公里过瓜引。再西南登坡，下瞰洱海，不期雀跃。顺山路降至海东，凡十七公里余，抵捹色镇。预雇帆船，期明日返回大理。六时移寓船家，相与围炉共话，不知夜之将半。

12月29日　星期四　晴

晨二时半登舟。三时解缆，沿洱海东岸而南。六时半，折西渡海，凡三小时抵西岸小衣庄。远瞩三塔寺雄踞苍山下，如亲旧重逢，不胜忻愉。登岸西行，三公里入大理东门。仍寓南门内万福隆旅店。

下午走访教育局杨焕宇先生。悉喜州张法臣君藏明《大理府志》残本一部，已托严子曾先生接洽借抄，尚无回讯。

晚作书寄敬之。

12月30日　星期五　晴

晨十时，赴省立大理中学，摄装修照片。校长陈君，赠《白国因由》一册。并晤教员严君，悉崇圣寺大塔于1925年地震时，刹顶坠地，遗有经文及铜制小塔，现藏昆明李选庭军长处。并云咸丰回民之役，县北喜州附近损害较轻，宜往考察。

下午至教育局，结算拓碑账目。四时返寓。

12月31日　星期六　晴

晨七时起床。八时乘滑杆循公路北行，十五公里至湾桥。折西北，四公里至山麓之庆洞庄圣源寺。寺门为三间牌楼，歇山顶，檐口及脊起翘显著（图29）。大殿甚新，疑清末重建。《白国因由》所云南宋旧物也（书中文字书于榈叶上，亦非圝文，良可疑也）。惟南侧观音堂系重檐歇山，其内部梁架及上檐之三踩单翘斗栱似明代遗物（正心缝系单栱造，比例颇大。角科施抹角栱。内侧再施抹角梁，以承载歇山梁架。与丽江皈依堂约略相类）。

十时三刻，离庆洞庄。东北二公里余，越公路而东。再一公里，抵喜州镇。镇南约半公里，有大慈寺。寺甚大，但正殿及后部之凌霄阁胥清季建造，不足取。惟殿后廊所树《宝莲殿记》，题"洪武戊寅（三十一年，公元1398年）八月中秋良日"。碑座长方形，所镌莲瓣及碑首阴刻宝相花纹，均颇精丽动目。在大理诸碑中，当推此为压卷矣。前廊复有明隆庆、万历碑各一通。

寺南百余米处，有中央皇帝庙。亦系新构，但主像高三米半，按剑危坐，翘首雄视，姿态翊翊，决为元塑（图30）。第此庙未见《县志》，又无碑碣可凭，不知所称中央皇帝者，究指谁何也。

庙东六十米处，存墓塔一。下部须弥座平面作八角形，其上置圆形塔身，比例粗矮，略似覆钵。塔门西向，现已堵塞，闻门内尚有圆室一间。塔身上野草丛生，隐约辨有方座一层，其上相轮甚矮，未刻横线，仅一简单圆石，上覆宝盖，再竖尖顶，皆以石制。全体印象，极似印度之窣堵坡。而砖面且有斜纹，如崇胜、佛图二寺之塔，疑为元代遗物。

下午一时南返。二时半抵湾桥，中餐。餐后南行，值巨风，滑杆几为所覆。六时抵寓。晚作书寄思成。

1939年1月1日　星期日　晴

晨七时起床。八时半，至外购照相胶片。归后收拾行李，吴禹铭来送。十一时半，乘滑杆出大理南门，十里观音堂。十三里蛇骨塔。再七里抵下关。寓汽车站旁春茂盛旅店，时已下午三时。卸装后，往观天生桥。桥在关西二里许，两峰间中通一水，有天然石二，跨水上如桥，故名之。南岸三碑，一题诸葛武侯擒孟获处。

图 29　云南大理县庆洞庄圣源寺牌坊　　　　　　　图 30　大理县喜州中央皇帝庙主像

一题蒋壮勤公立功处，盖指同治平回而言。他一碑则记明永历五年（公元 1651 年）修城事。五时返寓。六时赴汽车站购票，座位已满，非三日不能出发。乃定明日赴凤仪考察。

1月2日　星期一　晴、风

晨八时三刻乘滑杆，沿公路东北行，二十里抵洛龙山下飞来寺。寺创于明，回乱后重修不久。惟大殿前砖塔二基，平面方形，塔身上覆密檐七层，乃康熙辛未（三十年，公元 1691 年）正月毁后再建者。复行五里，入凤仪县西门。访教育局杨局长。导观城西旧凤鸣书院及雨花寺、东岳庙。次入城访文庙、城隍庙、武安王庙。皆清末以来建筑，无足取。一时，访欧阳县长，观署内古槐。一时半午餐。二时出北门，即问道返下关。四时抵寓。晚饭后，赴车站购票，并致电思成。九时就寝，终夜狂风怒号，寒不成眠。

1月3日　星期二　晴

晨六时半起床，八时赴汽车站，十时搭车东返。车身极旧，巅簸殊甚，为之头目晕眩。下午一时抵华清池。中餐，餐后精神稍振。二时过云南驿。三时登天子庙坡。六时达沙桥。时天色暝暝，举手不见指，是夜宿于沙桥。

旅邸拥挤异常，余与明达共卧一榻。气候转温，为出发以来未有。

1月4日　星期三　晴

晨六时半起床。八时出发。中途车坏，十时始抵镇南县。下车寓北门内义安栈。访县长及教育局长，皆不遇。下午二时，访文昌宫。门二重。次为正殿（图31）。面阔三间，进深六架显四间，外绕走廊，显系最近增构者。据斗栱跳头上所施雕花外拽枋（图32、33），确为明代手法。但柱作梭形，材、栔比例甚大，而昂头用批竹式。且正心枋上皆施散斗，又似宋代方式。《州志》谓嘉庆十九年（公元 1814 年）自城东南广福寺迁此，岂当时凑集旧物于一处耶？殿后玉皇阁三层（图 34），题"通明殿"，道光十二年（公元 1832 年）建。现俱改为县立初级中学校。晚作书寄敬之。

1月5日 星期四 晴

下午测绘文昌宫大殿。可记述之事项如下：

（1）华栱与泥道栱宽 16 厘米，高 24 厘米，与辽、宋建筑接近。但以上部分，材、栔比例稍小，乃罕见之例。

（2）瓜栱长度与令栱相等。

（3）补间铺作后尾，施倒置之翼形栱。

（4）正面当心间之补间铺作上，施45°斜栱，其后尾未延长与柱头枋相交，极不合理。

（5）阑额未伸出隅柱外。

（6）阑额上无普拍枋，而代以略似月梁形状之枋一层。所有补间铺作俱无坐斗，直接置华栱与泥道栱于此枋之上，异常奇特。

（7）脊瓜柱上部所施丁华抹颏栱作批竹昂式。

（8）前部下平槫下有乾隆五十年（公元 1785 年）重修记录。

（9）广福寺在文昌宫之西，现充保安队宿舍，与《州志》在城东南之说不合。但寺内仅余一碑，不能证其原在是处，据为嘉庆十九年迁徙后地址也。

（10）此殿若系嘉庆迁移来此，不应梁下保存乾隆重修记录，而无一字记述迁徙之事。按此殿结构似元末明初物。《州志》载玉皇阁建于元，岂此殿乃元建玉皇阁之一部分耶？而嘉庆迁移者为西侧广福寺耶？

下午三时，赴东南郊调查，无所获。闻城内乏轿夫，乃托人赴沙桥觅雇，因明日拟赴姚安故也。

1月6日 星期五 晴

上午十时，县人自沙桥归云，滑杆夫尚未雇得，乃以重金勉雇数人。十二时一刻，出县北门，西北

图31 云南镇南文昌宫大殿

图32 镇南文昌宫大殿斗栱后尾

图 33　镇南文昌宫大殿内檐斗栱　　　　　　　　　图 34　文昌宫玉皇阁外观

沿山沟二十五里，宿蟠龙寺西楼。是夜寒甚。此次赴姚安，仅携被盖及照相机与必要用具数件，其余笨重行李，悉存镇南县署马科长处。

1月7日　星期六　晴

晨六时起床，七时一刻出发，浓霜铺地，冷气侵肤。十里马鞍山。民居皆以木材叠砌，如丽江、剑川等县。惟木缝间遍涂泥土，为前者所无。十五里新村。十五里盐水沟，地势渐平。十里太平铺，中餐。二十里文笔村。又二十里抵姚安县城，寓东门内青云店。访霍县长及教育局长杨君，商调查事宜。霍君名士廉，通达谙练，与邓川县长刘君堪伯仲。

1月8日　星期日　晴

晨九时，访旧文庙，摄明香炉、石狮相片。次赴城西南德丰寺考察。大殿面阔三间，进深八架，外绕走廊，上构单檐歇山顶。外檐斗栱三彩单翘，内檐增为三昂，后尾出四跳。惟栱之比例，稍嫌瘦长，其上厢栱与外拽枋雕刻花纹，略似丽江皈依堂手法。而正心缝亦系单栱造，其余额枋二层与平板枋比例，犹存明初式样。尤以内部额枋彩画几与北平智化寺万佛阁并无二致。《州志》谓建于永乐二年（公元 1404 年），可信也。

十二时，雇马出西门。西北登山，复降至平地，凡十八里，抵兴宝寺。寺创于宋，屡经修改，原状无存，仅有元碑一通而已。三时四十分，由原路东返。五时一刻抵县城。

1月9日　星期一　晴

上午九时半乘骑出北门。西北十二里，过龙岗卫，求元代故城遗址不得。遥瞩小丘上有华严寺，殿宇新整，未往。折西北八里，抵白塔街，其地为土司高氏故里。一行憩街西文昌阁区公所。自此登侧山，约里许访土主庙与华龙寺（俗称活佛寺），皆建造未久。再南越土岗数重，约里许至至德寺，明末土司高雪君出家后栖止所也。雪君法号悟祯，自铸铜卧像，置殿南东端。其大殿正脊下，榜书永历壬辰（六年，公元 1652 年）鼎建，殆即雪君所构。大殿五间，单檐悬山，左、右庑及前楼门、窗、栏槛，皆玲珑精细自成一格，不失为明末清初建筑之精品。下午二时，还白塔街中餐。五时抵城，访县长，知滑杆迄未雇得，甚为焦急。

1 月 10 日　星期二　晴

上午九时半赴德丰寺，补测大殿平面，并摄照片。十一时返寓。县署遣来滑杆夫八人，皆健硕异常。十二时半离姚安返镇南，四十里宿太平铺。旅舍无窗，煤烟内注，目不能启。且终宵闷热，不能安寝。

1 月 11 日　星期三　晴

晨六时起床。七时四十分出发。山道阴森，水田已结薄冰，手足僵冻，俨若寒冬。四十里抵马鞍山北某村，调查木造民居，约停一小时。再南，遇中大旧同事吴瞿庵先生，以携眷赴姚安，匆匆未能久谈。十里抵蟠龙寺，中餐。再二十五里抵镇南县，寓北门内义安店。五时赴县署携取行李，并请派人护送前往楚雄。

1 月 12 日　星期四　雨

晨六时起床，微雨。八时四十分出县北门，折东，沿公路约二十里，复循旧官道，越土岗数重，雨益剧，行李尽湿，凡十里抵吕合镇，稍息。雨霁后，东南行五里，与公路再合。再十里至青盐哨，中餐。十五里，过外河乡。三十里抵楚雄，寓北门内兴安旅馆。卸装后，访邱县长。晚函寄思成、敬之。

1 月 13 日　星期五　阴、雨

上午九时访省立楚雄中学校长毕君及教育局长贾君。导观民众教育馆所藏南宋高氏果行义帝墓志，字体遒劲，略带行体，但系左行，为中土所少见。十时访南门明代木建牌坊（图 35），上题："崇祯拾年（公元 1637 年）岁次丁丑孟秋日吉旦建"。斗栱皆如意式，与丽江白沙里宝积宫略相类似。次赴文庙，调查大成殿。殿面阔五间，重檐歇山（图 36），下檐仅施三踩单翘（图 37），上檐则为五踩重昂。明间施平身科二攒，次间一攒，比例雄健，昂尾卷杀亦无变态形状。惟外拽枋雕如意头与正心缝仅施正心瓜栱，仍为明代滇省通行手法。脊檩下题明成化五年（公元 1469 年）鼎建，可信也。午饭后，访东门外龙江祠，不可得。又赴文庙补摄像片。五时返寓。入夜，雨声淅沥，颇以为苦。

1 月 14 日　星期六　雨

上午十时，搭长途汽车东返。下午一时过平浪，雨益剧。二时抵禄丰县中餐。四时过腰站坡。五时宿羊老哨。司机有阿芙蓉癖且嗜赌，闹至午夜，颇以明日不能按时出发为虑。

1 月 15 日　星期日　雨

晨八时，司机及店主人方起床。十时早餐，待盐块装毕，出发已十一句钟矣。下午一时过安宁县。雨未霁，决计迳返昆明，俟天气晴明再往温泉调查曹溪寺。三时，抵昆明大西门外，经警察、宪兵及消费合作社三度检查。车过大东门，复受合作社检查。抵护国寺，又受蒙自关检查。手续之繁，为以往旅行所仅有。四时返家，自出发至此，为时共五十三日，一行三人无恙。

1 月 23 日　星期一　晴

上午八时驱车至近日楼，与陈、莫二君搭名胜汽车赴安宁县调查。八时开车，九时五十分过安宁城。

图 35　云南楚雄南门明代牌坊

图 36　楚雄文庙大成殿　　　　　　　　图 37　楚雄文庙大成殿斗栱

折西北，十时一刻抵温泉村，共四十二公里。下车后，寓同泰旅馆。

十一时，自寓所西渡螳螂川。折南约二里，至曹溪寺。寺踞凤城山腰，东向。入寺门转南，经圆门，折西登天王殿，四天王塑像似清初物。自殿后左、右廊绕登中殿，其布局方式极似姚安诸寺。殿内置观音像，亦清初作品。再左、右配殿各三楹，左配殿内一像，疑为明塑。正中为大雄宝殿（图38），面阔三间，重檐歇山，思成疑为南宋建造者是也。左、右朵殿各三间，骈列东向，而左侧者现作方丈，疑旧日不如是也。自殿后升石级，有后殿三楹，乃康熙四十一年（公元1702年）云贵总督巴锡就万寿阁故址改建者。据方志及寺内碑记，此寺创于大理国末期，经明弘治、嘉靖及清康熙、嘉庆几度重修，除大殿外，举凡无一古建筑，据余等考察，其大殿实建于元，而非南宋遗构，其证据如次：

（1）下檐斗栱材、栔，及阑额出头处所刻花纹、驼峰式样、外拽枋下口镌刻壸门式花纹等（图39），胥与镇南县文昌宫类似。

（2）下檐第一跳华栱较以上各层稍大，亦与文昌宫一致。

（3）梁、枋断面与圆形相近（图40），为元代建造最明显之证据。

（4）上檐斗栱比例式样与下檐有异，似经明代改修。

（5）窗、门槅扇似明或清初物。

（6）上部梁架与上、下檐椽、檩乃最近抽换。

虽然此殿下檐之材高24厘米，几与辽独乐寺观音阁接近，而华栱下施替木、阑额表面刻长方形装饰（"七朱八白"），皆北宋以前之手法，不能不谓为元代木建筑中之特例。此殆云南辟处边陲，式样变迁恒较中原诸省稍迟，故其元代木建筑，往往酷类中原南宋所建。而明中叶以前者亦类元代遗物也（在时间上，约晚百年至百五十年）。

1月24日 星期二 晴

上午九时仍赴曹溪寺调查。下午三时毕事。游螳螂川东岸诸洞，五时返寓。晚浴温泉，设备不良，

图38 云南安宁县曹溪寺大殿外观

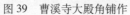

图 39　曹溪寺大殿角铺作　　　　　　　　　　　　　　　　　　　图 40　曹溪寺大殿梁架

不及骊山华清池及南京汤山温泉远甚。

1月25日　星期三　晴

晨七时起床。八时半离温泉。东南十五里，抵公路汽车站，购返昆明车票。十时半，西南行二里，渡永安桥（图41），桥三孔，上设市廛，曾见《徐霞客游记》，似明代遗构（起拱点较分水尖犹低，乃初见之例）。入县东门，折西南登太极山，访教育局。导观昊天阁、雷神殿。殿面阔五间，单檐歇山，明天顺初季所建也（图42），殿中内柱绕以盘龙（图43）。下山转北约里许，至文庙。观元大德碑及万历重建之大成殿，因有驻军，未能摄影。十二时半返车站。一时半搭名胜汽车返昆明，三时抵寓。

图 41　云南安宁县永安桥

图 42　云南安宁县雷神殿外观

图 43　安宁县雷神殿内景

告成周公庙调查记[*]

1936年6月16日，自密县东南经西浏碑村，访碑楼寺与唐三阳宫故址。薄暮抵告成镇。告成古称阳城，今属登封县。《隋书·天文志》载周公测晷景于阳城，参考历纪，即其地也。翌晨，出镇北门。东北行二里，访周公庙。庙南向，外为大门三间，榜书"元圣庙"。门内以卡墙区隔南、北，中为戟门三间，左、右翼以旁门各一。门北甬道中央有石台一座，上立石标柱，正面题"周公测景台"五字。台后大殿三间，单檐硬山，规模甚陋。惟进深以两卷相连，前为拜庭，后奉周公像，较戟门略为崇大耳。

大殿西侧建杂屋三间自此绕至庙后，复有砖台与大殿同位于南北中线上。台高三丈余，阶砌盘回，形制奇伟，乡人称为"观星台"，然即《元史》所载之"圭表"。台北石圭北指，另有螽斯殿三间位于圭北（图13），式样结构视大殿微小。

此庙木建筑大都成于近代，因陋就简，无足记述。惟测景、观星二台，关系我国天文沿革，至为重要。而尤以后者结构雄奇，为国内砖构物中极罕贵之遗物。

测景台

测景台（图1）分上、下二部。下部石座以巨石二块拼合而成。台之底部东西广1.9米，南北深1.7米，非正方形。台高1.98米，下广上削，上缘每面收成0.89米，约为底阔二分之一。但其南面坡度，较北面略为平缓，似制作当时，即已如此，非年久倾侧所致也。

台上立石柱，广0.45米，深0.21米。至顶冠以石盖，琢成九脊殿顶形状。在平面上，此柱微偏北侧。柱高1.98米，与下部之座完全相等。

台之结构，如上所述，异常简单，然究其形制起源，不得不上溯我国古代"土圭"之制。"土圭"之名，始见于《周官·大司徒》，盖用以求"地中"与推验四时节气之工具也。"地中"之义，《周官》释之曰："日至之景，尺有五寸，谓之地中。"其意盖谓夏至之日，设土圭，长尺有五寸，南端立八尺之表，其影适与土圭相等。求之国内，唯阳城始如是，故定为"地中"焉。依此类推，其余各处，亦得因日影之长，求经纬度与道里之远近。汉儒张衡、郑玄等皆深信此说。故郑氏谓："日景于地，千里而差一寸。"而阳城地中之说，亦首见于《周官》郑注。然自隋刘焯首辨其谬，至唐开元十二年（公元724年），太史监南宫说更自渭州白马而南，经汴州、许州，至豫州、上蔡、武津，计其道里，测其夏至景长，证郑氏所注毫不

图1　测景台

* 本文原发表于前《国立中央研究院专刊》—1939年5月。

足据。故自唐以后，"土圭"之主要用途，仅依日景长短，校定冬至与夏至而已。

"土圭"之名，虽见于《周官》，然其书聚讼千载，真伪莫辨，今姑置而不论。然依《隋书·律历志》所引《春秋纬命历序》："鲁僖公五年（公元前655年）正月壬子朔日冬至，今以甲子元历术推算，得合不差。"知周之中叶，固已知二至之法矣。其后《后汉书·律历志》列冬至以下二十四节气，与其晷景尺寸，漏刻长短，后世治历者，率皆奉为圭臬。明末西法输入，泰西教士迭掌我国灵台仪象垂二百年，而独于气节区划，沿袭旧习未予更改。

阳城"地中"之说，自开元后业已破除，然其时固犹用为测景之所也。现存测景台据《新唐书·地理志》河南府·阳城条："邑有测景台，开元十一年（公元721年）诏太史监南宫说刻石表焉。"疑即建于是时。今以遗物证之，吴大澂《权衡度量实验考》所载之开元尺，虽非绝对可信，然以之度前述柱高1.98米，竟与八尺相近，可知唐代测景，犹沿袭郑玄所称八尺之比例。惟现存之台，上部冠以石顶，恐不便于实际之用，殆仅以纪念周公测景于此而已。

观星台

台之平面配置，可为二部分：一即台之本体；一为四面盘旋拥簇之踏道（图2）。据实测结果，此台连踏道于内，东、西广16.88米。南北深16.70米，略与正方形相近。

台之北侧设有踏道上口二处，东、西相向取对称形式。自此折而向南，经台之东、西二面转至南侧相会（图2）。在结构上，此踏道具有拥壁同样之意义。而在外观上，尤能助长台之美观（图3～6）。

此台壁体除北侧中央之直槽外，其余各处皆具有比例较大之"收分"，为构成外观安稳之重要因素。按宋·李明仲《营造法式》卷三所载宋代城壁之"收分"，为城高百分之二十五。而此台南面之壁高10.49米，上部收进2.61米，约为壁高24.88%。二者相较相差极微，足窥建成台之年代去宋不远。又墙面所用之砖，长36厘米，宽18厘米，厚6厘米，全体比例薄而且长，亦不类明以后物。

台上面积，东西广8.16米，南北深7.82米，亦与正方形相近。其南面及东、西二面之一部均砌有砖栏。北部则依台之外缘建卷棚式瓦屋三间，依砖之形状尺寸观之，其年代显然较晚。

上述瓦屋之明间为直槽宽度所限制，故其面阔反较左、右次间稍窄（图2）。直槽之下建有石圭。明·王士性《游梁记》谓为量天尺，其上刻周尺一百二十尺。而现存石圭长30.71米，宽0.53米，表面敷砌石板三十五枚，并未镂刻周尺。疑王氏所纪，得诸传闻并非事实。又石圭表面原应保持绝对水平，且与直槽之南壁成九十度之角度。但其一部现已破裂走动，故其北端较南端微低（图3）。

此台结构形制已如前所述，虽与测景台迥然异观，然其用途，求诸典籍，仍由"土圭"所演进，惟其规模较巨，设备较精耳。案"土圭"之法，表高八尺，夏至

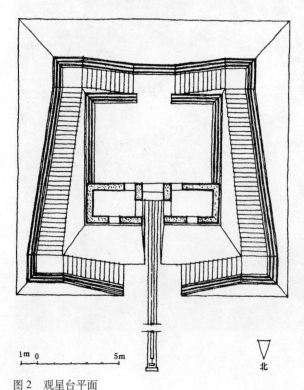

1m 0 　　　 5m

北

图2　观星台平面

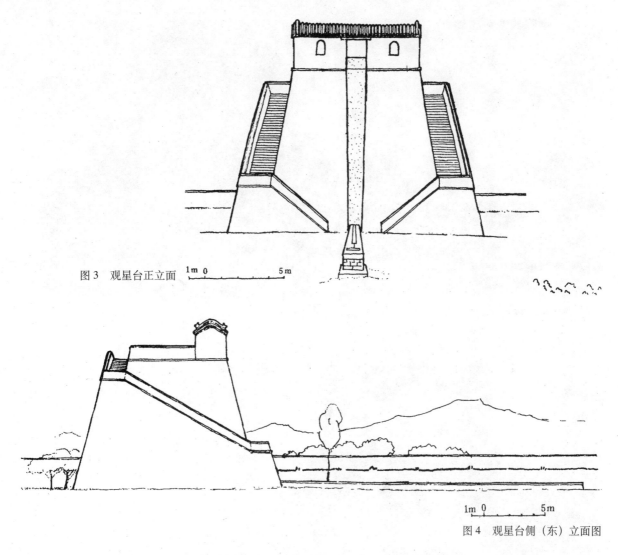

图 3　观星台正立面　1m 0 ⊢⊣⊢⊣⊢⊣ 5m

图 4　观星台侧（东）立面图　1m 0 ⊢⊣⊢⊣⊢⊣ 5m

之影，仅长尺余，欲求测景时获得精密之结果，殆不可能。故元·郭守敬易为四丈之长表，其制见《元史·天文志》"圭表"条：

"圭表以石为之，长一百二十八尺，广四尺五寸，厚一尺四寸，座高二尺六寸。南、北两端为池，圆径一尺五寸，深二寸。……两旁相去一寸为水渠，深、广各一寸，与南、北两池相贯通，以取平。表长五十尺，广二尺四寸，厚减广之半，植于圭之南端圭石座中。入地及座中一丈四尺。上高三十六尺；其端两旁为二龙，半身附表，上擎横梁。自梁心至表巅四尺，下属圭面共为四十尺。"

所述石圭取平之法，曾见《隋书·天文志》梁天监中祖暅所制之铜表，惟郭氏更扩而大之而已。今以《元史》与此台相较，其石圭制度竟仿佛相类。石圭北端至直槽南壁之距离为 30.78 米，除去南端未敷石板之 0.38 米外，其净长实为 30.33 米。此数因石圭年久移动，虽非元代原来之长度，然以一百二十八尺除之，得每尺等于 0.237 米。与高平子先生算定之元尺每尺等于 0.239 米极为接近；足证台与石圭确为元代所建。惟现存台上瓦屋与直槽南壁上之矮墙，系后人增修，与测景无关。其自石圭表面至台面高 8.43 米，合元尺三十五尺二寸六分。姑无论当时于圭南未铺石板处，依附直槽树立四十尺之长表，其表端之横梁固可

图 5　观星台西北面外观

图 6　观星台北面外观

露出台外；即于台之北缘直接架置横梁，使与圭面之高度恰合四十尺，亦可与《元史》所载之长表，收同等之功效。

然而，将孤立之表易为直槽，其故又将安在？以愚测之，《元史》之长表孤立圭端，易受撼动，恐不能永久与石圭维持直角之关系，故其为此，殆为事实上必然之要求。除此以外，余尤疑曾受西域天文设备之暗示。同书西域仪象条载：

"鲁哈麻亦木思塔余，汉言冬、夏至晷影堂也。为屋五间，屋下为坎，深二丈二尺，脊开一罅，以直通日晷。随罅立壁，附壁悬铜尺长一丈六寸。壁仰画天度，半规其尺，亦可往来规运，直望漏屋晷影，以定冬、夏二至。"

前文所述之晷影堂，悬铜尺于壁以测晷影，与此台之直槽，同为利用砖壁。惟一掘地为坎，一则建于地面上耳。

此台自建造以后，据石圭西侧铭刻，明嘉靖二十一年（公元1542年）曾予一度修理，其文如次：

"大明嘉靖二十一年孟冬重修。监工义官□□医生□□老人刘和□□。"

案《明史·天文志》载洪武十八年（公元1385年），设观象台于南京鸡鸣山。正统三年（公元1438年）始取木样，另于北京铸浑天仪与简仪。正德间，刻漏博士朱裕复请于河南阳城，察旧立土圭，合日晷，未果行。至嘉靖七年（公元1528年），始立四丈木表于北京。然则前述修治记录，或与此事不无关系？所异者，明、清诸碑均称此台为观星台，而景日昣、潘耒诸人著作，并谓直槽之上原有悬壶滴漏，承以水道，视其所至以定时分，尤属揣度之辞，去创作原意相差不可以道里计矣。又景氏《说嵩》谓石圭表面，原敷石三十六枚，而现存者仅三十五枚，亦不可解。

修理意见

（一）测景台

此台下部石座现已走动，致石缝不能密合，而上部石柱亦略呈歪斜情况。为恢复原状计，自宜全部拆卸重新装配。但石质风化已久裂缝极多，偶一不慎，即足发生破裂危险。为安全计，仅清理石面石缝，用水泥灰浆*调色钩抹嵌补，外部再以石栏萦绕，以资保护。

（二）观星台

基础

台之基础据现状观之，似曾发生不平均下沉之现象。盖南侧壁面上现有极长之裂缝，自下直达上部（图10）；而台之上缘所施墙冠，原应保持水平状态者，但在台之东侧，其中点已向下弯曲（图9）；北侧者左、右两端亦已下垂，而尤以北侧壁面上之裂缝，略成对称形式，乃最显著确凿之证据（图5）。然此台自建造至今历时已六百余载，其基础经长期间下沉之后，似不致再有走动危险，故亦无须根本改造。现拟沿台脚筑一米宽散水道一周，以防止雨雪下浸。并将周围树木离台基过近者，移植他处。

壁体

台之壁体遽睹之虽似完整，然实已发生无数裂缝（图7）。考其致此之由，除前述基础下沉外，又因壁面所砌之砖皆采用顺摆法，未能与内部联系为一，经过长期间气候凌铄，及内、外砖层不平均下沉之结果，遂至产生此种现象。但修理工程，如拆去外侧之砖重新修砌，不但工费浩繁，且完成之后轮奂一新，亦足丧失古建筑之价值。故拟在下列二种条件之下，进行工作。

---

*［整理者注］：就今日所实行之古建保护原则，修缮中所用之建筑材料，仍应以传统材料（石灰、陶砖、石材……）为佳，而尽可能不用现代材料，如钢筋、水泥、防水浆……之属。

图 7 踏道之一　　　　　　图 8 踏道之二　　　　　　图 10 观星台东南面上部

图 9 观星台东面上部

图 11 观星台台面及砖栏

1. 所有壁面上大小裂缝，用尺寸相同之砖，与一：三水泥灰浆调色挖补，使不露痕迹。

2. 壁上杂草树根，全部刈除净洁。

砖栏

踏道外侧所砌墙栏（图11），除转角处使用水平砖层外，余皆依踏道之坡度作斜列状。因此之故，此项砖栏最易招致向下滑走之危险。观现存砖栏一部业已发生裂缝，即其确证（图7、9）。然苟改为水平砖层，则影响原有外观，亦非保存古物之道，似不如将墙栏与栏下之垂带，照旧样翻造，惟将垂带之不露出部分，依内侧踏步尺寸，改为梯级形状，俾外观不变而可缓和下滑之弊。再于砖栏下端尽头处，于砖内加构钢筋水泥柱，以期稳固。

踏道、平台及台面

此三部分内，除踏道铺砌石板外，其余皆敷砌普通条砖，并在转角平台，辟有出水洞数处，供宣泄之用。但条砖本身及砖缝，均足使雨雪下浸，影响台之安全。现拟将平台改为石板，并将踏道石板，用一：三水泥灰浆勾抹填补，仍供泄水之用。惟台面则保存原状，仅于砖下加做防水设备一层。其法先将台面与踏道之砖，掘起三层，做四寸厚一：三：六钢筋混凝土，内加防水浆，使插入栏墙下数寸，做成后，再按照原有形式，敷砌条砖一层（图11）。

台上建筑物

现存建筑物系明人所筑（图12），为恢复旧观计，允宜全部拆除。但如高平子先生之意见，仅拆去中央一间，使日光自直槽上部可射至圭面；并于左、右二室间架铁梁，使距圭面之高度恰合元尺四十尺，游人至此，令管理人员出景符以测日影，亦足增兴趣不少。

此项建筑如保存一部，则宜修葺屋面，添补门窗，供管理人员居住之用。

石圭

调换并归安已破裂或已走动之石块，使其表面成水平状态。圭面宜增刻尺度。圭之两侧，加筑一米宽散水道一周。

图12　观星台台上建筑

图 13　观星台石圭俯视

川、康古建筑调查日记

——1939 年 8 月 26 日～1940 年 2 月 16 日——

8月26日　星期六　晴

本月廿二日，迁居瓦窑村*杨荣宅，略事布署，即赴川、黔考察。本日上午八时一刻离寓，敬之携杰儿送至龙泉镇。八时半，偕致平步行返昆明。十时半入大东门，因购置旅行用品，终日忙碌，毫无暇晷。晚八时，至巡津街社址，与陈、莫二君摒档行李，是夜宿学社内。

此次赴川，拟先至重庆、成都，然后往川北绵阳、剑阁等处考察。自剑阁再沿嘉陵江南下，经重庆、贵阳返滇。余与思成兄定明日提前出发，陈、莫二生则于廿九日，乘中央信托局之车赶至重庆集合。不意思成左足中指被皮鞋擦破，毒菌侵入，有转血中毒危险。为慎重起见，思成暂缓出发，渠之行李及学社工作用具与照相器材等，由余先携往四川，俟其病愈后，再乘飞机至成都或重庆会合。

8月27日　星期日　晴、雨

晨六时起床。七时半与金岳霖先生雇车同赴南屏街滇缅路局，徽音携食物数事践行。九时廿分开车，经柘东路，受检查。下午一时过马龙县城，行一百三十公里。二时至曲靖，一百五十九公里，中餐。三时微雨，三时半出发。五时抵平彝县，寓南门外中国旅行社代办所，本日计行二百三十公里。

8月28日　星期一　晴

昨夜大雨倾盆。晨五时三刻起，时雨已止。七时出发，沿途皆崇山峻岭。十时抵盘县，属贵州境，建筑结构已与湘、蜀二省接近矣。自平彝至盘县凡八十一公里，一行在此午餐。十一时半东行，山愈险陡，下午五时半，登二十四盘。宿安南县之西南公路局安南招待所。秋月甚美，晚饭后闲游市中。十时就寝。本日约行一百八十公里。

途中见翻毁汽车数辆，询之皆最近旬日内出事者。又地点均在山坡转弯处，而当事者熟视无睹，不思改善，何耶？

8月29日　星期二　晴

晨六时起床，七时半出发。八时一刻，过盘江铁桥。桥为明末所创，以铁链悬两崖岸上，上再铺木板，为滇、黔交通孔道凡数百年。近岁辟公路，乃改建此桥，内侧置桁架，外侧施吊桥，仍保存原来意义，至旧春始告落成。十一时半，经黄桷树瀑布，登楼啜茗，略事休息。下午二时半抵安顺，午餐。致电思成，劝勿乘公路车赴川。四时再出发。七时到贵阳西关，凡行二百四十公里。八时入城，寓棉花巷省政府主办之贵阳招待所。此行自昆明至贵阳，共约六百六十公里。

8月30日　星期三　晴

留贵阳访周寄梅、黄子通、谭冠龙诸先生。并参观贵州印刷所，接洽印刷事宜。午后浏览市区，视察敌机轰炸情形。

贵州境内之民居，壁体多用木板，屋顶则覆小瓦，无用筒瓦者，以视滇省建筑迥然异观。盖地与川、湘二省毗连，建筑方式及所用材料俱与仿佛。但安顺附近因产石，墙壁、屋顶脊以石构，又其例外也。

---

* ［整理者注］：瓦窑村在昆明市东郊龙泉镇之东约一公里。时日机屡袭市区，作者携家与社友刘致平均避居于此。

8月31日　星期四　晴

留贵阳访周寄梅、舒维岳、赵惠民诸先生。作家书并函思成报告近况。晚七时，周先生招饮，同行陶孟和先生忽患腹疾，余辈原定明日离此，恐须改期矣。

9月1日　星期五　晴

留贵阳。晨八时至大西门外中央信托局，探询陈、莫二生行踪，悉车辆在途中发生故障，本晚始克到此。九时入城，观旧书肆。旋闻警笛，乃出南门，避东山下。十二时半，警报解除，传柳州、宜山被炸，不知确否。晚七时，交通银行请客。九时半返寓，作书寄敬之。

9月2日　星期六　晴

晨四时三刻起床。摒挡行李，六时半出发。十二时过遵义，午餐。下午五时，达桐梓，宿中国旅行社招待所。本日约行二百二十公里。上午过乌江渡时，船少车多，拥挤之至，负交通责者似视若罔闻。

9月3日　星期日　晴

晨七时出发。越秋花坪，山道盘行，不减二十四盘之险。十一时半抵松坎，午餐。天气遽热，挥汗不止，盖渐近四川盆地矣。下午四时半，抵綦江县，旅舍简陋，为此行所初见。

晚十一时半，闻警报声，即披衣出外门，与罗、金、陶先生徘徊月下，以消长夜。翌晨四时警报解除，始返寓假寐，以待天明。

最近二日所见之民居，壁体结构不尽用木板。有于柱与柱间，编竹为壁，内、外涂泥刷白垩者，与湘、鄂诸省略同。又正面门楣上，或窗上横枋处，立蜀柱二、三枚，以承正心檩；其出檐方式，则于柱上施挑梁，外端微反曲若栱形，俱未见于他处，疑为川省特有之结构法，自川南波及滇北、黔西一带也。

9月4日　星期一　晴

七时半出发。十一时达重庆海棠溪。少息，访杨廷宝（仁辉）兄。下午迁居大梁子中国青年会，余与金岳霖先生暂居童巂兄房中，盖童适游峨嵋也。

久居北平及昆明，不知人间有酷暑，遽入炎地，热不可耐，是安逸足以毁身也。自贵阳至重庆，约四百八十公里。

9月5日　星期二　晴

留重庆，访陶孟和、罗文干、李毅士诸先生。下午至聚兴村中基金办事处，访吴砚农先生，探询补助费已否发出，适吴不在。晚六时，徐良畴先生招饮生生花园，同座有金岳霖、李毅士二君。归来寄函敬之、思成。

9月6日　星期三　晴

上午偕仁辉兄往植物油厂接洽车辆，无结果。陈、莫二生薄午抵渝，寓新民旅馆。下午访农本局梁思达先生，询其有无购棉车往蓉。归途访吴砚农，悉中基会八、九两月补助费业已汇出，惟七月份尚无着落耳。晚九时，金君搭江轮往叙州，转往峨嵋、成都等处游览。

9月7日　星期四　晴

上午访陶孟和、杨金甫二君，托代觅赴蓉汽车。下午访鲍鼎君。归后作书寄思成、敬之及周寄梅先生。

此次所带行李过多，欲将一部分托中国旅行社寄蓉。打听其运费每百公斤五十元，一星期可寄到。

綦江、重庆附近之墓咸于前部置碑，且严加雕刻，如牌楼形式。碑之两侧更翼以八字墙，全部形制甚类福建之墓。尤可异者，其沙门之墓竟与齐民无别，而用灰身塔者十不一睹，亦咄咄怪事也。

9月8日　星期五　晴

上午偕陈、莫二生往市政府秘书处，接洽调查事项。晤秘书黄子丹君，允饬派员同行，以便照料。下午至公务局访盛承彦兄。旋得仁辉兄消息，云农本局一时无车赴蓉，为之怅然若失。

9月9日　星期六　晴

上午以电话询黄子丹君，何日能派人同往调查。据云本日社会局无人，明日休假，恐须至下星期一。十时思成乘飞机抵渝，闻途中巅簸，甚为疲惫。正午赴鲍宅午餐，三时返寓。函至刚、陈裕兴及国民体育学校等。

重庆附近之民居，其出檐短者仅自柱头出挑梁一层，大者则出二层。下层甚短，其上立童柱，以承第二层挑梁。此法亦见于湘省中部，但后者第二层挑梁之前端，非向上反曲若栱形，乃其重要差别耳。

9月10日　星期日　晴

连日接洽车辆，均无结果。决购公路车票，虽时间稍迟，但有着落。下午三时，往沙坪坝中央大学，访陆孝候、戴居正二君，返寓已万家灯火矣。

重庆市内建筑，据近日涉猎所及，旧建筑十不一睹。盖近岁改筑道路与整顿市容，拆毁不少，所余者不啻太仓一粟耳。

9月11日　星期一　晴

晨七时半，以电话促黄子丹秘书速派人来，往调查市区建筑。九时一刻，市政府社会局科长余英伟君莅青年会，云奉派同行。乃匆匆收拾调查工具，准备出发，不意敌机袭泸州，渝市发空袭警报，乃相率避入防空洞内。十二时半警报解除，余君已他适。下午作书寄敬之、至刚及杨丙炎。

在滇时，闻沙坪坝中央大学内发现石棺一具，外部雕饰颇类汉物。本日询诸鲍君，云为避免空袭破坏，已再埋土中。未获一睹，良用怅然。

9月12日　星期二　晴

晨七时半，电社会局余科长，未到局。九时半与思成及陈、莫二人渡江，调查老君洞。甫登轮，岸上人声嘈杂，群集埠头，纷雇舟赴南岸，似市中又发警报。果不出所料，俟余辈登陆，即闻警报声。急沿海棠溪而东，雇滑杆登山。十时半警报解除，我等已抵山腰矣。老洞君依山结构，颇错落有致，惜建筑皆清物无大价值。惟斗姥阁后之石刻，就天然岩石琢道家故事，尚生动有逸趣。

下午二时午餐，下山重返海棠溪。沿长江而上约二公里半，参观水泥厂。四时渡江。五时返青年会。溽暑奔波，困顿万状，几不能自持。

重庆之板筑墙土色微黑，似较黄土不易产生裂缝。筑时内掺石灰少许，捣筑再四，极为坚固，可承载二层或三层楼板重量，而墙厚不过半米，远非滇省板筑墙所能比拟也。又川省民居，正面仅于门上施楣，或窗上施横枋，而柱与柱之上端，并无额枋或正心枋以资联系。初睹颇以为异，忆日本奈良法隆寺所藏玉虫厨子，亦复如是，始知此乃古法之一也。

9 月 13 日　星期三　晴

晨九时一刻，余君来寓，偕同调查市内古建筑。首至大棵子长安寺。寺东向，堂殿三重，设佛教会于内。其正门与接引殿柱础，皆施仰莲，但增至三层，尚属初见。大雄宝殿面阔五间，单檐歇山造。其前复置一建筑，单檐卷棚，进深九架，与大殿相连，如北平勾连搭做法。此种平面配置，虽可增加殿之面积，然内部光线太暗，乃其缺点。又据以往调查，唯清真寺与喇嘛庙用此手法，普通佛寺则百不一觏焉。

次至关岳庙，无所获。

府文庙在临江门内，大成殿前月台三层，皆以石栏围绕，不常见。台之东侧，悬铁钟于木架上，其形式尚有汉代钟簴之余意。

五福宫在旧城西南隅，足记之点有二：

（1）山门面阔三间，外观为三层牌楼。其左、右次间之中柱，移至次间面阔之中央，而不与前、后檐柱一致，盖此二柱即﹥∴﹤牌楼第二层之中柱也。

（2）门内堂、殿二重，所施斗栱异常特别。即在丛密之坐斗上置昂四重。第一重固定于正心枋上，昂嘴向右，在平面上与正心枋成 45 度角。第二重昂嘴向左，如是反复调换，至第四重为止。

五福宫系道观，据内中碑记，现存主要建筑似成于乾隆中叶。惟西侧一殿近为敌机炸毁，不谛建于何时也。

午后二时，参观旧县文庙，无所获。

晚六时半，赴陶桂林君宴。九时返寓。顾一樵君来访。定明晨余偕陈、莫往北碚考察，思成留渝接洽车辆。盖抵此旬日，车辆问题尚未获解决，故不得不分途进行工作矣。

此行所见民居，自昆明至于平彝者，纯属云南式样。一入贵州境（盘县），墙壁结构即易板筑为木；屋顶之瓦，亦由筒瓦易为小瓦。而平面配置，每将明间之前部，向后缩进数尺，如凹形，大体上仍与湘系相仿佛。但经遵义至桐梓，檐端之挑枋胥向上微反曲如栱形，门枋上每施蜀柱二、三处，撑于檩下，又与四川民居同一方式。故贵州之民居，乃川、湘二省之混合式样。而滇省则吸收湘、苏、浙及北方建筑，兼以地方民族之风格而冶于一炉，迥然自成一派焉。

9 月 14 日　星期四　晴

五时半起床。六时一刻，莫生来寓，同赴两路口汽车站，候余君不至。乃八时登车，八时一刻出发，经青木关诸站，十一时半抵北碚，约行八十公里。午餐后访刘福泰君，荷厚意偕赴温泉崇胜寺调查。一时半，雇舟溯嘉陵江而上，适浪高风急，乃弃舟陆行，约五公里抵寺门。寺位于江之西岸，东向，蹬道回旋，修篁蔽日，颇具幽趣。山门内有接引殿、中殿及后殿三重，前二者皆面阔五间，重檐歇山造。柱下施八角形之木楯，周围壁体具地栿，而接引殿且以竹条墁灰，尤有古法。据碑记，此二殿似建于明成化间，但斗栱、梁架已经清康熙、道光数度重修，不似明人手法。

大殿西南有二石，刻重楼及佛像，姿态身纹确出宋匠之手。再南，有僧墓及摩崖小塔，年代稍晚。

五时刘君返北碚，余辈留宿寺内温泉旅馆。秋风送爽，神志一新，一日之隔，判若天壤，深以未多携衣物为虑。

陈明达突患腹痛。

本日在北碚南数里，见石建碉楼二处，上具女墙，四角向外挑出，若欧洲中世纪之堡垒，乃国内鲜见之例。

9 月 15 日　星期五　阴、微雨

晨六时明达腹疾尚未愈。七时偕宗江渡嘉陵江，访对江之禅崖寺。寺正殿面阔三间，单檐歇山造，

平板枋以下部分及殿内塑像似为明物，而斗栱已经近岁掉换矣。略事观察调查，即返崇胜寺，摄接引殿及石刻相片，约三小时毕事。原拟午后游缙云寺，奈天寒衣薄，恐为陈生之续，遂不得不急作归计。十二时泛舟返北碚，访刘福泰兄。一时三刻买轮南下，约三小时抵重庆，以视汽车之颠震舒适多矣。

9月16日　星期六　微雨

在重庆接洽车辆，并探询由叙府、嘉定转赴成都路程，决仍候公路局车，较为妥速。下午朱叔候、濮济才、陆咏仪诸君来访，异地重逢，欣喜之至。

晚作书寄敬之、思永*、彦堂**。

9月17日　星期日　阴

晨八时与思成、仁辉至朝天门，渡嘉陵江，至江北厅，周览市街，毫无所得。十一时返寓。正午赴生生花园同学会聚餐。

下午与陈、莫二生收拾不急需之行李数箱，拟明日交中国旅行社运蓉。五时，访朱叔候，已于侵晨赴綦江旅次，怅怅而回。

9月18日　星期一　雨

阴雨竟日，闷甚，上午作书寄敬之。下午与思成往聚兴村中央研究院，访任叔永。

川中古建筑，以汉墓阙占主要地位，盖数量为全国现存汉阙四分之三也。此外，汉崖墓遍布岷江及嘉陵江流域，其数难以算计。而隋、唐摩崖石刻亦复不少。故汉阙、崖墓、石刻三者，为此行之主要对象。但木建筑经张献忠入川后尚遗留几许，不无疑问，书此志疑，以竢后证。

六时起。七时偕思成往两路口，购往北碚车票。八时半开车，驶至中途，机件发生障碍，下午一时至青木关换车，二时到达。午餐后，雇舟沿嘉陵江而上，四时半抵崇胜寺，宿数帆楼。

9月20日　星期三　雨

七时三刻梳洗毕。天微雨，候滑杆不至，乃补抄崇胜寺碑文，并细察中殿、下殿之结构，以补前之遗漏。

下殿：

(1) 面阔五间，进深八架，显四间，重檐歇山造。但上檐山面仅显一间。

(2) 柱下施八角形之木櫍。

(3) 柱与柱间施地栿。

(4) 下檐用额枋二层，而下层者较宽；额枋至隅柱处未出头。

(5) 上檐额枋出头。又正、背二面之七架梁前端均伸出柱外，并刻成霸王拳形式。

(6) 平板枋断面为▱形。

(7) 上、下檐斗栱皆七踩三昂。第一跳上施外拽栱三层。第二跳于下檐施瓜栱及替木，于上檐仅施瓜栱。第三跳上无栱，其上之蚂蚱头雕成麻叶云，与挑檐枋相交。

(8) 正心缝上施栱三层。

(9) 柱头科、角科俱未加大。

---

* [整理者注]：梁思永，著名考古学家，曾参与安阳殷墟发掘。为梁思成之弟。

* * [整理者注]：董彦堂，即董作宾，亦著名考古学家，尤精于甲骨文研究，亦参与安阳殷墟发掘。

（10）斗栱后尾仅二跳，上置斜撑。

（11）外壁用竹条墁灰，但已非原物。因据破坏处所示，额枋下皮每隔约半米，即有间柱之榫眼，与现壁之结构不符。

（12）小连檐甚大，如封檐板形状。

中殿：大体与下殿类似，仅下列数点未能一致。

（1）面阔五间，进深十架，面积较下殿稍巨。

（2）上檐山面，系显三间。

（3）下檐额枋出头，霸王拳之式样，亦与下殿有异。

（4）下檐斗栱第二跳上无替木。

（5）外壁系砖墙。

（6）上檐正、背二面，七架梁未伸出柱外。

九时半，冒雨乘滑杆登山西行，沿途林木葱郁，景色甚美，约十五里，抵缙云寺。寺之创立年代，已无可稽考，仅知现存规模，乃明万历间僧破空所构。最外建石影壁一，似明末物。次石牌坊三间，题万历三十年（公元 1602 年）造，斗栱式样颇有汉代遗风。登石级，过山门，至大雄宝殿。殿面阔五间，进深显六间，重檐歇山造。其下檐斗栱外出五跳，俱偷心；除第五跳外，跳头均施拽枋，极类日本奈良东大寺南大门之结构。足征此法至明代末叶犹流传未泯也。殿前二碑磨灭不可读，依雕刻花纹观之，决为明物。

此寺现划归太虚法师主持之汉藏教理院管辖，生徒百余人，授习藏文。本日太虚法师不在，知客僧止安导余辈观发掘之石像四尊，皆仅存上段，着胄甲，类护法力神，说者疑为六朝物，然不能定。在寺午餐，又参观图书馆所藏天台山五百罗汉拓本。

出寺东南行数百步，观破空、明贤、胜芳、智福诸僧墓。破空墓如钟形；明贤墓下部作八角形，上施莲瓣，宝顶；尤异者，为胜芳、智福二墓，竟与重庆附近之普通百姓墓无二致，令人难以解索。

下午二时，循原道东返。约七里，访绍隆寺。寺创于明成化间，大殿五间，重檐歇山造。现仅内部前金柱二根为旧物，余皆经改换。但殿内主像三尊及左、右侍像二尊（石制），确为明物。

三时返温泉崇胜寺，无意中于寺西南隅，发现摩崖罗汉四尊，俱宋人作品。惜南侧三尊中，有二尊为竹林所隐蔽，不克摄影，甚为可惜。崇胜寺负山面江，林木茂盛，流泉环带，极富自然之美。改公园后，管理不善，加以因避轰炸而迁来之人户杂处其间，污秽未可形容，似宜改良。

9 月 21 日　星期四　雨

晨六时三刻起床。八时至江边趸船，候轮返渝，霖雨滴沥，令人闷损。九时登舟，十二时一刻到达。返寓晤童寯兄，归自峨嵋已二日矣。午后寄书敬之、杨大金。

昨日由温泉往缙云寺途中，见半毁之墓建于地面以上，其左、右、上、下皆以厚石板缔结。考商、周之墓率皆深瘗，汉以后浅瘗渐多。然除苏、浙水乡外，多位于地平线以下，且墓之结构以砖甃为多。中流以下，概以亲土为上，无用石室者。而蜀中不独石室极为普遍，且有建于地面上如斯者，此或盆地内浮土过浅，下悉为红砂岩所区布，不得不尔欤？

9 月 22 日　星期五　晴、雾

上午十时，偕陈、莫二生自龙门浩渡江至南岸，访禹王庙，不得。乃沿江而上，折南，重游老君洞，登南天门及凌霄殿，北望渝市，隐然若云雾中。盖自秋徂春，渝市无日不在雾中也。下午三时半返寓，

游市中旧书摊数处。童寯兄本日赴綦江工程地，约后日返渝。

9月23日　星期六　阴

上午赴工务局，摄柱础相片数帧。下午接洽车辆，并往基泰工程司取行李。预备明日首途赴蓉。薄暮，盛承彦、朱叔候二君来谈，至九时辞去。

下午令莫生摄青年会窗棂一种，乃素所未见者。

9月24日　星期日　雨

因车辆缺乏，仍不能成行。上午浏览旧书店，兼购旅行用品数事。下午童寯兄赶回，邀往山东戏院观旧剧。

今晚寄新宁、辰溪、道县各一缄。

9月25日　星期一　雨

往公路局探车，闻明日可首途。返寓捡点行箧，并致函敬之。晚友人招饮，席间晤竺藕舫先生，席散后，偕访周子竞先生。九时返寓，十一时就寝。午夜邻居捕盗，醒后未能安睡。

连绵阴雨，湿气蒸郁，极不舒适。闻盆地夏热，余三季则阴雨居其泰半，谚云："蜀犬吠日"。然惟其如是，始能物产丰饶，蔚为天府欤？

9月26日　星期二　雨

五时半盥洗毕。六时雇滑杆，冒雨至两路口汽车站。六时三刻到站，乘客甚多，初开之二车，几无插足之地。八时半，始登第三辆普通货车，上覆油布一层为篷，同车约三十余人，蜷伏箱笼间，不能擅动，苦不可言，至九时五分许始离渝。北经青木关，大雨直泻，衣履尽湿。十一时过璧山县，折南，至来凤驿，中餐。自此往西经永顺、荣昌、隆昌三县，再转西北，渡沱江。晚八时半抵内江县城，宿中国旅行社招待所。本日行二百四十公里，所经皆阡陌纵横，为川省富庶之区。

9月27日　星期三　晴

八时自内江出发，车沿沱江北行，新雨之后，路洁无尘，饱观途中景色，亦快事也。过资中县，十一时至球溪河中餐。下午经资阳、简阳，折西北越山，入成都盆地。五时抵东门外牛市口车站。雇车入城约二公里半，寓东门内春熙路中国青年会。

本日经简阳时，有路局职工三人，攀登车缘及车顶，其中一人因车摇簸摔下，后脑凹入，血自右耳涔涔流出，人事不省。经林启庸君（中大旧同事）出资雇滑杆送往附近医院，然伤势颇重，恐无生望，亦云惨矣。

9月28日　星期四　阴

上午访省政府陈筑山先生，接洽增加调查地点，荷厚意允诺。继往教育厅，看郭有守（子雄）先生未遇。下午作函致省政府，并寄敬之、仁辉、寯兄。晚八时发预行警报，逾三刻钟方解除。

9月29日　星期五　阴

上午至市政府访杨市长及郭子雄先生接洽调查事项。十一时参观明岷王府故址，尚有午门及门殿基

图1　四川成都岷王府焚帛炉

图2　成都岷王府须弥座

图3　成都岷王府石阶

座数处。石座刻饰为明人手法（图1、2）。殿后踏道下设圆羡（图3），亦与明南京皇极门遗迹完全一致。

午后游文殊院，堂殿数重，廊庑周匝，犹存古制，然建筑物皆清中叶物耳。四时游少城公园。五时出南门，访华西大学。六时赴郭子雄先生宅晚餐，晤刘百闵先生，饭后即闻警报，返寓已十时半矣。

成都市街经杨森扩展后，用石灰一、煤灰二、沙四、黑土四混合为泥之土法，敷于路面，虽不耐重载运输，亦颇平整，闻川中各县，多采此法。

9月30日　星期六　晴

十时参观华西大学博物馆，荷方叔轩、林名均二先生向导，费时约一小时半，得纵观馆内藏品，一为品物，一为川、滇、西藏等处少数民族之衣冠器物，其中古物与建筑有关者如下：

(1) 新津出土之汉石椁，两侧及后侧刻人物，首侧刻双阙。

(2) 四川汉明器中之瓦屋，平面皆采用矩形，外观结构可记述者：其一正面具前廊，建双柱，柱上施硕大之斗栱。另一于下层设东、西二阶，阶与阶间施栏杆，其结构与山东两城山石刻所示者类似，惟上层遗失，未能一窥全豹。此外，残缺之瓦屋尚有数具，屋顶咸作四注式，檐下斗栱与魏李宪墓之明器亦大体相仿。

(3) 长沙出土之汉明器瓦屋，平面作L形者，此馆亦有一具收藏。

旋往图书馆观华西大学理学院院长Dye氏所著《Grammer of Chinese Lattice》凡二册，收集中国窗棂式样甚多，惜文字与插图外，未辅以相片，殊为美中之不足。

十二时参观金陵大学附设之中国文化研究会，观其近岁搜集之汉砖、石椁、陶器等。

下午一时，李筱园、商承祚二先生邀饮于南大街，同席有顾颉刚、林名均及四川大学蒙鸿诸先生。得知新津县江口、宝资山及嘉定、渠县等处均有汉代崖墓，依山开凿，自一室至四、五室不等。又云巴县南谌寺、资州北崖有唐代摩崖。新津观音寺与广元武则天寺有明代壁画。

三时返寓，少息，四时访李伯骊君不遇。晚十时预行警报，延至翌晨一时半方解除。

成都匠工称椽为“桷子”，尚墨守旧法。惟“桷”字读上声，音类“果”，初不辨何字耳。斗栱统称“凤凰窠”，询以分件名称皆不晓，盖近代营建多不用此物，失传久矣。又蜀柱称“立人柱”，与汉赋中之“侏儒柱”同一意义。而蜀柱之名反湮没无闻，甚不可解。

此次原只调查成都附近诸县及川北绵阳、广元与嘉陵江流域，但适值抗战期中，交通阻滞，异常不便，自滇至蓉竟耗时一月始能到达。因恐短期内不易重来，遂决计扩大调查范围，增加芦山、雅安、峨嵋、乐山等十五县。本日接省政府陈筑山先生复函，允予照办。拟周内完成蓉城工作后，即往灌县、雅安、乐山等处，待成都附近及西南诸县调查完毕，再循川陕公路往绵阳、剑阁诸地，为此较预定行程，约增四分之一焉。

10月1日　星期日　晴

晨八时，郭有守先生来访。九时半，偕市政府警士二人调查文殊院。院在城北，南向，微偏西。外为山门，次钟、鼓楼，再次三大士殿及大雄宝殿（图4）、说法堂、藏经楼等，依次配列于中轴线上。左、右廊庑环绕，并杂置客堂、斋堂及伽蓝殿等附属建筑（图5）。其左、右复有庭院数处，规模甚巨，居当地佛寺之冠。此寺重建于清道光间，证以客堂所悬道光九年（公元1829年）匾额，似可凭信。其柱与础石间，施櫍一层，为川中极普遍之建筑手法。

十一时离文殊院，再往明岷王府故址调查。址位于城中央，方向与磁针所指适相吻合，而与城内街衢则未能一致，足见成都之城垣、街道，建立远在明以前也。府前列三石桥，次府门三洞，再次门基一

图4　成都文殊院大殿前檐　　　　　　　　　　图5　成都文殊院穿廊

座，殿基一座，缭以石阶二层。自此以外，为石狮、石牌坊等，胥清建，而建筑物尚有多岁建造者。盖其地初改贡院，民国后复为四川大学故也。遗迹堪使人注意者为明代之遗构，如踏道之象眼逐层向内凹进，尚存宋人手法，极为可贵。石牌坊则为清乾隆九年（公元1744年）所建。

午后参观少城公园内民众教育馆，内藏古瓦棺数具。南朝立像二尊皆石造，衣纹作湿褶式，背面题："中大通元年（公元529年）六月乙酉……"惟头部乃后人所补。又有隋、唐石佛首各一。明壁画二幅（出剑阁）。明江渎庙铁像、铁鼎、铁炉各一具。

四时调查府文庙，无所获。访杨遇春住宅，以产权屡易，无从询问，废然而返。晚结算旅行账目，十一时就寝。午夜十二时半，被警报惊醒，披衣越后垣出新南门，紧急警报踵至，时可一时二十分。行二十分，至黄炎培先生宅休息。二时，敌机自西掠成都西南郊东飞，据探照灯所指，似有九架，我方飞机前往追击。未几，敌机又盘旋空际三次。至三时二十分，我机已敛迹，而敌机又突袭西南郊，遥瞩火光闪烁，声若雷鸣，不悉投弹何处。四时四十分，警报解除。五时十分，返回青年会寓所，因疲乏复入睡。十时起床。

午后商承祚、李筱园二君来访。四时迁居汪家楞上街三十五号清华同学会，作书寄敬之，十一时就寝。约半小时，又闻警报，走避新西门外田塍间，月冷霜寒，露侵肌肤。

10月3日　星期二　晴

晨三时，警报方解除，抵寓已四时矣。解衣入寝，起时已十点钟矣。下午一时，访城西南石牛寺遗址不可得。乃出新西门，折西南，过青羊宫，再二公里半，至草堂寺（图6、7）。寺乃杜工部旅蜀时所居，正殿五间，康熙三十年（公元1691年）重建，其西为草堂故址。东有万佛楼，八角四层，皆林木密茂，野趣横生。

寻访青羊宫，亦张献忠后所建者。大殿五间（图8），进深十四架，前附走廊，单檐硬山造，内、外柱皆石制。八卦亭平面八角形，盝顶重檐（图9）。

五时入西门，至支矶公园，被所驻机关拒绝，未知王渔洋所云"支矶石"究为柱础，仰系经幢残件也。

图6　成都草堂寺入口　　　　　　　　　　　　　　　　图7　成都草堂寺

图8　成都青羊宫青羊像　　　　　　　　　　　　　　图9　成都青羊宫八卦亭

10月4日　星期三　晴

上午九时半，出新南门。折东，过安顺桥。桥上覆廊屋，类吾乡方式，但中部五间屋顶，由高减低，呈阶梯状，其平面亦较两端者为阔，故稍异耳。

沿河西岸而南，过回澜塔（即白塔）废址，至唐诗人薛涛故居。内有光绪中叶所建崇丽阁（即望江楼）（图10、11），下二层作正方形，其上二层改八角形，其他于建筑上无可征记者。

午后至华西大学博物馆，测量汉明器数种，并摄照片。五时返寓。

本日测绘之汉明器，共五种，分述于后：

（1）平面作长方形，正面设走廊，施东、西阶，阶上有简单栏杆三段。廊通内室之门偏于西侧。另有二窗分列门之左、右，其位置高低，非对称式样。壁面上刻划线条，表示木构之柱、地栿、槏柱、横枋、蜀柱等，但无隅柱，似不可解。屋顶系平顶，正面具栏杆，恐系多层建筑而遗其上层也。

（2）系平面为长方形之门屋，门前、后有廊。前廊无柱，仅在檐下施阑额，下椽微向上弯曲。门乃双扇，两侧隐出□□等。后廊立二柱，柱上无栌斗，直接置栱，栱上载枋。枋之中段与梁相交，梁端伸出枋外，作凵形，殆为楷头、绰幕之起源。屋顶为不厦两头式。

（3）于四圆柱上架梁与枋，颇类葡萄架式样。

（4）仍为长方形小屋，墙面隐出地栿、隅柱、横枋、槏柱、蜀柱等。上覆四注式之顶。他端附小屋一间，屋顶作一面坡式。

（5）亦长方形平面，前具走廊，廊中央辟门洞，两侧各置一窗。自廊入内室，仅开一门。墙面亦刻

图10　成都望江楼公园崇丽阁

图11　成都望江楼公园吟诗楼

划出柱、枋、梁等。上覆不厦两头式屋顶。

本日感头昏，体温略高，盖连夜避敌机，致为风寒所侵也。

10月5日　星期四　雨

九时起。天寒小雨，略进早点，本拟赴北门外昭觉寺调查，适值预行警报又起，只得作罢。正午警报方解除。午后购雨具及杂件，备明晨赴灌县。四时走谒李伯骧兄，托代觅木工以调查当地建筑术语。未遇，留一信而返。晚作信寄敬之。今日感冒稍癒。

10月6日　星期五　晴

五时一刻起。六时一刻驱车往老西门外汽车站，半小时即达。候车二小时，搭公路局木炭车赴灌县。经郫县及崇义镇，十一时到达县城，计行五十四公里。下车后，寓西门内文庙街中国旅行社招待所。

午后二时，往县政府接洽工作。三时出南门，渡内江，至离堆李冰祠（图12）。上有伏龙观（图13），观四川水利局模型多种，四时返城。又出西门约二公里，调查安澜桥（旧名珠浦桥）（图14）。桥十孔，共长336余米，以木架代石墩，上悬竹索十条，每条以竹缆三条组成（每条直径约六厘米），索上平铺木板以济行人。行时略感振动，目为之眩。竹索之两端绕于两岸下之横梁上，梁之二端则压以石条。石上立木柱二列，每列十二柱，柱上各系竹索，延长于桥身两侧，贯以垂直木板，以为栏楯。而前述二行木柱上再压以木梁，上施密接之楞木，并累积块石其上，使与竹索所受之拉力平衡。由于桥身结构之静荷载较轻，且桥架较多，每孔跨度不大，故累石虽少，亦能维持平衡状态。二桥门上各覆以结构玲珑之屋顶。又桥架之中央一处，以石墩代木架，上部亦覆屋顶。

桥东岸稍南，有二郎（王）庙，祠李冰父子。外为山门三间，清乾隆间建（图15）。大殿面阔七间，进深显五间，重檐歇山造。此殿因进深大，其屋顶以二卷相连，而后卷较大，外观甚美，差足取法。后复有一殿，祀李冰夫妻。有阁道与大殿上层相通，颇类画图中之仙山楼阁。

案灌县水利创于秦李冰之手。分岷江之水为内、外江，外江系本流，经嘉定、叙州入长江。内江则自安澜桥下，东南经离堆、刊山下流，灌溉成都附近之田亩。又于内、外江之间，以竹篓盛石为堰（俗称滚水坝），即有名之都江堰。备内江水位过高时，可由此流入外江，以杀水势。俗传李氏治水名言："深掏滩，低作堰"即指此言。元赛典赤瞻思丁与张之道所筑之昆明松华坝，在原则上亦师此意，惟规模较小，

图12　四川灌县离堆李冰祠

图13　四川灌县离堆上伏龙观

图 14 灌县都江堰安澜桥外景

图 15 灌县二王庙外景

得毵石为之耳。

五时返寓，头昏昏然，急卧床休息，乃宿疾未愈，今晨复感风寒也。

10月7日 星期六 晴

本日测量安澜桥，余因病未参加。上午坐曝日中二小时，下午服药，静卧至五时，病大减，定明日往青城山调查。

10月8日 星期日 晴

七时起。九时半乘滑杆出西门，过二郎庙、安澜桥，沿岷江两岸而南，阡陌纵横，村落相属。约七公里半，至玉堂场，稍憩。附近桥梁俱施廊屋，如吾乡制度。又多以木架代石墩，且各间之梁无托承其两端者。再西南十公里，折西入山，两侧丘陵环抱，古树婆娑，石径迂回，别具风趣。约三公里，至常道观（俗称天师洞），已下午二时矣。自县城至此，共二十一公里半。

青城山俗名第五洞天，道源远在汉代。现存之常道观（图16）为民国十五年（公元1926年）重建者，规则虽宏但无可记述。三时出观门（门东向），折北游降魔石及洗心亭，绕至观后天师殿，观唐玄宗御书碑。碑高不满一米，寥寥字数行，然笔式遒劲，不愧能手。再西一公里，登轩辕顶，访真武宫（俗称祖师殿），无所获。惟北侧向道亭，适居山中轴上，引颔东望，平畴千里，岷江如练，气势雄伟。下山返常道观，已暮色苍茫，晚钟频催，炊烟四起矣。

青城山面积不大，高度亦不出六、七百米，但岗峦起伏，崖壑幽窅，其佳处在"幽且曲"。幽为天然之景，曲则蹬道蛇盘，引人入胜，峰回路转，异景天开，诚有目不暇接之慨。而亭阁配置，因地制宜，足窥兴造之时，目营心计，卓具匠意，非率尔从事者可比。

10月9日 星期一 晴

七时起床。八时半出常道观后门。西行折东，经朝元洞，凡二公里，至东峰上清宫。宫新建未久，焕然聿新，无可观者。自此以下，东北一公里半，过元明宫，亦无旧建筑可寻。再一公里许，抵平原，至马家店，与昨日所经之路会合。东北至玉堂场，转东过众善桥。渡溪水二，皆外江支流。再东北，访

图16　四川青城山常道观

奎光塔。塔平面作六角形，下部承以方形基座，塔身上施密檐十五层，但无外轮廓线之微凸。塔心辟小室，室与外壁间设蹬道，盘旋而升。因外壁较薄，不能承载上部重量，致塔壁之一部已向外凸出，颇为危险。据碑记载，此塔肇始于清道光十一年（公元1831年）三月，落成于十三年十一月。至光绪十四年（公元1888年）复经重修云云。自塔再东北，渡普济桥，入灌县南门，已午后一时矣。

下午二时半，思成率陈生赴城北八公里处之灵岩寺调查。余偕莫生复至安澜桥补绘桥门草图。此桥两侧之栏干系以竹索五条组成，每隔一米左右，以木板夹竹索两侧构成栏楯。而此木条下部略为延长，贯以横木，搁桥身竹索十条于上。故两侧竹索之功能，除作栏干外，兼能补助桥身竹索之拉力也。又桥架虽无斜撑，易于振动，但其佳处即在随竹索之振动而向前摇摆，使竹索不易折断。

三时半，绘二郎庙平面略图。此庙甚大，且能利用山势，随宜布置，甚富变化，故远望若仙山楼阁。惜详部结构，失之草率。询之黄冠，其大殿、后殿皆重建于民国十七年（公元1928年），近日匠工退化，由此可见一斑矣。庙门榜题"王庙"，俗称二王庙，又云二郎庙，后者乃其通称。五时半，工毕返寓。晚饭后，购《灌县乡土志》二册。定明晨返成都。

10月10日　星期二　晴

晨七时起床。八时十分雇车返成都。十时四十分抵崇义镇午餐。下午二时过郫县，店主告敌机午前轰炸自流井。六时抵成都西门，换车入城，仍寓清华同学会。

10月11日　星期三　晴

上午沐浴、理发。下午作书寄周寄梅先生及徽音，并函吴砚农，询问中基会辅助费何久未汇滇。闻明日无车赴雅安，殊为怅怅。

10月12日　星期四　晴

访李伯骧，并购杂物。下午寄书敬之。晚八时闻明日有卡车一辆开雅安，但莫生右足肿痛，须留医治，故延期一日。

成都民居之大门，小者一间，大者三间，皆以挑梁自柱挑出约一米（一架）或二米（二架）不等。挑梁之前端，则施以莲柱及各种雕饰，敷以金箔，外观自成一格。而三间者，其中央一间之屋顶特高，尤壮丽可观。

10月13日　星期五　晴

下午送宗江往四圣祠之华西、齐鲁、金陵三大学联合医院治疗。下午接徽因电，云林斐成自沪来电，商提运津件，已以航空快信寄来，嘱在蓉稍待。雅安之行，因之再展。

10月14日　星期六　晴

赴仁济男医院（即联合医院）视莫生疾。晚赴该院美籍医师 Dr. Lenlon 夫妇约会，并进晚餐。九时返寓，始接由滇转来林斐成电，盼思成及余函麦行*经理，凭桂老一人提取存件，以便交人运来。

10月15日　星期日　晴

作函寄桂老、斐成及麦行经理。并以函稿寄滇存卷。入晚骤雨，气候转凉，大有秋意。

10月16日　星期一　晴

本日无车赴雅安。寄函新宁、敬之、致平、仁辉等，并复国民体校一函。

10月17日　星期二　阴

无车仍不能成行。上午往城东南郊，参观仁辉设计之四川大学新校舍。

下午一时出北门，访昭觉寺。寺距城约五公里，位于公路东侧一公里许。据记载寺创于东晋，现存堂殿数重，回廊缭绕，规模宏巨，为当地第一丛林。明末广厦千间，悉付灰烬。至康熙初，吴三桂投资重修，成大殿七间，然柱础庞大，不与现建筑相称，疑为清以前之物。向使昔时殿阁留存，其宏丽当何如耶？大殿后为说法堂，再北藏经楼，皆有曲栏环接。后为方丈，幽房深邃，类普通园庭结构。据寺僧云，其西北一区乃明构，似出附会，不足征信。

四时返寓，晚餐后收拾行装，定明日赴雅安。

10月18日　星期三　晴

晨五时一刻起。六时半抵南门外车站，乘卡车前往雅安。九时离站，车驰尘起，颠簸颇苦，较成渝路尤甚。车西南行，经双流、新津，过岷江，转西至邛崃县，地势渐高。再西南经名山县，下午四时半抵雅安，凡行一百六十公里。自车站过青衣水，西行约半公里，寓东门外四川旅行社招待所。

城在万山丛中，雨量甚多，俗有"清风雅雨"之称。早晚稍凉，宛然高原气象矣。

---

*［整理者注］：麦行即天津英租界内之麦加利银行。1937 年抗日战争爆发后，学社主要工作人员南迁，将历年考察资料未及发表者均存入该行仓库，以策安全。

10月19日　星期四　晴

午前走访徐县长，接洽调查事项。并访美丰银行林仲杰君及柯医生。

下午参观道光七年(公元1827年)改建之府文庙。门、殿皆施东、西阶，可为此制较晚之例。又往县文庙，无所获。

九时作函寄敬之。十时半就寝，时微雨。

10月20日　星期五　晴、雨

晨八时半乘滑杆东行，渡青衣江。沿公路约行八公里，抵姚桥，观汉高颐阙。阙在村东南约三百米，北向。东阙已毁，所存仅基座与阙身一部，夹以石柱，上施石顶，皆后人所加。西阙则保存完好，阙为双出式。母阙在内，于斗栱上施柱头枋及神怪人物雕刻，上覆屋檐二层（图17）。子阙在外，形制与母阙相仿，唯较矮小，上覆屋檐一层（图18）。檐之椽皆圆形，且具梭杀，至翼角处斜列呈放射状。斗栱分二种；一为普通式样，栱下承以替木，至角部二栱相连如宋式之交手栱。另一为栱身弯曲如花茎，仅施于母阙主壁之上。又转角处皆刻角神，为已知我国建筑实物中之最早例。此阙以砂石五大块组成，视嵩山三阙以较小石块砌成者缺乏弹性，且母、子阙间无联络构件，亦其缺点。

自来研究此阙者，多仅自美术观点着眼，不知阙上之柱、枋、斗栱皆有一定比例，可供结构研究之参考。本日测绘结果，其母阙上之枋皆方11.5厘米，子阙之枋则方9.5厘米。其余斗栱分件各随枋之大小，或大或小，显然表示其间有联带关系。故疑此方形之枋，即宋代"材"之前身。

图17　四川雅安县高颐阙顶部

图18　雅安县高颐阙子阙

姚桥又有高孝廉祠。内藏汉碑一，宽 1.25 米，厚 0.30 米，高 2.75 米。下广上窄，具穿及蟠龙，碑文泰半剥落，惟"字贯先"三字犹依稀可辨。碑座宽 2 米，刻二龙相向，龙尾绕至碑后，相互缠绕，简劲美观。祠内另有石盘三，各刻一兽，亦汉物。

石阙之南，尚有二翼狮，昂首健步，生动活泼，乃汉石刻中稀有之杰作，惜西侧者已仆。下午五时，测绘工作大体告竣。时重云密垒，似有雨意，乃急返城，六时半抵寓所。雨下淅沥终宵，甚以明日工作不便为虑。

10 月 21 日　星期六　雨
晨七时拟赴金凤寺，以雨剧未果。十一时雨稍止，候滑杆久不至，只得作罢。

午后访林仲杰先生，导观旧署，即慈禧太后诞生处也。

定明日赴芦山县考察。

10 月 22 日　星期日　雨后晴
六时半起，八时半乘滑杆出雅安西门。三公里渡青衣江。沿公路西北行，十二公里过飞仙镇。折北取旧官道，再二十公里抵芦山县，已六时半矣。寓城内十字口杨氏店，脏秽不堪，权过一夜。

芦山地瘠民贫，视雅安犹甚。且经两度战火，创痍尚未恢复。壁上红军所书标语，虽经涂抹，犹隐约可见也。

10 月 23 日　星期一　晴
八时访县长宋琅。后出南门，转东渡铁索桥，凡三公里半，见东汉末樊敏碑。碑西向，偏北约 12°30′，下承赑屃（自头至碑约长一米，后部为墙所掩，无法测量），乃汉碑中独见之例。碑身下宽 1.26 米，上宽 1.15 米，厚 0.27 米，高 2.94 米（内碑额高 0.81 米，篆刻处偏于左侧，与高孝廉碑同），穿径 0.13 米。碑前水田中，有二石兽具翼，殆即天禄、辟邪之属。右侧者（即东北侧）长 1.98 米，高 1.43 米，宽 0.42 米，形制手法极与高颐墓石狮类似。碑之西北，复有石虎一，长 1.50 米，高 1.11 米，宽 0.43 米。

樊敏碑上护以亭。碑文为隶书，似经重刻多次，神韵尽失，仅上部篆额，犹存庐山真面目耳。

返城时，经石羊巷，居民引观石棺一处，棺盖露出土外约 0.3 米，表面刻口纹似六朝物。村北竹林中，复发现石羊（首已断）、石狮各一，皆汉系统石刻，但未能断定其年代。

铁索桥在东门外，悬铁索九条，铺木板其上，以便通行。两侧各夹以铁索二条，作为扶栏。诸索皆延至两岸，绕于大石磴上，其上覆以亭门，但两岸之间，于东岸没木架一，西岸设木架二，分全桥为四间，而非单跨。各间尺寸如次（桥面宽度 1.35 米）：

（1）东岸第一间　　阔　　　　3.38 米
（2）东岸木架　　　阔　　　　1.20 米
（3）第二间　　　　阔　　　　78.60 米
（4）木架　　　　　阔　　　　1.55 米
（5）第三间　　　　阔　　　　8.25 米
（6）木架　　　　　阔　　　　1.75 米
（7）第四间　　　　阔　　　　9.67 米

合　计　　　　　　　　　　104.40 米

午后二时访姜平襄侯（即姜维）祠，在城内南正街东侧。门西向，外有木坊三间，明嘉靖间建。次大门三间，仅中央一间为明建。自此往北，有二石虎东、西对峙，皆红砂石雕，形制古雅，似晋初遗物也。再北有姜庆楼，二层，面阔五间，进深显五间。上层于歇山顶下，再加附檐一道，故远望俨如三层建筑。楼上东北隅有壁画一幅甚美，惜楼板已毁，无法攀登摄影。又正脊檩下榜书："维大明正统拾年，岁次乙丑（公元 1445 年），……" 一行与楼下碑记符合，谛为明构无疑。其可注意事项如次：

(1) 东、西壁具地栿、间柱等，其间编以小竹，墁泥粉白。

(2) 额枋断面近于圆形，其在山面者，多上、下相闪。

(3) 平板枋甚薄，表面刻混线二道。隅柱出头处，平面即边角刻海棠纹。

(4) 材宽 11 厘米，高 16.5 厘米。

(5) 上、下檐斗栱皆向外出二跳，第二跳较第一跳为短。

(6) 平身科后尾出一跳，载三幅云。次将外第二跳栱身延长，向上弯曲如琵琶形，交于老檐柱之枋上，甚特别。

(7) 下檐角科后尾出二跳，上檐角科后尾出三跳。

(8) 椽断面作矩形。

楼后正殿三间，单檐歇山造。仅中央部分为明代旧物，余皆经近代改造。其中正面明间因面阔较大，乃自额枋上施斜梁以承托上、下椽。此梁之后端则载于老檐柱间之横枋上。

五时半至县文庙，无所获。六时县长宋君来访，谈半小时别去。

10 月 24 日　星期二　晴

六时起。七时往广福寺，寺在城内南正街西侧，门东向。入门折北转西，为接引殿。次天王殿。次觉皇殿，面阔三间，进深显四间，单檐歇山造。前金檩下题明宣德三年（公元 1428 年）建等字样。盖此寺重建于宣德初，至英宗天顺年间，始全部落成。殿内主像三尊及一部分壁画俱明物。其结构可记之点如下：

(1) 壁体构造与姜庆楼略同，惟柱上端施腰枋一道。

(2) 额枋与平板枋间有小空隙，而非直接接触。若上有平身科，则于其下之空隙处加一短柱，如唐、宋蜀柱形式。

(3) 殿内斗栱仅施于正面四柱及山面前一间。其余各间之檐柱上仅置大斗，斗上无栱，乃初见之例。

(4) 材宽 12 厘米，高 22 厘米，骤视之似辽、金物。

(5) 斗栱外出二跳。

(6) 柱头科后尾只出一跳，上施雀替托于檐下。

(7) 平身科明间三攒，次间一攒。除明间中央一攒外跳，偷心托于檩下。其余后尾均出四跳，偷心托于檩下。

(8) 明间中央平身科后尾若斜梁式，伸出二架长度，承托于下金檩下，与姜维祠正殿之斜梁同义。

南正街又有明嘉靖戊午（三十七年，公元 1558 年）王之宾所建石坊三间，每间各施庑殿顶。

八时半离芦山。下午五时抵雅安。晚七时访林仲杰君，定明晨乘竹筏赴夹江。九时作书敬之。十一时一刻，又发预行警报。

川中路程，每公里折合 2.5 华里，故每华里之长度较常制略短。疑川省各地里数乃秦、汉所定，相沿迄今未改。而清尺已视汉尺增四分之一，故有前述之比例。

途中所见墓，前部具小牌楼及八字墙，但牌楼前建一碑，与塚分离，尚属罕见。

10 月 25 日　星期三　雨

七时乘竹筏往夹江，林君送至江岸。九时一刻解缆，沿青衣江东下，两岸石壁屹立，仿佛吾乡夫彝水风景。惜少沙汀柳坝，雄伟有余而娟秀不足耳。筏长五丈余，阔丈二、三尺，以巨竹二十四竿去皮涂桐油，俟干编之，上压木条径四、五寸者，相距各二尺许。筏之中央有小台一列，约高尺半，阔四尺半，载货物其上。有客则于台上支篷，以避风雨。盖青衣江险滩甚多，水急石巨，木舟易毁，惟竹筏吃水甚浅，且竹性柔质轻，虽触石而不致沉没也。二时半，泊罗坝场，共行七十里。六时，又闻预行警报。入夜秋雨凄凄，断续达旦。

10月26日　星期四　雨

六时一刻解缆，五十里过洪雅县，泊半小时。城位于青衣江之北，而申报馆地图位置南岸误矣。治学之严，撰述之谨，不能期诸今日鲁莽灭裂或欺世盗名之徒也。再七十里，抵夹江县，寓城内荣记栈。随访县长李君不遇。

夹江为川省产纸区。近设厂，以机器制造报纸，然不甚光滑。

10月27日　星期五　雨

早餐后，访代理县长邱君。归来拟往杨府君阙（在响堂坝，距城二十余里），因天雨，不得滑杆。十一时冒雨出西门，沿青衣江西北行七里，访千佛崖石刻。其地负山面江，风景幽胜。石壁上有唐之摩崖数十龛（图19～21），内中铭记可辨者，仅开元廿七年（公元739年）一处而已。另有宋、元、明石龛数处杂辟其间，但数量不多。本日因天暗雨剧，仅摄影数处。四时半返寓，衣衫尽湿。晚七时邱君来，坐半小时即去。

图19　四川夹江县千佛崖　　　　　　　图20　四川夹江县千佛崖

图 21　四川夹江县千佛崖

10月28日　星期六　晴、雨

上午九时十分乘车出东门。循公路东行，午后三时半抵乐山（即嘉定），共行三十公里。入嘉乐门，寓白水街嘉乐饭店。莫生已先一日来此。卸装后，接徽因信，知津件为夏潦所淹，十载辛苦，付之东流，痛心无以。晚寄书仁辉，托汇款往蓉。又接辜其一*生缄，悉自犍为来此，候余不至，留缄致意，并介绍仁术医院院长杨枝高先生为向导，其意可感。

10月29日　星期日　雨

赴县政府接洽考察事项。午后雨丝连续，致函林斐成及桂老，商提取麦行存件，及整理、补救方法。并向中英庚款会申请补助旅、运费与整装费。晚寄书敬之。

10月30日　星期一　阴

上午至县政府访杨枝高先生。午后十二时半渡岷江，寻乌尤寺（图22、23）。寺位于东岸山上，树木菁深，蹬道蜿蜒，俯瞰江流与对岸沙渚，宛如图画，不愧为当地第一胜景。惜寺内古物无存，俗称汉像，实仍明末清初物。寺现改复性书院，匆匆未遑遍览。

自寺绕至后山，涉小溪，登山至凌云寺（图24、25）。寺又名大佛寺，西向。山门外有唐碑一通，明末碑三。山门三间，檐下斗栱尚属正规，惟正心缝施栱三层，似明末清初建。门内楼殿数重，皆晚近缔构。寺外西北有白塔一基，平面方形，塔身上覆密檐十三层。塔门西向，内构方室直达上部，刻封闭不可登临。塔身外侧之东、南、北三面各设一龛，上部饰以斗栱。其上各檐之间，辟小佛龛及小直棂窗，每面三处。按形制判断，类南宋之物。

寺前危崖壁立千仞，下于岷江，崖上佛龛乃唐人开凿，因石质不佳形象大多漶漫，仅弥勒佛之大坐

---

* ［整理者注］：辜其一，1932 年毕业于南京中央大学建筑系，四川人。后任重庆建筑工程学院建筑学教授。

图22　四川乐山县乌尤寺扇面亭

图23　乐山县乌尤寺山门

图24　乐山县凌云寺

图25　乐山凌云寺弥勒佛像

图26　四川乐山县凌云寺大佛
（四川乐山文化局文化科，重庆建筑工程学院邵俊仪提供）

图27 四川乐山县凌云寺大佛详部(唐)
(四川乐山文化局文化科，重庆建筑工程学院邵俊仪提供)

像为完整。像为唐开元间僧海通创，至德宗贞元中，剑南节度使韦皋续成之，高二百余尺（图26、27），伟岸非常，国内造像当推独步。唐时覆以杰阁九层，号大像阁，宋称天宁阁，明末袁韬毁阁。民国十九年（公元1930年），杨森部下又毁像之面部，后虽补以石垩，神态已大失真矣。

五时半由篾子铺渡江返寓。六时赴武汉大学高翰、黄万刚诸先生席。归途微凉，作书寄敬之。

10月31日 星期二 晴

九时与杨枝高先生出嘉乐门。沿岷江北行五里，过茶房。折西二里，往观白崖汉墓。崖东向稍北，沿岸墓穴毗连里余，俗称"蛮洞"，最大者称"蛮王洞"。据余所知，皆汉墓也。其平面配置约分为二种：

（1）最简单者，自崖外凿纵穴深入山内，外置石门二重。门之附近无雕饰，门内墓道两侧，凿长方形之龛，置棺其内。

（2）结构较复杂者，刻有瓦当，纹样类汉末式样。檐下施横栱一，其下承以挑出之枋头；再下置较大之栱，或弯曲之花茎式栱。栱下支以细长之蜀柱，其下复有横枋及蜀柱数层，全体之构图，颇类高颐阙。

墓门多为一间，中央或加一柱或二柱，分为二间或三间，柱头多刻栌斗形，亦偶有柱身镌刻小人字栱者。

祭堂平面作长方形，迎面中央处凿一龛，似供祭祀。龛之每侧设墓门一处。祭堂之壁面隐起柱、枋，上浮雕蜀柱、横枋及瓦檐等。蜀柱之间偶有插雕禽兽者，但无斗栱。

墓门两侧之柱，上部亦刻栌斗。门本身上具凹线二重。门楣上偶有雕饰，现多磨灭，不知其为雕饰、仰或门簪也。

墓门分内、外二重，现门扉尽失，不悉当时葬后封闭状况。门内之墓道向内延伸，有长达二十米者，两侧杂凿长方形之龛及樟以安放棺木，然无其他雕饰。墓道深三分之一处，偶闻步声隆隆，其下似有空穴或瓦棺，惜未能发掘以穷其真相。又墓道两侧，间有雕凿炉灶者，殆为安置厨中明器之用。

此类崖墓平面，以一堂二墓道者居十之八九，一堂三墓道者仅一处。其一堂五墓道者，实系一堂二墓道两组与单墓道一组合并而成。盖堂之高低与壁面雕刻、形制大小不尽相同，不难一见立辨也。

就崖墓所刻檐瓦、斗栱观之，显然与高颐阙同属一文化系统，其时代亦约略相同，其非所谓"蛮墓"殆可断言也。

薄暮返城，诣杨君宅，观所藏拓本。知华西大学博物馆之汉石棺，乃杨君物寄存该处者。晚赴陈伯通先生宴，九时返寓。

徽因转来林斐成君电，悉津件被淹，惨甚。比由思成拟稿复林君一函（内附上桂老函）及签字信纸数份，请迳向麦行代取存件，以便早日整理。又函请借拨中英庚款辅助费五千元，以备整理之用。

11月1日　星期三　阴

六时半送思成及陈生赴峨嵋。再偕莫生渡岷江，自篾子铺登岸，依江北上，寻访崖墓并考察其结构。自此北至龙泓寺四、五里间，崖墓随处可见，惟平面配置，仍不出白崖崖墓之范围。其局部处理可资记述者有：

（1）单墓道崖墓间有施雕刻者。

（2）祭堂外侧之柱，平面上隐出作 ⌒ 或 ⌒ 形，此式均未见于白崖诸墓。

（3）圣岗山崖墓墓门上，刻有弯曲之栱。

（4）门楣向外微挑出，其两端之下承以枋头。

（5）门上刻圆拱形线，表示当时已有圆拱矣。

据杨君言，此区崖墓内有正规斗栱及人、马浮雕，但洞数过多，仓猝中竟未发现。

十时半抵龙泓寺，寺西向而微偏南，距河岸约五里之遥。寺内建筑了无可取，但寺外南侧官道旁，有唐人摩崖数十龛，刻孔雀明王与千手观音，乃石刻中不易见珍贵之例。又一龛前刻三佛趺坐，后列八角形经幢三，再后雕重层建筑五座各通以廊桥，其构图布局甚似敦煌壁画。而局部之手法，如鸱尾、人字栱补间铺作、勾片造栏板、卧棂造栏板、垂直切割之阑额出头以及额上无普拍枋等，均足为盛唐作品之殷证。另一龛构图虽同，但无鸱尾及人字补间，其阑板式样则较复杂，似五代或宋人所镌。

午间渡江至嘉乐门，二时至府文庙，现驻武汉大学，无所见。返寓后，寄书敬之及辜其一与成都清华同学会。四时半赴弘度九叔处辞行，六时返。晚杨君来，并介绍川北古迹多处，甚为感谢。

11月2日　星期四　雨

破晓起，七时一刻乘车返夹江。正午抵干姜铺。下午西南行五里，见汉杨宗、杨畅阙。阙孤峙阡陌间，南向微偏西，为无子阙之单出阙形式。阙上刻栌斗、栱、曲栱，其间杂以人物。奈红砂石为风雨侵蚀，雕刻大半磨灭而不可辨识，阙顶亦毁落过半。因仅单出，致外形高瘦。

三时半返干姜铺，摄竹制浮桥，与木桥以竹篓盛石为墩者相片数种。五时半入夹江城，寓荣记栈。

11月3日　星期五　晴

上午九时往县文庙，摄大成殿柱础相片。殿有宋碑三，但无碑额及座，在艺术上似无足参考。嗣出北门，摄民居照片。十一时返栈。十二时乘滑杆出西门，七里至千佛崖，补摄照片。细察佛像衣饰，以初唐开凿者少，盛唐以后者居多。其中镌刻建筑物者仅三龛，皆重楼杰阁，联以廊桥，如敦煌壁画所示。但详部表现，仅有鸱尾、蜀柱与卧棂式栏板，而无人字补间，足为唐中叶以后开凿之证。途中于河岸附近又发现佛龛数处，姿态栩栩，衣饰精致，较官道侧诸龛尤佳，惜大部蚀毁或缺首部。

午后四时返城，函李伯骥君，托代觅匠工数人，备返蓉时调查建筑名词用。

11月4日　星期六　晴

天明即起，六时半乘车出夹江东门。循公路北行，午后二时过眉山县，中餐。六时达彭山县，寓城内君子居，计行六十六公里。稍憩，访县长杨维中先生，定明日往江口，调查汉崖墓。

11月5日　星期日　阴

七时起，八时驱车出东门。里许抵岷江侧，买舟溯流而上，约十里抵双江镇。镇位于岷江东岸，旧名江口，市街延亘约十里，传为明末张献忠沉金银货宝之处。登陆寓交通旅馆。

十时半访街后崖墓二处。其一墓门北向，门已毁，内墓道指向西南，东侧凿一灶，西侧辟一门通墓室。室与道间之门北侧，复开长方形窗一，窗下隐起十字交叉之间柱与横枋，为汉墓中罕见之例。另墓东向，门上部雕檐瓦一列，下刻二马相向，惜门为土半掩，不得入。正午返寓所，午餐。

一时离江口市街，沿江岸北行，过卷洞桥。再二里，抵王家坨。官道东土山上，正开采石料。自石场南登山，半山中崖墓甚多，但强半崩陷。及顶，于棉田中见崖墓数处，皆西向，墓门外原有封土，现为人掘去，故墓外道较棉田为低，雨后泥水淤积，艰于步履。墓门外无雕饰，墓门内为墓道，两侧开凿墓室，有多至十数者。亦有数墓曲折相通，不辨为一为二。墓内泥深不能测量，殊失望。山顶附近有封土犹存，墓之位置历历可辨者为数甚多。若能逐一开掘，穷其究竟，当于汉代历史文化，裨益匪浅。自北侧下山，半途见一崖墓，门外封以石板，板竖立，外半为土掩，似当日墓原皆封闭者也。

自此续至石场北端，见一墓高踞崖上六米处，墓门上雕凹线二层，上层刻硕大之弯曲栱一，下层刻二羊相向，中一童跪一足。门内墓道东南向，约长十一米，尽头处于西侧辟墓室一间，室南壁凿一灶，西南隅就石壁开相联二石椁，头西足东，椁盖半启，内部之瓦棺已散置地面，盖久为人盗掘矣。墓室与墓道之间雕有八角形石柱，将室之入口分为二间。柱下础石方整而无雕饰。柱身平面正八角形，下大上小，比例与山东肥城孝堂山石室之柱相近。柱上置栌斗及弯曲之花茎状栱。栱之两端，下缘较上缘微凸出，足证日本奈良法隆寺斗栱形制，仍导源于中国也。栱之位置，在平面上非位于栌斗之正中，而在其中线之稍前，不知是否为当时之正常方式？栱之中央在栌斗正面刻一枋头，与四川诸汉阙一致，但背面则雕华栱一跳，未见于他处，至足珍异。余与莫生皆惊喜莫名，急事测绘，至五时方竣事。下崖遇一老石工，持瓦俑一尊求售，高尺许，谓得诸墓内，询附近他人无异词，乃以二元购得。循旧道返江口，六时抵寓，已暗不辨物矣。

本日调查汉墓，幸遇石工赵姓，其人聪慧，且熟悉当地情况，故调查工作极为顺利。

11月6日　星期一　阴

七时起。八时半离寓，步行至王家坨，仍雇昨日石工为导行。至老鹰沟，地在王家坨北约三里，自旧官道登侧土山，随处皆有崖墓。约二里至寨子山顶，见一汉墓，门西南向，门外封以土，墓室东北隅之顶已崩毁一部。余等乃自崩口入墓，始知墓门原以石板二方封之，无上、下连楹，不能称为石扉。门内有石级一步降至墓道，道东一龛，道西二龛，均似安置棺椁处，但无石灶。墓道长约十四米，尽头东侧辟墓室一间，较墓道高一步。与墓道间雕二柱。南侧者平面作长方形，柱身南、北二面刻龙，西面刻一人，皆阴文。柱上施栌斗及正规栱一具。栱东西向，西端已破损。西侧之柱平面作正八角形。柱上亦施栌斗，斗上置曲栱，一北出，一西出，平面如L形，极不可解。栌斗东、南二面无栱，而于栱之部位施雕刻，即北面刻一鱼，西面一枋头，下雕混线数道，略如后世之霸王拳焉。以上诸斗，无论其为栌斗或散斗，俱于斗下施皿板，与昨日所见之崖墓一致。

据最近二日调查结果，当地崖墓之平面，不问墓门何向，俱于入门后辟墓道。道之尽头右侧，凿墓室一间者为常见。所异者，于墓室与墓道毗连处，或施柱，或留间壁，或开门窗，手法不全相同。然此亦不能概括当地之汉墓。盖小规模之墓，墓门内仅具一、二室。大者，墓道两侧辟墓室可至十余间，但俱无石柱、门、窗之设。

午后一时测绘毕。返王家坨，补摄崖墓相片并测量石棺尺寸。二时半至江口午餐。三时半补量上江口街后具有⌐形（门）窗之汉墓。五时返寓，雇舟南下，六时抵彭山县城，仍寓城内君子居。晚七时，访县长杨君，请禁止石厂取石，致损毁汉墓，并注意恣意盗掘。当地崖墓未开掘者，其数恐远在已开掘之上也。杨君云新津观音寺壁画存否莫悉，且地方治安可虑，乃决计明日返回成都。

据二日来调查江口崖墓之位置，大体可分二种。其一之断面如▤，门位于断岩岩面，大部业经开掘。另一位于土山上，断面如▤形，墓门外填土未掘，多数未经盗发，其已掘者又因门内外泥土淤积甚深，不便测量。

11月7日　星期二　晴

五时三刻起。六时半乘车出彭山县北门。由官道北行，九时至青龙场早餐。十一时渡江，经新津县，换车。下午二时，至双流县午餐。六时抵蓉南门外车站，凡行六十六公里。入城至清华同学会，适客满，而青年会、四川旅行社、太平洋饭店、成都饭店等皆告人满，仍借宿该会图书室一夜。

11月8日　星期三　阴

上午重至青年会及四川旅行社，仍无空位。十一时移居春熙饭店，午后二时，再迁走马街西华饭店，此处闲静幽适，不类旅舍，非林耀君*介绍，不能获此佳地也。晚致书敬之及仁辉、汪申伯、胡德元、胡兆辉诸君。

11月9日　星期四　晴、阴

上午九时，走谒李伯骢君，承介绍木工杨姓、泥工雷姓者，同赴文殊院，调查当地建筑名词。午后林耀君来访。又接徽因、致平来函，内附桂老及林斐成君信，述津件被淹惨况，读之泫然。

11月10日　星期五　阴

晨八时函徽因，请探询汇款天津情形。后折至清华同学会取信。继往南门外车站，问峨嵋来车迟误情状。盖思成、明达自嘉定之峨嵋，原定七日返蓉，至今未到，且音讯杳然，令人惊异。车站人亦未得确讯，怅然而归。复辜生其一函。晚整理调查图稿。

11月11日　星期六　阴

上午至外购物，归来则思成、明达已至，数日以来之惶恐，为之释然。缘峨嵋、成都间车辆甚少，适又毁车数辆，交通因之中断，乃分乘人力车返蓉，凡行二日半始到。

晚李伯骢、张霁秋二君，宴我等于荣乐园。

11月12日　星期日　雨

冷雨敲窗，旅中倍觉无聊。作书敬之、致平及杨枝高君。晚六时往北门外麻婆豆腐店小吃，亦蓉城名店也。

11月13日　星期一　阴

购杂物，并探询运送行李至广元手续。晚晤楚怡旧同窗朱霖君，相别已三十年矣。昔日翩翩，今成鹤发，仿如梦境。

林耀*君告月初敌机在蓉被挫情形，精神为之奋发。

---

* [整理者注]：林耀，福建人，时为空军战斗机飞行员。虽肘部负重伤，仍坚持战斗。曾击落日机多架，任中队长。1944 年阵亡于湖南衡阳。

11月14日　星期二　阴

上午赴运输公司，探询行李运重庆或广元情形。中午朱霖约往将军街宅中午餐。午后整理行李。晚六时李有恒先生邀宴于津津饭馆。

11月15日　星期三　晴

行李问题未解决，不得出发。后由郭子杰先生介绍，经邮局代运广元。下午分往罗清生、李有恒、李筱园、方叔轩、林名均、黄仲樑、商承祚诸君处辞行。晚宴于郭子杰先生宅。归来寄函周寄梅先生，报告津件整理经过。并拟致中英庚款会函稿，请徽因缮抄盖章，寄周先生签字转发。

11月16日　星期四　晴

上午函敬之及张霁秋君，并将行李付邮。下午一时半离西华饭店。二时至北门外汽车站。换人力车，四时抵新都县北门，行十九公里。入城寓桂湖饭店。五时访县长罗君。

晚思成拟函复桂老，余与签署。

11月17日　星期五　阴

七时半起。县长罗君远献来访。九时往北门外宝光寺。寺南向，距城约半里，规模宏伟，为当地第一丛林。最外有照壁。次山门三间。内庋明永乐石幢一基，高二丈余，但经清光绪重修，真迹全失。门后方塔一座（图28），位于寺中轴上。下有基座二层，塔身南面辟门，内有佛像。塔身以上覆密檐十三层，每层壁中央置小佛像，二侧设直棂窗各一。但第一层东、西面之窗各置石佛头，面貌比例似唐代物。相传此塔建于唐末，然外观迭经后代修理，唐代手法所遗无几。如塔面涂饰（檐下涂朱）及塔顶之小喇嘛塔，决非原物也。塔后有七佛殿（图30），次藏经楼，皆回廊周匝。东北隅有罗汉堂，内供罗汉五百尊，塑于清咸丰间，上身过长，不逮昆明筇竹寺罗汉之写实也。

十时半顺公路行，约四公里半，访汉王稚子墓阙。阙已无存，惟余"汉故兖州刺史……"数字之残石，嵌于路北某店墙内，视王氏《金石萃编》所记，更为残毁不全矣。

下午二时出南门，东行约三公里，访正因寺，寺改小学。内庋一碑，遍刻小佛像，中央饰以较大之龛，碑侧有梁大同四年（公元538年）及六年（公元540年）题字，为梁碑中鲜见之例。五时返寓，定明日往广汉。

11月18日　星期六　晴

七时半起。九时往旧文庙摄相片数帧。九时半出新都北门，循公路东北行，十一时抵牟弥镇，午餐。下午二时抵广汉西门，共二十五公里，费时四小时有半，较成都、新都间增一倍，而路程仅远五公里。入城寓公园内丽芳旅馆。公园为旧文庙所改，其棂星门六柱五间五楼，甚特别。旁置宋绍兴间铁鼎一具，六足缺一，花纹镌刻尚秀丽，闻自开元寺移庋于此者。三时，访县长孙完先君。承派王君俊之导观开元寺、广东会馆、文昌宫及张家花园，摄取照片多幅。六时发空袭警报。七时半解除。

11月19日　星期日　阴

六时半起。七时半离广汉。八时半至金玉场早餐。十二时四十五分，抵德阳县午餐，约行二十五公里。三时达黄许镇，渡河。地势渐高，迂回于小山中。六时抵罗江县城，宿城内金福店，共行五十二公里。

图 28　四川新都县宝光寺塔

图 29　新都县宝光寺鼓楼

图 30　新都县宝光寺七佛殿

11 月 20 日　星期一　阴

六时起。七时出北门,渡罗江。江上石桥十一空,甚宏丽。自此登小山,八时至大井铺,早餐。十一时半过永兴镇。下午二时抵绵阳县,行三十五公里。寓北门外川北旅馆。四时、六时二度访县长郭镛君未遇。归函敬之。

11 月 21 日　星期二　阴

九时访县政府王君。十时出北门,西北二公里许至西山观。观负山面阳,大殿三间,清道光十五年(公元 1835 年)建。传蜀汉蒋琬墓即在观下,有碑记其事,但确实地点不详。碑侧有止云亭(图 31),亭之东、西,就石崖开凿道教石龛(图 32),除一部分埋入土中外,露出者尚有八十余龛,大小不一。可资记述者如下:

(1)最大之龛为隋大业六年(公元 610 年)所镌。中置天尊像一,趺坐,下裳垂床前,手形与佛教无畏式完全相同,背光亦然。两侧侍像拱手执圭,其下各刻一狮,姿态依稀仍为隋式。就目下所知范围,当推此龛为道教石刻之最古者。

(2)另一小龛下镌大业十年(公元 614 年)造像,有文记四十余字。

(3)隋龛之东有一独立龛,较大,虽无年代铭记,但雕刻手法确为初唐作品,其两侧浮雕尤精绝。洞壁涂朱,像涂青、绿二色,犹可辨识。

(4)隋龛之西有一小龛,刻建筑物一间,柱上各置华栱一跳,屋顶作四注式,具鸱尾,似隋、唐间物。

(5)止云亭下有摩崖一段,旁刻铭文,乃唐咸通十二年(公元 871 年)造。

图 31　绵阳县西山观石坊及止云亭　　　图 32　四川绵阳县西山观道教石刻

（6）隋龛与独立龛间，有宋绍圣丁丑（四年，公元 1097 年）游人题名。

（7）隋龛以西诸小龛，其铭记可辨者，有至□二年及至元六年（公元 1340 年）二处。

其须弥座皆饰以狮头及繁密之卷草，与大业十年一龛无所轩轾，难于索解。

下午二时返寓。四时至盐市街永安公寓访陈济生先生，观所藏汉墓石扉，扉上刻兽首。另一石案，似祭桌。平面长方形，上列酒杯二列，每列四具，与余购自江口者一致，酒杯间有碗二盘一。自美国波士顿博物馆所藏铜禁外，当以此案为最古矣。以上二物皆自城东白云观附近崖墓出土。闻未开掘之墓尚在多数，似宜设法保护，或速以科学方法发掘，以免为人盗取破坏。

晚六时，函敬之等。本日阅报，始悉日寇自北海登陆，有袭南宁企图。

11 月 22 日　星期三　阴

上午九时，迁居永安公寓。十时出东门，渡涪江。东北行约三公里，越仙人桥。折西南约二百米，调查汉平阳府君阙。二阙巍峨对峙麦垅中，皆具子阙（图 33）。西南负小山，川陕公路即经山下。东北面小河，墓似在山上，惜年久无痕迹可寻。阙下半截入土约一米，经发掘知壁体下尚有台座。座面刻间柱、栌斗，与雅安高颐阙一致。壁体表面所浮刻之柱，皆二柱并立，前未曾见。柱与柱间原有题记，但为梁（中）大通三年（公元 531 年）造像（图 34）所毁。壁上雕栌斗、枋、栱（有直栱与曲栱二种）俱为川阙常制，惟栱口隅刻双线耳。现斗栱间所缀之人物已模糊不清，屋顶亦损毁不全，似不及高颐阙保存之佳。然雕刻技术有川中其他汉阙之非及者。

图 33　绵阳县平阳府君阙

图 34　绵阳县平阳府君阙梁刻佛像

（1）壁面浮雕简单生动，确出高手。

（2）梁大通造像中，有三像刻于西北。其衣纹对称，下裳向左、右翘起，作三叠式，仅见于北魏初期与日本飞鸟期造像，乃希世珍也。

下午五时工作毕，返城已薄暮冥冥矣。

11月23日　星期四　晴

九时往测绘陈济生先生所藏汉墓石扉及祭桌。十时出东门，涉涪水，东南行三公里，至白云洞。洞在涪水东岸山上，有二崖墓，已经发掘，即陈君藏品出土处。北端一墓分内、外二室，外室之顶作覆斗形，中央长方形之面上，刻斗八藻井二组，井格配置极似朝鲜大同江诸墓。此二墓现有苦行僧六人居内，由彼得知附近岩墓情形。诸墓外仅有小洞，略可辨识，而多数均未经发掘，不能入内。

下午一时，莫、陈二生赴平阳阙补摄照片，余与思成返城，至旧文庙，因驻军不得入。旋赴县政府辞行，并往邮局，托将以后信件转寄广元，因明日即离此地也。

晚思成拟稿复林斐成，托代计划存放津件手续。

绵阳气候早晚稍凉，而空气尤干燥。盖已离成都盆地，地势渐高，农作物麦多稻少，宛如北方景象矣。

初入川睹蜀中墓葬多用石室，颇引为异。月来调查嘉定、彭山、绵阳等处岩墓，数量之多令人咋舌。始悟汉时蜀人埋葬，多就山开穴，后乃易为石室。盖除石料丰富以外，习尚流传，亦不失为一因也。

11月24日　星期五　晴

上午十时乘滑竿离绵阳，陈君济生送饼饵数事，厚意可感。出北门，过涪水，沿公路东北行，经平阳府君阙。朔风拂面，寒气侵肤。午后一时过新桥，见公路侧有岩墓十余处，皆内、外二室，无雕饰。四时半抵魏城镇，宿文里店，共行三十公里。

11月25日　星期六　阴

七时起，朔风凛冽，一若严冬。九时出发，正午在石牛铺打尖。三时一刻过石马坝，公路南侧有石兽二立田亩间，头部残缺，无翼，不辨为狮为马，亦不审属谁何之墓也。再三百米，路南复有二石阙，峙立田中，中轴线南向而微偏东，阙顶及斗栱雕饰胥已凋落，仅下部壁体上，隐起之方柱与东阙隶书"……蜀中……公元……"数字可辨。四时抵梓潼县城，寓北大街中央饭店。越时，访县长张瀚君，因公忙未晤，教育科长王君代见。悉途中所见残阙，称贾公阙，其地在县城西南二公里。据县志，仅有汉李业墓及蜀汉邓芝墓，而无贾公其人。且考阙上铭刻，概镌于正面壁体上，而非置于浮雕方柱之间。今此阙文字不仅刻于侧面，其"蜀中"一行且刻于方柱上，与其他汉阙不一致，亦疑点也。说者谓为后人题字，而非原来铭记，实不无理由。故此阙属邓属贾，尚非今日所能臆定也。

11月26日　星期日　阴

上午九时至县政府，晤谢闰田秘书。承示县西二十公里卧龙山千佛崖，有唐贞观八年（公元634年）石窟一处。又东南二十二公里玛瑙寺创于元，大殿壁画题明正统等字，喜甚。十一时分组调查，思成偕宗江赴卧龙山。余与明达考察附近建筑，以节约时间。

十二时出北门。行半公里，公路东侧三百米处有残阙一基，存"汉故侍中……，公元……"数字，据《金石索》知为蜀汉杨义之墓。摄影后，闻空袭警报。折西门外半公里处，官道南复有一阙，仅存北侧部分，屋顶凋落，无铭记，惟南面斗栱尚完好，即县志所称边孝先阙是也。一时返寓午餐。

二时出南门，循公路渡九孔桥，再一公里半，至贾公阙及石马坝摄影。阙之东北百五十米处有断石柱，据柱上明人铭刻，知为汉李业之墓表。自此折东北一公里，访李节士祠。内藏石阙残石，高二米余，下丰上削，铭"汉侍御史李公之阙"隶书双行。据下部题记，阙于明末至清道光间，县吏某（湘人）于墓表附近土中发现此石，乃移置祠内保存。三时，自祠后登长卿山，转西过长卿寺，俗传为司马相如读书故址，未入观。再北一公里半，下山，访西岩寺。寺已荒废，断崖上有造像二龛。北端者，中刻佛像，双足下垂，迦叶、阿难侍立，头光作光芒四射状，与夹江千佛崖类似。再次二菩萨及二金刚，式样手法俱类唐中叶作品。南端者，外施槅扇，不辨龛内情况，但据龛外飞仙观之，亦唐代物也。岩面之上，有宋端平乙未（二年，公元 1235 年）题诗，及元丰四年（公元 1081 年）、八年（公元 1085 年）、元祐四年（公元 1089 年），明正德三年（公元 1508 年）、万历七年（公元 1579 年）铭刻多处，与崇祯八年（公元 1635 年）《重鼎西岩寺记》，称寺创于元，重修于明，但未及摩崖诸窟之年代耳。

下山，渡河二道，官道南侧复有残阙一基，略似夹江杨公阙，而体积差小。阙面无铭刻，阙顶亦毁，惟南面尚存斗栱一朵较完整，即边孝先阙。再前，即入西门。五时半抵寓。

七时谢润田先生偕区长陈君来，定明日去玛瑙寺。谢君且云西岩寺附近，曾发现崖墓数处，内有五铢钱，惜墓已为人所掩埋，不可复识。近日大庙山亦有崖墓二处，因建公路发现，皆一室，室顶用平棊，出土有陶俑等物。

11月27日 星期一 阴

五时三刻起。七时离寓，乘滑竿出东门。东南行二十公里抵新场（即新隆场），午餐。再二公里半，至玛瑙寺。寺处山阿中，南偏西八度，大殿面阔三间（图35），进深八架，显三间，单檐歇山造。据明间中金枋下题字，此寺开山于明正统四年（公元 1439 年），至景泰六年（公元 1455 年）始建大殿。殿之结构可注意者如下：

（1）柱下施地栿。柱上额枋一层，上平板枋薄且宽，断面为◁▷形，至隔柱处出头，与芦山姜维庙姜庆楼及圆通寺大殿类似。

（2）外檐斗栱外出三跳，皆昂（图36）。第一跳昂甚平，前端向上卷曲。第二、第三跳如常状，但昂嘴较长。全体式样，与明洪武二十四年（公元 1391 年）建造之峨眉飞来寺大殿相近。

（3）上述之二昂、三昂，皆系真昂。其在平身科者，二昂后尾作六分头，三昂后尾即挑斡，托于下金檩之下（斗栱后尾仅出一翘，上施三幅云，其上为菊花头、六分头及挑斡）。柱头科之二昂、三昂，亦将后尾后延，另以斜木压之，乃极罕见之例。

（4）正心缝上，施瓜栱、万栱各一层，其上之正心枋连栱交隐，上施散斗，承第二层正心枋，再上为正心檩。

（5）正面明间用平身科二攒，皆施平面出 45 度之斜栱。角科则施抹角栱。

（6）柱头科与角科之昂未较平身科加宽。

（7）内部瓜柱、童柱断面近八角形，纯系明代正规做法。惟脊瓜柱两侧施叉手，尚存古制。

（8）梁上彩画无枋心，而施以连续之西番莲，其长度约为梁长五分之三。

（9）东、西壁上壁画系明成化元年（公元 1465 年）绘，但比例欠佳，为明壁画中之下乘者。

（10）佛像已非原物，其扇面墙后之壁塑乃清嘉庆间重塑。惟正面石制佛座为明景泰七年（公元 1456 年）物。

下午一时二十分，离玛瑙寺，循原道返城。四时抵寓。思成、宗江已先期返回，云调查城外天封寺，大殿后半部亦为明构。

图 35　四川梓潼县玛瑙寺大殿　　　　　　　　　　　　　　　图 36　梓潼县玛瑙寺斗栱

11 月 28 日　星期二　晴

晨六时半起床。八时半乘滑竿离梓潼。出北门,循公路东北行,约三公里,左侧山上有崖墓二处。再前,登七曲山,道右复有崖墓数处,又明代摩崖,均未暇细观。将至山顶,柏树参天,中有文昌宫,规模甚巨,传为文昌得道处。其地距梓潼约九公里,面西向微偏南。外为奎星楼。过楼登石级,两侧有朵楼相对峙,与奎星楼相属,平面如 U 字形。次正殿三间,周以走廊,其前复置献殿,俗传为张献忠所建。此殿外檐仅施三踩单昂,无足观。惟山面檐柱间之木栏干,简单雄健,甚美(图 37)。其后桂香殿三间,梁、柱比例颇粗巨。依梁下雀替及三幅云式样推测,似为明代遗构。正殿北侧为客堂与方丈。南侧有三建筑,皆西向,其中一楼祠献忠塑像,毁于清咸丰间。自楼折东,沿蹬道(图 38)至家庆堂。堂三间,单檐,斗栱比例较小。但门楣上施蜀柱,似明物。自此再东南,有天尊殿三间及左、右庑,自成一院。据结构式样判断,此殿决为明物。惟西北角经民国元年(公元 1912 年)重修,内外髹饰及殿顶琉璃瓦亦皆易于是时耳。时已近午,余等留此考察,不意庙之附近人烟稀少,无人负责管理,乃嘱明达持缄返城,请县政府派人照料。正午余与思成、宗江测绘天尊殿,至下午五时毕事。适明达亦返,再半小时,县内来人及宫内主持均到,是夜宿于庙内。

天尊殿面阔三间,进深六架,显四间,单檐歇山造。其结构可资注意者有:

(1)额枋至隅柱处,未伸出柱外。

(2)平板枋薄而宽,与川省其他明代建筑类似。

(3)外檐斗栱外出三昂,昂嘴瘦且长,与玛瑙寺大殿如出一臼。

(4)柱头科、角科、平身科之昂均同一宽度。

(5)平身科二昂、三昂之后尾,俱延至后侧下金檩之下。而柱头科昂尾另承以斗,此斗直接置于老檐柱上,尚为初见。

(6)上金檩下所施瓜栱、坐斗、替木等,颇似宣平延福寺大殿手法。

图 37 梓潼县七曲山文昌宫大殿　　　　　　　　图 38 梓潼县七曲山文昌宫蹬道及配殿

（7）明间脊檩下另施人字架二处。架之两端载于上金枋上，以防面阔过大，脊檩弯曲之弊。

（8）脊檩两端施叉手。

（9）山面及背面皆于柱上施坐斗，斗内置挑梁，而无栱、昂，与芦山圆通寺大殿同一系统。

11月29日　星期三　阴

七时起床。八时半离文昌宫。十时半过上停铺，传为唐玄宗制《雨淋曲》地点。下午二时到武连驿，午餐。三时出驿，西行三百米，访觉苑寺。寺南向，门殿四重，内藏颜鲁公所书"逍遥楼"三字，镌石立于天王殿内。其后大殿面阔五间，进深显四间，单檐歇山造。内部壁画仅扇面墙及侧者似明物，余皆年代较近。四时半离寺，宿武连驿。

11月30日　星期四　晴

六时三刻起。八时一刻出发。十一时在柳沟午餐。再六公里，取旧官道，经凉山铺。下午四时半，入剑阁县西门，寓城内竞成旅馆。凡行四十公里，晚函敬之、致平。

自梓潼大庙山至此之官道，翠柏夹峙，巨者约二、三抱，殆四、五百年前物也。近年开筑公路，斩伐过半，仅凉山铺附近二、三十里处，尚繁茂如故耳。

12月1日　星期五　阴

九时半，访邮政局马局长及县政府。十一时出西门，折南登山约三百米，至南禅寺。寺大殿面阔三间，进深八架，单檐挑山造。明间悬天启元年（公元1621年）匾额。殿内东侧及东北隅壁上存壁画数幅，似明代物。殿后复有抱厦一间，庋明万历碑一通，上刻观音像。余无可观。

返城再出东门，渡公路木桥，折北约二百米，为县文庙。摄取柱础照片数张。剑阁县城，依山建造，城池甚小，市面尤萧条。

12月2日　星期六　阴

六时起。八时乘滑竿出东门。循公路上山，约一公里余，改行旧官道。道旁巨柏参差，与梓潼、剑阁道中所见略同。约十公里至抄子铺。再十公里，至汉阳铺打尖。自此沿公路下山，又十公里抵剑门关，其地距成都适三百公里。卸装后，即访姜伯祠，无所得。荒村寥落，了无佳趣。饭后，相与抱膝长谈，借破岑寂。九时就寝。

12月3日　星期日　晴

六时二十分起。八时出发。约半公里过剑门关隘，两侧石壁如削，一道中分，久为千古要地。出关行谷中，约五公里，至两河口，山势始平。又一公里，道右侧有摩崖数龛，似唐刻。再前，见崖墓二、三处，错布山岩间。又行十一公里，至白田坝午餐。午后一时继续前进，行五公里半，道左又有岩墓二处，甚小。复二公里半，抵宝轮院，凡行三十公里。其地位于昭化县城北约十公里。拟明日迳往广元，归后再至昭化、苍溪，时间较为经济。

12月4日　星期一　阴

六时半起。八时二十分离宝轮院。东北行五公里，折西北，渡河。附近崖面有小穴数处，仅容一棺，殆为岩墓之最简陋者。自此或行旧官道，或由公路，约二十公里，过河湾场，道左侧复有崖墓数座。再五公里，经五佛寺，渡河，入广元县西门，共行三十公里。自西门，经钟、鼓楼，折北，寓北街中国旅行社招待所，已午后二时矣。三时访邮局朱局长及县政府秘书王仲相君。晚寄缄敬之。

12月5日　星期二　晴

上午接洽境内调查事项，并赴邮局领取由蓉寄到之行李。一时半考察关帝庙。庙在西门内，北向，大殿三间，单檐挑山。主像金面，目半启，眉微竖，与常制异。传为张献忠塑。嗣往文庙，因主管人不在，未能入内。出南门，折东渡河，约行一公里半，访白侍郎墓。麦田中仅存石马二躯，其一已仆，二石虎（?），二翁仲，均似明物。四时返城。接敬之来函。晚作书寄敬之及仁辉兄。

本日阅报，惊悉南宁于上月二十六日失陷。

12月6日　星期三　阴

九时半出西门。渡河，沿公路北行约半公里，访皇泽寺。俗传唐武曌之父仕于广元，遂产于此。迨曌贵，阿附之辈营造此寺，故名皇泽。现仅存门殿三重（图39、40），规制甚陋。近修公路，复贯通南北，划寺为二，藩篱尽失，厥状凄凉。但寺后石壁上有唐代摩崖，甚精美。其主龛位于寺中轴线上（图41），东向偏北6度，镌佛及阿难、迦叶与菩萨二，金刚二。旁刻一小吏合十仰面跪一足，神态若生，恐系供养人之属。以上雕像系盛唐作品。附近小龛十余罗列左、右。下一石像着道装，传为则天之像，自寺中移置此者。距主龛南五十米处，另有一窟，平面长方，三面刻有佛像。中央施方形塔柱，雕栏楣数层及小墓塔。据上部题记，有宋庆历、明景泰、清康熙多处，盖此窟屡经装修，已非止一度耳。再南百余米处复有四龛，一大三小，错列石壁之上。其大龛内造像五尊，皆立，比例瘦长，雍雅生动。再南又一窟，祀吕纯阳，为清建，则卑不足道矣。

午后二时，返城午膳。三时复出西门，渡河南行，访五佛寺。寺东向，所祀五佛，乃明代所造，伧俗不堪。其侧庋观音坐像似唐物。寺北有唐摩崖二龛，高不可攀。南侧一窟空无一物，惟门外金刚姿态似唐人作风。

四时循公路西南行，约半公里，过桥，折北至唐家沟。西侧山上，有岩墓十余处。其一位于西山，东北向，

图 39　四川广元县皇泽寺山门

图 40　广元县皇泽寺大佛殿

图 41　广元县皇泽寺大佛

具门限、石砧、门轴洞等。石砧位于门内，而门轴洞居外，盖便于封墓故耳。门内之室仅长二米余，横列。其顶作人字形，不多见。自此越东侧山岗，渡河返城，已五时半矣。

12月7日　星期四　阴

九时出北门。沿公路北行约三公里，调查千佛崖石刻。其地位于嘉陵江东岸，石壁耸立，下临清流。自南亘北约半公里，皆凿佛龛（图42～44），现因修公路，毁去一部，登崖石级亦被凿去，致无法攀登崖上最大之龛，不胜遗憾。兹就考察所及，择要记述于后：

（1）千佛崖摩崖，虽大部成于盛唐，但有一龛，姿态衣纹，似北魏晚期作品。

（2）唐代摩崖中最特别者，即于石窟中央开凿主像，或坐或卧。其后雕树木一行，若屏风然，是否由塔柱演变而成，则尚难遽定，但为他处所未有。

（3）窟面浮雕题材，虽不脱佛典中生、老、病、死诸事，但图内点缀山水、人物，为研究当时艺术及风俗习惯绝妙之史料。

（4）龛与窟内除佛像及佛迹图外，每雕施主之像（甚小），亦为此间特有作风。

（5）铭刻中可辨者，有中和二年（公元882年）及乾德五年（公元967年）重装佛像记二种，足证摩崖一部成于中唐以前。惜石壁陡削，磴道凿毁，故本日涉猎所及，尚不足全数四分之一，不能确定论断耳。

下午二时返城午餐。三时往县政府，请保护千佛岩石刻，因闻公路仍需南展六米故也。返寓即收拾行李，定明日搭船赴苍溪。晚函新宁、芷江及敬之。

12月8日　星期五　晴

上午九时赴邮局寄行李往合川。十时半返寓，候船夫不至。下午一时，莫、陈二生重赴千佛崖，欲调查其余位于断崖上者。然亦未获逼观，颇为惋惜。

图42　四川广元县千佛崖力神

图 43　广元县千佛崖群龛　　　　　　图 44　广元县千佛崖坐佛

12月9日　星期六　阴

九时半，离旅行社。出西门，登船赴苍溪。船上客货甚多，几无纳足之地，乃改乘他船。十二时三刻解维南下。四时过观音崖，其地属昭化县。河东岸，有断崖一区，镌佛龛数十（图45），北端者大部剥蚀，南端诸龛则保存较佳（图46），然尺度甚小，雕刻技艺亦甚平庸。然亦有二点可注意者：

（1）文殊跨狮，有单独自存一龛者，为他处所未见。

（2）龛外两侧之金刚，短髭上翘，与唐俑同一形式。

据龛侧"天宝十载（公元751年）"铭刻，知仍为盛唐作品。四时半离观音崖。六时抵昭化县城，泊东门外，凡行三十公里。

12月10日　星期日　阴

八时起。天阴苦寒，蜷伏舟中，百无聊赖，遥瞩两岸山色转青，柏林丛茂，较昨日所经景物稍佳。十一时稍停于江岩寺。下午读《颜氏家训》。一时半过江神庙。四时泊黄金口，约行六十公里。入夜朔风怒号，彻宵不已，拥衾入睡，未能安眠。

12月11日　星期一　阴、雨

八时风势稍杀，微雨。八时一刻起碇下滩，因代他船驳运货物，至十时二刻，始回帆南下。正午过江口。一时，复遇军船多艘上滩，因河狭水急，被迫停让。三时始开航。四时，见河左岸岩壁上有岩墓一处，墓门下宽上狭，如梯形，尚属初见。四时半泊虎跳乡（俗称猫儿跳），仅行三十公里。

图 45　四川昭化县观音崖石刻

图 46　四川昭化县观音崖石刻

12月12日 星期二 阴

六时二十分，扬帆南下。午时过洋溪口，登岸采购食物。下午天霁，微见阳光，但两岸人烟稀少，仍与前数日无异。舟行无事，但阅《建炎以来朝野杂记》。四时一刻，东岸崖壁高峻，有崖墓数处，具门框。其中一墓，门上刻圆线一道，殆仿圆券结构。四时半泊小浙河，共行五十公里。

12月13日 星期三 阴

六时半离岸。九时一刻于河左，见崖墓数处。未几，右岸亦有数处。十时抵苍溪县城。入南门，折东，寓义兴店。稍憩，访县长曾锦扬君。

下午一时，出南门。转西北，沿河岸约行一公里，自临江渡过嘉陵江，寻慈云阁。阁东北向，上、下二层，就崖石凿建，下瞰城郭，宛若图画。据铭刻，似成于清道光间。自此沿江行半公里，访烟崇寺。下山，渡河，至县文庙。又出县北门，折东有关帝庙。以上俱无所获。四时返寓所，作书寄敬之。定明日赴阆中。

12月14日 星期四 阴、雨

九时二十分搭舟离苍溪县。十时半过曾家岩，河右岸有崖墓数处。下午一时至涧溪口，见右岸崖上有摩崖数龛，急泊舟往视。岩东向偏北，最南侧凿龛。次于崖面刻小佛约千尊。而中央一龛独大（图47、48），其下须弥座大多剥落。两侧金刚，亦只剩北侧一躯。再北一龛，旁有仪凤三年（公元678年）铭刻，审为唐物无疑。其北一碑，南向，文字模糊，不可辨读，依碑首盘螭观之，疑为隋或初唐者。再北，复有三龛，旁刻"开皇十四年（公元594年）……"铭文三行，皆隶书。其佛像形制亦视南侧诸刻略早。一时半返舟，顺流南下，至阆中县城。十公里间，江岸两侧石壁上崖墓累累，不可胜数。但规模巨者，几如星凤耳。又剑溪坎南一公里，西岸岩壁复有一龛，分内、外二层。外层二像分立左、右；内层一像中坐，二像侍立，不知何代作品也。三时十分，抵阆中县南门外，登岸，寓东门外惠来旅馆，其地湫陋，亦无可如何。饭后，访县长喻君，不遇。

图47 四川阆中县涧溪口千佛崖

图48 阆中县涧溪口千佛崖佛龛

图 49　阆中县双龙场千佛崖佛像

此行所经，自渝至蓉，西北届灌县，南迄嘉定、峨眉，皆属四川盆地。惟雅安、芦山，地势略高耳。自成都东北行，亦皆盆地，气候润湿，非雨即雾，视吾湘为尤劣。至绵阳，始入山境，自此迄剑阁，皆崇山峻岭。剑阁北复下山，出剑门关，达广元，地势又低，然气候爽皑，颇类北国。讵自广元循嘉陵江出阆中，又入盆地，湿气蒸郁，令人闷损。然自来论蜀事者，每以物产殷阜，誉为天府，独未及其气候耳。

截至本日为止，所调查之对象以石制者占主要地位，即汉阙，汉崖墓，隋、唐摩崖是已。木建筑则止于明，明以前者未曾发现，颇有美中不足之感焉。

12月15日　星期五　阴

上午九时访邮政局长熊君。十时至县政府，喻县长公出。午后一时，再往县府，由喻君颖光导观桓侯祠及铁塔寺。

桓侯祠在县府东邻，南向。大门（图 50）外二铁狮 *，明万历四十七年（公元 1619 年）铸。门内一楼（春秋阁？），重檐歇山造（图 51）。上部斗栱似明万历时物，惟下檐已经清代改修。其后堂、殿二重，皆祀桓侯像。后殿以北，古冢隆然，即侯埋骨处也。

铁塔寺位东门内，亦南向，现为潘文华氏行署。内有一亭，覆钟一、幢二。钟高 1.07 米，腹部微凸，下口径 0.58 米，非正圆形，盖另一方向仅宽 0.54 米也。钟以铜铸，形制甚美。据铭刻，乃唐武后长安四年（公元 704 年）造，原属合州（今合川县）庆林观，不谛何时移阆中县署中凤凰楼上。民国初年庋于县文庙，后辗转迁移于此。幢铁造，平面八角形，下部莲座已埋土中，幢身遍铸陀罗尼经文，隶书径寸。以现状度之，字皆先铸，然后入模，再与幢身合铸。其上以枭混线与叠涩数层，向外挑出。至顶收束如塔顶状，冠以宝珠。自地面至宝珠，约高 5 米。据幢身铭记，为唐天宝四年（公元 745 年）二月八日建成者。此外又有"敬

---

* [整理者注]：著者原觇之铁狮已佚，现另移二石狮于门前。

图 50 四川阆中县桓侯祠（张飞庙）大门

图 51 四川阆中县桓侯祠内二层阁

造此塔，供奉万代"字样，故俗称之为铁塔，而不云铁幢也。岂唐时塔幢不分耶？颇费索解。

三时喻君辞去。出东门，折北半公里许，观最近发掘之古墓。墓在菜圃中，已毁，按砖纹似晋、唐间物。其东有文昌宫。北为古香城寺，已改道观，均无可观。惟寺东北半公里处，有回寺（称巴巴寺）（图 52）一所，建于山坞中。布置简洁而有幽趣，门扉棂格（图 53）亦能别开生面，实为难能可贵。其教长马君云，寺建于清康熙中。五时返旅舍，晚寄函敬之。

12 月 16 日 星期六 阴

九时半调查观音寺，寺在城东北一公里半，现改中山公园。寺东向微南，据现存碑记，洪武间寺在城内，成化中始迁现址。寺自山门起，有大殿（图 54）、罗汉殿（图 55）等三重，规模尚巨，但廊庑全毁，围墙亦失，盖荒废已非一朝一夕矣。寺内古物仅存明正统铁钟一具，余建筑皆清物。其足资注意者，乃小额枋各间上、下相闪；大额枋至隅柱之出头，或两面皆有，或仅一面；似均为当地特有手法也。大殿西北有火葬场一处，石建，内为小圆室，下砌沟道以引火，上为圆孔以泄烟，乃旧式火葬场仅有之例。薄午余与思成返城，调查城内建筑。陈、莫二生则赴城西北部之北岩寺，考察石刻及摩崖。

　　午后一时半至五时，调查府文庙、县文庙、关岳祠、城隍庙、大象寺及清真寺等处。可记述者，仅柳伯士街清真寺而已。寺在街西，东向，外为大门三间。次广庭。次大殿（图56），面阔五间，进深二十一架，单檐硬山造。此殿在平面上，分为三部：外为前廊，次礼拜殿（图57、58），次祭堂。前廊进深四架，礼拜殿十二架，祭堂五架。礼拜殿内之柱，改为三间，其上施南北方向之大栿一列，栿上载梁架四缝。盖梁架仍与前、后檐柱与老檐柱一致，仅将中部改为三间，与往岁调查之河南济源县荆梁观大殿同一方式。殿内存康熙三十七年（公元1698年）与雍正七年（公元1729年）碑各一通。据教长王君云，此殿建于清康熙中叶，与昨日考察之久照亭，出于同一匠工之手。以结构式样衡之，其言似为可信。

图52　四川阆中县巴巴寺大门

图53　四川阆中县巴巴寺内门

图54　四川阆中观音寺大殿

图55　四川阆中观音寺罗汉殿

图 56　四川阆中县柳伯士街清真寺礼拜殿

图 57　阆中县柳伯士街清真寺礼拜殿内景

图 58　阆中县柳伯士街清真寺经台

陈、莫二君云，北岩寺石刻胥清代所镌，无可观者。惟寺后崖墓三处，尚可注意。墓之平面皆长方形，其中二墓略近方形，墓顶或为不规则之圆穹，或为四斜面之覆斗形，与敦煌石窟之顶颇类。又壁画有隐起简单柱、枋、斗栱者，若梓潼李业阙然，足证确为汉代所开凿也。

12月17日　星期日　阴

六时三刻起。八时出东门。渡嘉陵江，循公路东南行，十公里至双龙场，早餐。十时半又行，约一公里过青崖山。公路右侧有摩崖数龛，最大者约宽6米，高4米余，主像垂双足而坐，左、右侍像各三尊（图49）。龛前阶台刻壸门一列，内饰伎乐，依雕刻式样判断似唐代物。然佛像比例失当，非出名匠之手可断言也。再三公里许，过彭城坝。右侧山上有崖墓数座。下午一时至老鸦岩，少憩，附近触目皆崖墓。二时三刻，抵南部县城，寓畅春旅馆。饭后，走访县长何君庆延。何亦雅嗜金石，云资中有摩崖造像高三、四丈，西崖汉墓大者阔亦三、四丈，内有太和元年（东晋废帝司马奕，公元366年）铭刻。又谓巴中摩崖年代晚者，乃明代所镌。

南部县城墙已拆除，市街亦经改造，不伦不类，颇不足观。

12月18日　星期一　晴

晨起，浓雾迷漫。十时赴县府，观道光重修之《县志》，知禹迹山有石佛高四五丈。又新城镇有唐代石室，与流渠遗迹。十一时返寓。午后一时赴县长宴，四时散席。归后半时，何君来访，偕往城南跨鳌洞，其地距城约一公里，有天然洞穴一处，可容百余人。洞旁一寺，无可取者。五时返旅舍，准备明日赴新城镇。

南部县产金、盐、丝、棉花、芝麻，年约二千余万元，凤称富庶之区，然教育落后。何君称全县肄业大学者仅二人。小学师资强半以僧、道充数，近始淘汰。已创设中学校，数年之后或有进步之望。

12月19日　星期二　晴

六时三十分起。八时半乘滑竿离南部。九时渡嘉陵江，雾气朦胧，数尺外不辨一物。渡河后，东南行十五公里，至碑院场中餐。再东六公里，至禹迹山。山腰有大佛寺，西向，依崖凿佛像，像立，高五丈余，覆以杰阁五层。据光绪重修碑，此像创于何时不明，阁则毁于嘉庆时。至清末又复修缮。依雕刻式样观之，像之头部过巨，脚短而足小，其他衣纹装饰皆欠细雅，疑为明人所构。阁南有三佛殿。阁北复有一殿位于蹬道上，皆甚小。附近石穴星罗棋布，北端一穴内辟室数十若列肆然，似明末或清乾、嘉间，乡人避兵所凿者。自阁南，东入石门，步登山巅，乃禹迹宫焉，已半毁。自此出寨门西南四公里，过罗面垭。再南七公里半，至楠木坊，宿小学校内。闻此地西南一公里许之仙女山上，有明成化建筑一所。时已黄昏，以望远镜窥之，见檐下无斗栱，遂未往观。

12月20日　星期三　阴

六时起床。八时半乘滑竿东南行十公里，经小河溪。自此沿嘉陵江北岸东行，再五公里，抵新镇。时十一时半，寓镇内安怀栈。其地为唐新城县治，宋以后属庆县为镇，犹有城堞。镇内商廛栉比，视剑阁、苍溪二县尤为繁盛。下午二时半，出镇南门，渡河，考察报本寺及离堆观。余以足创，半途折回。

五时，思成与陈、莫二生返回，云报本寺大殿已毁，只余一间，枋下题字有"蜀王太子"数字隐约可辨。而外檐斗栱施昂三层。第一层为假昂，昂嘴向上卷曲；第二层昂后尾挑出少许；第三层昂后尾完全挑出，托于内侧檩下，与梓潼玛瑙寺同一方式，决为明代遗物。惟鲜于氏礼门碑，书法庸劣，名实不相符。离堆观所藏颜鲁公大历碑已毁，唐石室与九曲流觞亦无可考。

南部县内墓碑与他处异者：

（1）碑形作牌楼式者，其中央安碑处，外侧饰以露空石棂，花纹种类颇多变化。

（2）墓前砌水平石条数层，其上施半圆形之石，虽无雕刻，亦颇素雅。

12月21日 星期四 阴

七时起。雇船往蓬安，久候不至。十时三刻，改乘滑竿，出新镇东门。东南行二公里半，左侧山上有岩墓二处。再前，道两侧崖上，有摩崖佛像数处，似明物。十二时半在平头铺午餐。十五公里过斜溪。其地位于嘉陵江东岸，杨枝高君云对岸有摩崖数处，因仓猝未果去。再十公里至大泥溪，暮色苍茫，不能前进，乃改乘小舟，顺流而下。六时半，抵周口，寓鸿宾栈。周口在嘉陵江东岸，与蓬安县城仅一水之隔，而商业殷盛，视县治而犹过之。余等因赴渠县考察，若赴蓬安城，出发时仍需渡河东返，故留居周口，以省周折。晚作书寄敬之。

蓬安山多地瘠，梯田直达山巅，地利已尽，而农村仍一贫如洗，其燃料尤其缺乏。

12月22日 星期五 阴

九时半，自周口渡嘉陵江。西南行一公里入蓬安城。访县长黄初甫君。正午出西门，四公里至锦屏山，访古佛寺。寺位于山之西麓，依崖建阁五层，西向偏北。内部佛像皆近代所塑，平庸无奇。闻西南十五公里有石佛寺，建于嘉陵江西岸，存唐造像多尊，因道阻未往。二时返城，至文庙，无所得。四时渡江返周口，定明朝赴渠县。

12月23日 星期六 阴雨

六时二十分起。八时离周口。乘滑竿东南行三十公里，至杨树场午餐。再十公里，登凉风垭，海拔较蓬安约高三百米。下山十公里，抵福德场，借宿小学校内。其地位于蓬安西南，与广安、渠县接境。

12月24日 星期日 阴雨

六时半起。八时出发。六公里至新市镇。又十公里抵叶坝场。再十二公里半，于吴家坡午餐。自此循公路东北行，七公里半至中滩场。又十五公里，抵渠县城，计行五十一公里。宿于城内鸿盛栈。

本日所经渠县境内，皆小山起伏，产甘蔗、白芍等物，经济较蓬安略富。

12月25日 星期一 晴

上午赴邮局取信，接敬之函并转岳父来谕。十时赴县署接洽，晤秘书包奠华君。十一时，移居归去来。午后一时调查县文庙。其棂星门，五间六柱五楼，若普通牌楼式样，不经见。继出北门，约半公里达冯公祠。祠南向偏西，内存《汉骠骑将军冯君之碑》，乃北宋崇宁三年（公元1104年）重刻，无关史迹。三时返寓，寄书敬之及南部县长何肩吾君。晚七时，本地县长偕秘书包君来访，并携《县志》一册见示。悉沈府君阙在县北四十公里之崖峰场附近，冯焕阙在其东十五公里之土溪场，相距皆不远。拟明日乘滑竿先赴崖峰场，后转土溪场，然后返县，往来共需三日。惟冯绲阙地点，据《县志》云在县东四十五公里，与大竹县接壤，但未述其详细地点，遂不知其究竟在何处。

本日接致平转抄教育部补助文化机关训令一通，由思成先拟稿函顾一樵，询问补助数额，然后去函正式申请。

12月26日　星期二　晴

六时半起。八时乘滑竿出北门，渡流口溪。行二十八公里，至三板场中餐。又五公里抵金家场。再五公里抵崖峰场，其地在渠县城北，约四十五公里。西北有圆券桥一座跨溪流上，石券净跨约十四米，阙状雄伟。其东石墓凡四，半陷土中，墓楣上刻饕餮纹，似汉末或六朝物。

12月27日　星期三　晴

八时由崖峰场东南行，约一公里半，道左侧有砖墓一，其砖纹与砌法类六朝物。再一公里半，过栏木桥，道左有汉阙一基。行半公里，至燕家场，访沈府君阙（图61）。在此勾留二小时，复东南行一公里半，登王家坪，有无名阙一处（图59）。八公里半过赵家坪，见冯焕阙（图60）。又无名阙二处，一在赵氏宗祠之南。一在其东（图62）。再一公里半至土溪场。

本日考察汉阙凡七处，其印象如次：

(1)诸阙皆石制，其中仅沈府君阙（双阙）及冯焕阙属墓阙，其他无文字铭刻，不知其为墓阙，抑为官署、祠庙、住宅之阙。

(2)诸阙皆应为双阙，左、右对峙。现仅沈府君阙一处如是。若能予以发掘，则旧日平面配置，必能了然，惜忙中未能及此，甚为遗憾。

(3)诸阙现均无子阙，但观基础与壁体外侧情况，旧时必有子阙。殆因母阙与子阙之间，无紧密之联系，致年久分离颓倾故尔。

(4)阙正面刻铭记，其上浮雕一朱雀，铭记下则刻饕餮纹。其无铭记之阙，仅刻一朱雀。

(5)阙侧面皆刻青龙衔环，环悬于上部之枋上。惟沈府君阙之西阙，龙首似壁虎形。

(6)阙体皆下宽上窄，略具收分。壁面隐出方柱、枋、地栿等。

图59　四川渠县王家坪无铭阙

图60　渠县赵家坪冯焕阙

图61　渠县燕家场沈府君阙

图62　渠县赵家坪无铭阙

（7）柱、枋上置栌斗，斗上再施枋数层。四角饰以角神各一躯，冯焕阙则以 45 度之斜枋向外伸出代替角神，较为特别。又此枋前端略窄，似基于立面之考虑。

（8）枋上或直接施斗栱，或如冯焕阙插入□□一列，或雕刻几何花纹，手法颇不一致。

（9）斗栱下承以蜀柱者最为普通。但沈府君阙与冯焕阙者稍短，惟栏木桥及赵氏宗祠东侧二无名阙乃具名实相符之蜀柱。

（10）斗下无蜀柱者如赵氏宗祠南侧之无名阙，饰以三瓣之花蒂，或束竹纹，均极罕见。

（11）栱之种类可分为：

①最普通者为花茎形弯曲之栱，或单独一朵，或二朵相连如交手栱形状。

②王家坪、赵家坪诸阙常用一斗二升之栱。

③正规之栱尚未发现。沈府君阙侧面之栱，下缘卷杀略为接近，但上缘作斜线，仍不相类。

（12）椽仅一层，角部斜列，具卷杀。其中有刻龙、蛇萦绕者。

（13）翼角未有反翘。

（14）屋顶皆四注重檐。但重檐实无副阶，仅将瓦陇提高一级成踏步形状。

（15）瓦当纹样有作蕨纹者。

（16）斗栱间点缀之人物雕刻生动且富滑稽，乃汉刻之重要特征，不独渠县诸阙如是。

（17）王家坪无名阙上部之人物衣饰，皆衣褶向外翘起，足窥北魏佛像衣褶渊源之所自。同时可证此阙年代应在汉、魏以后。

（18）诸阙中以冯焕阙之比例、雕饰最为无懈可击。色伽兰氏《中国西部考古记》中，称此阙为渠县诸阙之代表作，颇为中肯。

12 月 28 日 　星期四 　晴

六时十分起。七时四十分往赵家坪，测绘冯焕阙与无名阙。又至西北一公里处，观色伽兰所云汉代石兽。兽共三躯，倒卧官道侧，其一似六朝物，其一较晚，另一压于他兽下，无法辨析，然俱非汉器，可断言也。

正午在土溪场中餐。一时南返。十公里经李馥场。再十五公里，日已含山。又二公里半，至河干。乘小船，约三公里，泊东门外。入城，重返归去来旅馆。

在土溪场时，闻渠县与营山交界处之界兴场附近，尚有汉阙二，附记于此，以待查询。

12 月 29 日 　星期五 　晴

赴县政府及邮局。归来作书致敬之及申伯、仁辉、德元诸兄。下午理发并购杂物。晚李少华秘书及包宴华二君来访，索汉阙图稿照片以实《县志》。并论及崖峰场与土溪场间汉阙如此众多，疑古宕国及宕渠郡必在其附近。如有机缘，当再度来渠作详细考察也。

诸阙中无铭刻者，亦事所应有。窃意研究渠县汉阙以前，宜先阐明当地之史地沿革，则一切文物设施，不难迎刃而解矣。

12 月 30 日 　星期六 　晴

六时起。八时乘滑竿出县南门。南行十公里，过渠水。再七公里半，买舟流而下，两岸风景清幽，迥出嘉陵江之上。又三公里，至鲜渡场，午餐。县长李君派人护送者已先期至此，甚可感。行十公里，至萧家溪，即入广安县境。再西南十六公里，道左侧山上崖墓累累相属，入口皆刻凹线三层。又九公里，抵石笋河，换舟南下。晚八时启碇。

本日所见之墓多不用牌楼式，壁面平整，仅墓碑向内微凹而已。壁之上部饰以简单之线脚，较壁面略凸出。其至转角处，随下部壁体而作小圆角。全体构图颇似西方建筑，而尤以数墓并列者，最与希腊建筑接近。

12 月 31 日　星期日　阴

晨一时，舟抵花园，凡行二十五公里。七时登岸，乘人力车赴广安县城。五公里，入自东郊。八时半，早点。九时仍驱车西北行。八公里瓦龙山，公路右侧山上有崖墓数处。再十二公里，路左侧复有数处。又二公里半，至石垭场，午餐。又十五公里，抵岳池县城，寓城内一小旅馆。午后四时，谒县长唐锦扬君，因公已赴南充，见秘书某君。晚科长王君等来访。九时作书寄敬之。

1940 年 1 月 1 日　星期一　阴雨

九时半，出北门。西北行五公里，至千佛崖。崖面镌大、小佛像约千尊，建楼二层护之。但雕刻式样较凡俗，其年代不能较明代更早。

正午返城午餐。二时往旧文庙及城北和溪公园，俱无收获。惟公园之省洞，洞顶作覆斗形，为依旧崖墓改建而成者。

三时出东门。沿后山山麓而东，约三公里，至冯家湾。附近崖上凿岩墓无数，墓门皆具凹线三层。墓室以方形或长方形平面为多。墓顶形式有覆斗形与平券二类，但无其他雕饰。闻对岸山上尚有崖墓甚多，然体积较小，与冯家湾者大体雷同，故未往观。定明日往南充。

1 月 2 日　星期二　晴

六时起，收拾行李。七时半，乘滑竿出岳池县北门。折西，依旧官道北行，约七公里半，与公路合。再二公里半，至白庙场早餐。十二公里半，过西溪寺。二十公里，于同兴场（俗称小坝子）打尖。由此地势渐低，再二十二公里半，宿兰溪口。地在嘉陵江东岸，西北距南充县城十二公里余。

今晨白雾漫天，浓霜铺地，水田中偶见薄冰，为梓潼以来最冷之一日。

1 月 3 日　星期三　晴

六时起。七时半离兰溪口。沿嘉陵江东岸而北，约九公里，渡江至西岸。再三公里半，入南充县小南门。寓公园北四川旅行社招待所。下午访县政府，又寄家信多封，致敬之、道县、新宁等。连日晴朗，气候和熙，无殊仲春，惟早、晚仍严寒耳。

1 月 4 日　星期四　晴

上午拍电报致广元、阆中二邮局，催将行李速运合川。十一时往元妙观，无所得。嗣至西门内大佛寺考察。寺内堂、殿数重，均为清建。而正殿内主像三尊及两侧之阿难、迦叶像，则似明物。

正午，出西门约半公里，至西桥。桥七孔，每孔净跨十一米余，宽九米有奇。非志籍所载宋代之原构，盖已自旧桥北移百余米，昔日残迹，犹可略辨也。二时半返寓，拟赴北郊香积寺观所藏铜造像，因觅车未得而止。定明日自此乘滑竿之蓬溪县。

1 月 5 日　星期五　晴

七时半出南充西门。渡西桥，登蒙子垭。约二公里半，与公路合，遥瞩崖墓散布山坡间。七公里半，至西兴场。又七公里半，至集凤场。再十公里，经李坝铺，入蓬溪县境。复行十公里，抵县城，寓城外河街归去来旅馆。

闻鹫峰、定香二寺，俱在县北，往返近五十公里。而宝梵寺位于城西十五公里，相距甚遥，故只能先赴鹫峰、定香二寺，待返城后，再经宝梵寺往遂宁。

1月6日 星期六 晴

访县长方君。十一时调查鹫峰寺。寺在城外西北约半公里处，面北，外有牌坊三间。次天王殿。次大雄宝殿。再次，登石阶，为毗卢殿。殿前列钟、鼓二楼，皆重层。殿之左、右各建廊屋，遥相对峙。殿后有一堂。寺之西北隅，建方塔凌霄，高十三级。纵观此寺建筑，虽大部成于明中叶前后，然规制井然，为川中寺刹所少有。兹就调查所及，摘要记录如次：

天王殿面阔三间。外檐额枋上施以蜀柱。其上为平板枋，枋上置平身科各一攒，与芦山圆通寺大殿手法相类。惟材、栔较小，疑为明末清初所建。

大雄宝殿面阔三间，进深显四间。额枋至隅柱处，未伸出柱外（图63）。平板枋薄且宽。外檐斗栱第一跳出翘，翘头置外拽瓜栱，瓜栱上再出二翘及左、右斜翘，并托于挑檐枋下。此法虽见于宋、辽砖石塔，但在木建筑中，则为初见之例。又正心缝上施栱三层；斗后之挑斡，自蚂蚱头向后挑起，均属明式。殿顶单檐歇山，前、后坡各具阶檐一层，如日本奈良法隆寺金堂式样。据殿内明间前金枋下题字，此殿建于明正统八年（公元1443年），较北平智化寺尚早一载，而外檐斗栱乃海内孤例，尤为可贵。

毗卢殿面阔三间，进深显四间，单檐歇山造。外檐斗栱单翘重昂，昂之卷杀极似峨眉飞来殿。正心缝亦施栱三层；后尾挑斡系自蚂蚱头向后延长，非真昂。但自上所述，仅限于正面及两山前一间而已。其余檐柱皆增高一跳，柱上置坐斗，斗上承挑梁，无栱及昂（图64）。而柱与柱间亦仅有额枋无平板枋。证以芦山圆通寺大殿与梓潼文昌宫天尊殿，知为明代川省木建筑之特有手法之一。殿内梁、枋均无题记，但结构式样确属明代。仅明间背面之枋乃清乾隆间抽换。

毗卢殿东侧廊屋亦明代遗构。檐枋上题明成化五年（公元1469年）建造等字样，惜匆匆中未加详细测绘。

寺西北角之塔（图65）下承石台基，简洁无装饰。台上建方塔重檐十三层，皆以砖为之。在平面上，此塔中央亦构方形之塔心柱。柱与外壁间安设蹬道，盘旋而上。外壁表面隐出枋、柱、斗栱胥明式（图

图63 四川蓬溪县鹫峰寺大殿角部

图64 蓬溪县鹫峰寺毗卢殿斗栱

66、67）。各层之间仅具挑出甚短之叠涩，其上并无平座。至顶置小喇嘛塔一座。此塔外壁悉涂白垩，故俗称"白塔"，而鹫峰寺亦称"白塔寺"焉。

三时返寓，寄敬之、熊姪信各一封。

蓬溪地狭人众，食粮仰给于南充、广安、岳池诸县。幸境内年产井盐百余万担，差足弥补其缺陷耳。

1月7日　星期日　晴

上午八时二十分，乘滑竿西北行。十八公里，过文井场，其地与西充县接壤。再西北四公里，至定香寺。寺南向，建于小山上，后部及两侧新建堂、殿数重，供游客居住之用。其正殿业经改修，仅东壁存壁画三幅，工整有余而气概不足，明中叶以后作品也。殿之明间前金枋下题："大明成化拾贰年（公元1476年）岁属丙申冬十一月初三日，回龙山定香寺修建住持……"等字，足证确为明代遗物。

下午一时离寺，欲西赴高峰寺。遇路人杨君云，高峰寺新建未久，无可观。乃迳返城。五时半抵寓。六时赴县署辞行，并预定明日赴宝梵寺调查。

1月8日　星期一　晴

八时半乘滑竿离蓬溪。自北门外渡河，经鹫峰寺。折西南五公里，至瓦店子。又一公里，转西，与官道分路。约九公里，至宝梵寺。寺南向略偏东，经山门、天王殿、东西配殿，至大雄宝殿。殿面阔三间，进深显四间，单檐歇山造（图68）。其后复有三圣殿一座，及左、右杂屋数间。

此寺大殿以壁画精美著称（图69），誉之者竟称为唐画，蜚声海内，非一日矣。然据余辈调查，殿之明间前金枋下题："大明景泰元年（公元1450年）鼎兴建立"等字，与《县志》所载明碑合若符契。至于殿内壁画年代，是碑谓绘于成化间，亦属可信。兹以建筑为主，逐项分记于下：

（1）檐柱皆具卷杀，略似梭柱形式。

（2）额枋皆位于同一高度，非若鹫峰寺毗卢殿山面之呈梯级状态。额枋至隅柱处未伸出柱外。

（3）平板枋薄且宽。

（4）外檐斗栱之在正、背二面者皆单翘重昂，但非真昂。正心缝上施栱三层，斗栱后尾施六分头二层及挑斡结构式样，俱与鹫峰寺毗卢殿极类似。

（5）外檐斗栱之在两山者自坐斗出翘三层。头翘偷心，二翘上施外拽瓜栱及万栱，三翘上施厢栱承挑檐枋。但正心缝与斗栱后尾结构，仍与正、背面斗栱一致。

（6）山面壁体具地栿、横枋、心柱等。

（7）殿内于明间前、后金柱间施天花，与鹫峰寺诸殿同一系统。

（8）殿内明间所供主佛三尊，系明塑。

（9）殿内东、西二壁画十八尊者，各四幅，每幅尽一间之阔。线条粗劲，构图豪放，确为明壁画中稀有之作，惜经清人重描，面目已非，至足惋惜。又北壁西次间壁画一幅，亦明人遗作。

余等调查此殿，约二小时毕事。又抄录《县志》中有关此寺之文记。十二时出寺。西南行约十五公里，抵大石桥，又与公路会合。其地与遂宁县接壤，十五公里内无住宿，遂留宿于此。

1月9日　星期二　阴

上午八时离大石桥。循旧官道西南行九公里，入遂宁县境。六公里过射洪嘴。七公里半，渡涪江东流，行洲上。再二公里半，渡西流，抵遂宁县城。寓东门外四川旅行社招待所。

下午二时，访县政府秘书赵季珊君。晚函敬之、徽因。

图 65　四川蓬溪县鹫峰寺白塔

图 66　蓬溪县鹫峰寺白塔详部

图 67　蓬溪县鹫峰寺白塔斗栱

图 68　四川蓬溪县宝焚寺大殿

图 69　蓬溪县宝梵寺大殿壁画

阅报悉粤北大捷，歼日寇万余。

1 月 10 日　星期三　阴

九时出西门，访广德寺。寺在城西三公里许，柏林茂密，风景绝佳。寺依山结构，规模颇大。自问心亭，历山门、天王殿、大殿（图 71），至最后之佛顶殿，共计门、殿九重。而牌坊（图 70）、塔（图 72）及两侧杂屋犹未计入。但建造年代，胥在清乾隆以后，仅大殿前部月台乃明代遗构。

十二时返城午餐。下午二时乘滑竿东南行，约二公里半，渡涪江。再如许路程至灵泉寺。寺门、殿五重，视广德寺为小。正殿面阔三间，进深显三间，重檐歇山，建于清代。其斗栱有用龙头及象鼻昂者（图 73、74）。殿内庋明天顺三年（公元 1459 年）及正统十二年（公元 1447 年）铁钟各一口。最后一殿面阔三间，进深显四间，单檐歇山造。正面外檐斗栱出三跳，山面与背面则减为二跳，故山面第二间起，檐柱即升高一步。额枋与平板枋亦成梯级状态。其法曾见于蓬溪鹫峰寺毗卢殿，殆为明以来川省木建筑特殊结构法之一也。此殿正面悬明万历癸丑年（四十一年，公元 1613 年）"大雄殿"匾额一方。虽不足据以为信，但其结构式样似以明末建造之成分居多。四时半返寓。

1 月 11 日　星期四　阴

上午十时乘滑竿南行，约一公里半，与公路别。东南过飞机场西侧，约七公里半，抵千佛崖。有小庙一区依岩结构。其前廊庇摩崖一龛及小佛数十躯，惟造型不佳，似明人开凿者。自此折西北二公里许，访灵应寺（俗称神仙洞），乃就汉崖墓四处凿道相通，严饰佛像。洞内有残破陶俑及具阴阳榫之发券砖，则确属汉物。惜发现时不知保护，听任抛弃，现存者亦无几矣。

十二时自灵应寺返千佛崖，再南行一公里，至龙凤场午餐。下午一时半，复南行。遥望《蜀中名胜记》所载之报恩寺方塔，矗立山巅，下瞰涪江，形势绝佳。但塔之轮廓及出檐结构均酷似明塔式样，所谓隋建者极不可靠。乃废然而返，三时抵寓。

重庆汇款适到，定明日离此赴潼南。

1 月 12 日　星期五　阴

六时起。七时半离遂宁。沿公路南行约十六公里，至砺溪场午餐。再十二公里，抵潼南县，寓一新店。五时，晤县长赵秉衡君，悉潼南原名梓潼镇，隶属遂宁。民国三年（1914 年），划遂宁、蓬溪二县地，始独立自成一县。境内古建筑仅县城西约三公里之大佛寺、千佛岩、仙女洞数处而已。晚函敬之。

潼南县治位于涪江南岸，无城垣。市面情况，与南部之新政坝、蓬安之周口、广安之石笋河，约略类似。

1 月 13 日　星期六　阴

上午九时半，潼南县教育科长等来访，云未接省府通知，请勿摄影。

十时沿涪江西北行约二公里半，其南侧岩上有摩崖三龛。内一龛题隋大业六年（公元 610 年）镌造。再前为大佛寺，依岩凿佛像，垂双足坐，约高二十米，建楼七层护之（图 75、76）。据曹氏《蜀中名胜记》，寺原名定明院，创于唐咸通间。宋靖康中，因佛首展凿佛身，遂成今状。证以像之形制，自肩以下截然异观，其说当属可信。再前行半公里，为千佛崖（图 77～79）。有小龛百余罗布于石壁上，几全部为后人改凿，伧俗莫可名状。然据残存部分及大中八年（公元 854 年）铭刻，知其开凿年代当在中唐至晚唐百余年间，不愧为一代胜迹。何图竟毁于俗子伧夫之手，事之可愤，孰有逾此者。再前又半公里有崖墓一处。自此山势西转，有石室一，坐东面西，东侧凿石级。石级两侧隐起斗子蜀柱勾阑，望柱上刻狮子一，寻杖上遍刻卷草，似宋物。

图70 四川遂宁县广德寺牌坊

图71 遂宁县广德寺大殿

图72 遂宁县广德寺塔

图73 遂宁县灵泉寺大殿前檐下檐斗栱

疑石室为静修之所。石级上通山巅，另有建筑物覆之。而此建筑乃其主体，石室仅其附属物耳。现石级上覆以石板，不能升降，仅辟圆洞三以采光线，而与开凿石级之原意根本不合，是为后人所增建者无疑。

一时返寓。二时访赵县长，商明日调查仙女洞、千佛崖、大佛寺等处遗迹，并闻大足宝鼎寺有唐千手观音石像及摩崖造像多尊，又望牛坪有石牛浮雕等。乃决意由北绕赴大足调查，然后再经铜梁、合川返渝。较预定日程，亦仅略迟四、五日矣。晚函敬之。

1月14日 星期日 阴

上午十时，往仙女洞调查，至下午一时竣事。归途至千佛崖、大佛寺二处摄影。三时半返寓。余与

图 74　遂宁县灵泉寺大殿后檐下檐斗栱

思成至县署接洽，陈、莫二生渡江访东禅寺。五时返，云寺内有唐末摩崖二龛，但已为人涂髹，大失原状。

晚访县长，准备明日赴大足。

1月15日　星期一　晴

晨起大雾。七时五十分，乘滑竿沿公路南行。二十公里抵公安镇。又十公里至唐坝镇，为区署所在。因滑竿缺人，遂留宿镇东北店。

潼南贫民较少，以滑竿为业者多避难就易，不思远行。我等欲自唐坝趋大道往大足，所经皆穷乡僻壤，陂陀起伏。故虽再四物色，迄难如愿也。

1月16日　星期二　阴

八时乘滑竿西南行，大雾迷空，道滑难行。四公里，过黄金寺。三公里半，登天台山。行二公里半，扳援山巅石寨。中有天台寺，门、殿四重，清同、光间所建。下山，行五公里，至复兴镇午餐。下午二时，仍西南行。八公里，过龙桥。官道东侧石山上，凿岩墓数十，大小相同，惜一部业已剥蚀。再七公里，坡五桂场，借宿小学校内。

本日自唐坝经复兴镇至五桂场，共三十公里。

1月17日　星期三　阴

八时半离五桂场。行约四公里，登土地垭，入大足县境。下山一公里半，道左侧有崖墓数处。再二公里半，过大石包。又十二公里半，过东关镇。内中商务殷盛，视蓬溪城外河街犹有过之。入城，寓西街乐天宾馆。下午三时，访县长张君遂能，未遇。六时，张君遣县立中学校校长余行尧君来，共商调查县内古物，并作向导。晚作书寄敬之。

下午四时于北街某照相馆，见宝鼎寺千手观音照片，手之配列琐碎庸劣，绝非唐、宋作品。又摩崖一幅酷似明代造像，观后颇令人失望。世俗称许之事物，往往名实不符，如武连驿觉苑寺与蓬溪宝梵寺靡不如是，殆可云司空见惯，不足异也。

图 75　四川潼南县大佛寺

图 77　四川潼南县千佛崖造像

图 76　潼南县大佛寺

图 78　潼南县千佛崖造像

图 79　潼南县千佛崖造像

1 月 18 日　星期四　晴

上午九时，余行尧君导余等出北门。登山北行，二公里许至北岩佛湾（图 80 ~ 83）。此处沿崖凿佛像数百龛，连绵约半公里。最古者有唐乾宁三年（公元 896 年）铭刻。次为宋乾德、大观、绍兴、淳熙诸代造像，几占全数四分之三，乃国内已知宋代造像规模之最巨者。唐刻中，有一龛下构城堡楼橹，上饰建筑物，与敦煌壁画构图极相类似，最为可贵。其余题材较为特殊者，有孔雀明王、千手观音（唐）、四天王（宋）、九子母（宋）等，而尤以九子母最为名贵。此外又有一窟，中央雕八角形台，每隅置石柱一，柱中留有榫眼，疑为转轮藏遗迹，乃石窟中别开生面之作品。

自佛湾再西北半公里，至报国寺。寺南建浮屠一基，八角十二层，全部涂以白垩。此塔直接建于岩石山上，故极稳固。惟第一层过矮，至外观上、下不能调和，乃其最大特点。塔内建正八角形塔心柱，自基至顶分为八层，不与外部一致。其梯级位置，除第一层外均置于塔心柱内，与河北定县料敌塔同一手法。塔内嵌砌佛像多龛，据铭记，知此塔创自唐乾宁间，与佛湾之造像约略同时。至南宋绍兴间，道人邢信道为母祈福重建此塔。后又经明万历及清光绪二度修治，然除最上二层系光绪十九年补葺外，其余各层仍系南宋旧物。四时半返。晚县长设席邀往，七时始散。

九时半，由余君导出东门。折东北，至报恩寺。复转南，至东禅寺，俱无所获。返城，出南门约三公里，访南禅寺，亦无足观。自此登南山，半公里，至玉皇阁。阁南向，堂、殿三重，依山结构。后殿西北，有佛像数龛，凿于明、清之间，无可记叙。

下午返城，出西门，闻西禅寺规模极陋，乃折回。定明日往宝鼎寺调查。

1月20日　星期六　雨

九时冒雨乘滑竿直奔宝鼎寺。二公里半，过东关镇。五公里，至倒转庙。山此登山，再十公里，抵寺。寺规模甚大，自山门至后殿，共计五重。内藏明洪武八年（公元1375年）铜钟，与明摩崖多尊。出寺西南，又有所谓佛湾者，平面作门形，沿崖开凿石窟一所及造像无数。石窟平面作长方形，正面镌主像三尊，两侧各六尊，面貌衣饰纯属明式。此外有卧佛、孔雀明王、千手观音及牛群等，其数量规模为明代石刻中所少见。

因雨，仅摄影二十余帧。二时半离寺。五时一刻返寓。定明晨赴铜梁。

1月21日　星期日　雨雪

六时起，寒甚。七时四十分乘滑竿在雨雪中离大足。经东关镇，沿公路东南行。二十公里过马堡场，气候愈寒，雪片纷飞。十公里至大堡场。再七公里半至万古镇，雪渐稀。公路自此折东北，遥瞩南侧诸山，宛如米芾山水，不禁叫绝。再约十三公里，宿雍溪场，共行五十公里。九时就枕，雨仍未止。

1月22日　星期一　雨后晴

八时离雍溪场，南望群山，皆皑皑作白色。十公里过土桥，又七公里余，入铜梁县南关，寓新南街

图80　四川大足县北崖石窟造像之一

图81　大足县北崖石窟造像之二

图 82 大足县佛湾摩崖造像之一

图 83 大足县佛湾摩崖造像之二

义和旅馆。午后雨止放晴，访县长刘君，定明日赴合川。入夜月凉如水，寒气砭肤。

1月23日 星期二 晴

八时出铜梁县东门，折东北。十公里过新店子。再十公里，过二郎场。又十二公里半，至张家桥，进入合川县境。午餐后，行七公里半，与公路合。渡桥，东行转北约五公里，渡涪江，抵合川县城。寓四川旅行社招待所。四时半，至县署接洽调查事宜。陈、莫二生则至邮局，提取广元寄来之行李。合川旧名合州，因位于嘉陵江与涪江交汇处，故名。

1月24日 星期三 阴

九时出合川西门，西北行约三公里，访北崖石刻。崖南有濮崖寺（图84、85），亦名定林寺，现改国立第二中学。寺后摩崖（图86～88）自东亘西，约长半公里。其中最古者，有唐开元铭刻，但因石质不佳，致大部泐漫，仅能依稀辨其形范而已。宋代遗作多属大观、绍兴二代，与大足北崖石刻极类似，盖年代地点俱甚接近故耳。

十二时半返城。下午二时，渡涪江，访文昌宫及笔塔，均无所获。

晚赴民生公司，购轮船票赴重庆。并函敬之。

1月25日 星期四 阴

晨四时三刻起床，摒挡行李。六时离旅行社，登民礼轮。七时解维南驶。十时过北涪，仅停五分钟。午后二时半，抵渝千斯门码头。思成与明达登岸觅旅馆，余与宗江留舟守候。三时半，明达返，运行李登岸。初寓小棵子之扬子江旅馆，旋迁青年会仁辉兄室中。五时，访关颂声兄。连接敬之三函。

仁辉旬前赴南阳，下月将携眷入川。童寯兄已赴滇，转上海。

1月31日　星期三　阴

午后二时离青年会。渡江，沿海棠溪公路南行约三公里，寓农本局运输管理处。拟明日乘该局运棉汽车返滇。

2月2日　星期五　雨、晴

上午雨止，午后二时开车。三时半抵百节，寓东和旅馆。思成之车开行较早，似宿綦江县。本日仅行二十二公里。

2月3日　星期六　阴

六时起，逾三刻离百节。九时过綦江。十一时抵东溪，思成在此留候一小时矣。午餐后，继续南下。三时半抵松坎，宿松坎旅馆。遇联大丁佶君。

本日在途中见岩墓二群。一在綦江北十公里，公路东侧；一在綦江南三十三公里，山溪发至今，盖百七十三日矣。思成自贵阳改乘西南公路局车，亦于本日抵昆，同寓一室。

2月16日　星期六　晴

九时离朱宅。十时半，抵麦地村兴国庵。童稚遥望余车将至，雀跃相迎。半载睽离，一朝团聚，曷胜快慰。

图84　四川合川县濮崖寺大殿外观

图 85　合川县濮崖寺大殿佛像

图 86　四川合川县濮崖寺北山千佛崖

图 87　合川县濮崖寺北山千佛崖造像

图 88　合川县濮崖寺北山千佛崖造像

川、康之汉阙

一、四川梓潼县汉李业墓阙

出县治南门，沿公路西南行两公里半，至石马坝。公路北侧麦田中，有残石柱一，出地约一米，明人题为李业墓表。其墓前双阙，明中叶尚存，但不审毁于何时。清道光末，知县周树棠于墓表附近发现阙身一段，遂移置于东北半公里许之李节士祠内（图1）。石高两米半，下丰上削，收杀甚巨；左、右二侧隐起边缘，并于四隅刻华栱；世俗不察，每误为碑。然省内汉墓浮雕之阙亦收分甚大，迨冯焕阙以降，收分之数，始三去其二。故此式为川阙最古之型范，殆可定谳。

据《后汉书》独行传，业梓潼人，汉末举明经，除为郎。新莽时，举方正，不就。公孙述据蜀，业抗节不屈，为述所酖。光武建武十二年（公元36年）灭述，表其闾。则此阙当建于表闾后不久，在川中现存诸阙中，其年代为最古矣。

二、四川梓潼县南门外无铭阙

石马坝公路南侧百余米处，有二阙对峙麦田中，相距十七米余。其中轴线南向而略偏西。阙身外侧皆附子阙，但斗栱剥损殆尽，上部阙顶亦已无存，惟东阙南侧，有隶书"蜀中……公之……"四字尚完整可读。考川中汉阙铭刻概位于阙身正面，无题于侧面者。汉、晋期间，公孙述、刘备、李雄等先后据蜀，然述国号成家，备自称汉统，雄先号成，后改汉，均无称蜀者。陈寿《三国志》虽有《蜀志》之目，亦非国号。故上述题记殆出后人附会。自《金石苑》引宋·乾道题字，疑为贾夜宇阙，世遂称之贾公阙。然宋跋亦仅据《十六国春秋》遥为臆测，实无确证，不足为信也。

三、四川梓潼县西门外无铭阙

县治西门外二百米许，官道侧有残阙一座（图2），略似夹江二杨阙，而体积差小。据残存部分观之，

图1　四川梓潼县李业阙　　　　　　　　　　　图2　四川梓潼县边孝先阙

现存者乃双阙中之北阙，其旁子阙仅余基础。阙顶已圮，斗栱雕饰亦残毁过半。然其构图、题材及所刻曲栱，均酷似高颐、平阳二阙，可决为后汉末或三国、西晋初所建也。阙无铭刻，《县志》指为汉边韶阙。然考《汉书》文苑传，韶字孝先，陈留浚仪人，以文学著作东观，后为陈相，卒于官，似无远离桑梓，自陈葬蜀之理。嘉庆《四川通志》引《魏书》傅竖眼传，疑为梁边韶墓阙。然阙之雕饰，不似晋以后物，亦莫能定。

四、四川梓潼县北门外无铭阙

县治北门外半公里，公路东侧三百米处，有石阙一基，仅余残石五层，及阙角石栌斗一，其余皆已崩毁。西侧刻"蜀故侍中□公之阙"，每行四字，隶书。然汉、晋碑碣墓阙，未有自称"蜀"者，当为好事者所勒。《县志》属之杨休；《通志》作杨修；《金石苑》引《十六国春秋》，疑为杨发阙；亦有作杨羲者。众说纷纭，胥无佐证，悬以待考。

五、四川绵阳县汉平杨府君阙

出绵阳县北门，沿川陕公路东北行，约四公里，将抵仙人桥。小山南侧百米处有石阙矗立田中，即汉平杨府君墓阙是也。阙为双阙，一西北，一东南，相距二十六米余，其间为神道。神道之中线东向，略偏北。

阙之形范，母阙居内，子阙居外（图3）。母阙高且厚，子阙薄而低，但其下部均已没入土中，经发掘后，露出台座一层。台座平面随母阙与子阙周转，四周镌蜀柱、栌斗，与雅安高颐阙所刻，如合符契。

台座上以条石数层，叠砌母、子阙身，俗称"书箱石"。其面阔与进深之比，母阙约为七比四，子阙约为五比三，与高颐阙亦甚相近。条石表面隐起地栿、柱、枋。惟于梁大通、大宝间添镌造像其上，以至方柱间原来有无铭刻，无从判断。此项造像虽损阙之一部，但为川省最古之佛教艺术，亦甚足珍贵。

图3　四川绵阳平阳府君阙

母阙上部复施石五层，模仿木建筑之出檐结构（图4）。第一层石刻栌斗及角神，其上琢枋三层，纵横相压。而最上之枋，于阙身四隅交叉出头，殆即后世普拍枋渊源所自。第二层浮雕蜀柱，柱上施正规栱或曲栱，栱之中点无齐心斗，而以枋头向外挑出，略如彭山崖墓所刻。第三层石无雕饰。第四层石下狭上广向外斜出，表面隐出人物、禽兽，但已大部漫蚀。第五层石仅刻枋头一列，位于檐下。

子阙此部与母阙略同，惟阙之中点未刻挑出之枋头，并略去最上之枋头一排。

母阙顶部覆以四注屋檐，檐椽、瓦陇存者犹达三分之一。子阙之顶则摧毁殆尽，原有形制已无从揣度。宋·娄彦发《汉隶字原》载此阙椽端，刻"汉平杨府君叔神道"八字，今东南阙檐下枋头，犹存"汉平……君……"三字，但非位于椽端，是娄氏所记不无舛误。然二阙为汉季遗物，于此得以证实。

梁代造像，乃依条石之高琢为小龛，龛外隐起人物、车马，与龙门潜溪寺北魏末期雕刻之简妙生动，如出一手。而西北阙诸龛中，有下裳向外反振，左、右三叠悉成对称者，亦为南北朝造像典型手法之一。铭文署大通

图4　绵阳平阳府君阙详部

三年（公元529年）闰月及七月者，凡三处。考是岁十月，改元中大通。此题大通，乃改元前所勒，核之史籍适相吻合。另一处题"主木岁三月三日，佛弟子章景……奉为梁主至尊，敬造无量寿佛依碑石像一躯……"。据《县志》艺文志，"主木"乃"辛未"之伪，细察石面亦经剜凿，足证其说信非妄虚。惟文中既称梁主，而萧梁一代享祚不永，仅简文帝大宝二年（公元551年）干支与之相合，然则此铭殆即刊于是岁也。

六、四川夹江县杨公阙

自夹江县东门，循嘉乐公路东南行，十公里至干姜铺。渡江沿西南岸，约行二公里半，抵响堂坝。有双阙巍峨峙立田间，《县志》谓为汉杨宗、杨畅墓阙，亦称二杨阙，杨公阙乃其简称也。

阙皆红砂石建，东、西相距十一米余。南向，微偏西。阙之基座，仅东阙露出一部，简单未施雕饰。阙身累石五层，高2.72米，表面隐起柱、枋。其上再叠石四层，逐层向外挑出，略似木建筑之出檐结构。第一层石上浮雕栌斗，斗上雕枋三层，纵横相压。第二层石镌蜀柱，上施曲栱，计正、背面各二朵，侧面一朵。第三、四层风化过甚，仅第三层石上缘存钱纹一列，第四层有人物数躯，隐约可辨而已。再上琢枋头一列，承四注阙顶，现亦大部残缺，存者不足二分之一。就形制言，此阙未附子阙，为川西诸阙中之孤例。且其下部基座亦未向外延伸，是否原有子阙，年久倾没；抑无子阙，而与围墙之类相连，俱难逆知。

阙身正面方柱间原刻有铭记，现已漶漫不可复识。《县志》载东阙镌"汉故益州太守杨府君讳宗字德仲墓道"，西阙镌"汉故中宫令杨府君讳畅字普仲墓道"等字，其为墓阙，殆无疑义。据德仲、普仲观之，似为昆仲合用一阙，惟二君事迹迄无可考。周其慤《金石苑》谓杨宗曾见于《华阳国志》。然此书所载之杨宗，

仕晋为安蛮护军武陵太守，殁后不应称汉。且宗巴郡临江人，尤无葬此之理，非确论也。

西阙背面，有宋·杨仲修题诗，亦太半残蚀。其文著录《金石苑》，知南宋淳熙十六年（公元1189年）阙倾仆，旋没于水，乡人重为扶树，杨君特为诗以记之。清咸丰中，二阙一在水中，一在渚侧，见何绍基诗。惟著者此时调查时，皆位于田塍间，无复寒潭啮蚀之患矣。

阙北约五百米，有方坟一，正对二阙中线。树乾隆碑一，题汉杨宗、杨汉墓。案方形之坟虽为汉人常用，但亦不限于汉代。故此坟是否即为二杨墓，尚待证物续出，方可征信。

七、西康雅安县汉高颐墓阙、石兽及碑

高颐阙在雅安县东七公里半姚桥公路南百余米处。其东阙仅存文字一段，现夹以石柱，上加石顶，惟西阙犹完整无恙。西阙由母阙及子阙组成（图5），形制秀丽，镂刻精美，方之现存汉阙，无能与之颉颃者。

阙下承以基座，沿座之外侧浮雕蜀柱、栌斗。其上建母、子阙身，其面阔、进深与绵阳平阳府君阙几无差别。阙身表面隐出柱、枋，但无地栿。其正面（即北面）方柱间各镌铭文二行。上部横枋浮刻车骑、卤簿，雄劲活泼，纯系汉代风格。

母阙阙身与阙顶间施雕刻四层。第一层刻栌斗及枋三层，纵横相压，正、背二面中央，琢饕餮，四隅则镌力神各一。第二层以栱端挑出，其上于正、背面各置斗栱三朵，侧面二朵。除正、背面中央一朵为正规栱外，余皆曲栱。正规栱之卷杀略近弧线，其下垫以极薄之替木一层，足证宋式之斗口跳，早已胎息于汉代矣。栱之两端各施散斗一具，中央仲出枋头，与川省诸阙一致。其上再置枋，至角部十字出头。第三层石甚薄。第四层石向外斜出，表面雕刻人物，颇错落有致。

阙顶之下亦刻枋头一列，镌"汉故益州太守……"等字。其上之檐挑出颇深。橡仅一层，具卷杀。在平面上，自每面中央向翼角作放射状。阙顶四注式，戗脊与瓦垄均刻作上、下二叠，而上层瓦垄稍密。戗脊断面若T字形。正脊向二端反翘，略似偃月，其尽端处叠置瓦当五枚。脊之中央刻一鸟，喙衔飘带，为汉代石刻中之创见。

子阙结构层次，与母阙大体相类（图6），惟局部手法略有出入：

图5　四川雅安高颐阙

图6　四川雅安高颐阙详部

（一）栱皆正规式样，其下承以枋头。

（二）侧面之栱左、右相联，如后世鸳鸯交手栱之状。

（三）戗脊前端隆起，其断面略呈半圆形。

阙由红砂石缔构，石质坚密，保存尚佳。惟所用石体积过巨，致阙之全体缺乏弹性，易于错位，且母阙与子阙间亦欠联络。此乃川中诸阙共有之缺陷，非独此阙如是。

西阙母阙北侧方柱间，镌"汉故益州太守阴平都尉武阳令北府丞举孝廉高君贯光"字样。"光"字乃后人所补，风体迥异，其余诸字亦皆加深，非复庐山面目矣。其东阙铭记，则为"汉故益州太守武阳令上计史举孝廉诸部从事高君字贯方"。据王象之《舆地碑目》及《通志》、《县志》，二阙一属颐，一属颐弟直。而娄彦发、周其懋、杨铎、何绍基诸人，则谓俱属颐。今按"光"之补刻，远在宋季。《隶释》与娄氏《汉隶字原》已发其覆，可置不论。以事实言，昆季二人同举孝廉二官同益州太守，亦难巧合若是。证以王稚子、沈府君二阙题名，自以娄说为是。

阙南灌木丛密，有二石狮一仆一立（图8），形制雄朴，确系汉物，而仆者尤佳。阙东北二百米许之姚桥高孝廉祠内，复有石虎四躯，偃卧若盘。《县志》谓自阙前移此，当亦东汉制。

高颐碑藏祠内西庑（图7）。下承矩形之座，刻二龙相向，中置一璧，龙尾绕于座后，相互纠缠。碑身并额共高2.75米，碑身下阔1.25米，上部微具收分。额作半圆形，笼额偏于左侧，其外浮刻蟠龙，简朴遒劲，殆无伦比。额下中央刻穿。穿下碑文，几全部磨灭，仅辨"字贯光"三字。幸其文已著系诸书，知颐以建安十四年（公元209年）殁于益州太守任所，则阙与碑、兽应建于殁后数年内。两汉石刻，当推此为后劲矣。

图7　雅安高颐阙汉碑

图8　雅安高颐阙石辟邪

八、四川渠县汉冯焕墓阙

自渠县东北二十五公里之土溪场，折西北至崖峰场，十五公里间有石阙七处，散布于官道附近，数量之众，环顾国内，足称甲观。除冯焕、沈府君阙外，其余诸阙皆无铭刻以供考证，故其是否为墓阙尚难逆定。其制作年代，冯焕阙属后汉中叶，沈阙与拦水桥阙虽无正确年代，然据题记及阙之形范，要皆汉建。惟赵家坪与王家坪无铭阙，所雕之人物、服饰显然较晚，疑建于晋或南朝初期，只能谓为汉系统之阙耳。

冯焕阙位于赵家坪之西南隅，距土溪场仅一公里半。现存者为双阙中之东阙（图9、10），全体形制简洁秀拔，曼约寡俦，为汉阙中之逸品。其局部装饰，以几何纹与斗栱、人物参差配列，亦属汉阙中孤例。

阙下基座原为土掩，经发掘后，知未施雕镂。自座及顶以砂石五块构成，高约4.40米。第一层石即阙身，比例秀耸，微具收分，表面隐出柱、枋、地栿。正面方柱间，有"故尚书侍郎河南京令豫州幽州刺史冯使君神道"隶书两行，首行九字，次行十一字，下刻饕餮纹，已漶漫难识。阙身东侧石面较粗，似原有子阙或围墙衔接。第二层石刻栌斗及枋三层，交错重叠。其第二层枋与阙之四隅，雕有平面为45度之斜枋，故无余地容纳汉阙中常见之力神。第三层石转薄，表面阴刻斜十字纹。第四层石略向外斜出，下刻列钱纹，上施蜀柱、斗栱。栱之形制分为二种：位于正、背二面者，栱身颇高，两端仅施一瓣卷杀，上各置散斗一具。侧面之栱则系弯曲形，其中点有枋头伸出，不施齐心斗。栱上列橑檐枋一层，至角部十字相交。第五

图9 四川渠县赵家坪冯焕阙正面　　　　　图10 四川渠县赵家坪冯焕阙侧面

层石即阙顶，最下雕圆形橼，前端已具卷杀。其配列方式，为自每面中央向翼角作放射状。屋顶四注式，正脊甚短，脊上面有长方形平台，台上应有石琢鸱尾或其他装饰，现已不存。戗脊前端略反翘。屋面及瓦陇刻为上、下两叠式，若阶梯形。瓦当镌蕨纹，一如汉代常式。

冯君汉中叶人，安帝时任幽州刺史。建光元年（公元 121 年），为怨者诈作玺书，下狱死。事后白，帝赐钱十万，以子绲为郎，事见《后汉书》冯绲传。则其归葬宕渠与营建此阙，应在安帝延光中（公元 122—125 年）或其后不久，殆与嵩岳三阙，约莫同时也。

九、四川渠县汉沈府君墓阙

沈府君双阙在渠县土溪场东北十一公里燕家场（旧名沈家湾）。东、西二阙相距约二十一米，其神道中线南向略偏东。阙下石基座平整无雕饰，自座面至正脊顶高 4.80 米。阙身面阔与进深均较冯阙稍大。

阙之正面于方柱间上镌朱雀，下刻饕餮，其间勒铭记一行。阙身外侧据榫眼及下部石座，知原有子阙，但现已崩毁。阙身内侧（近神道之一面）刻玉璧及苍龙，构图秀丽，线条飞逸，为川东诸阙中少睹之佳作。

阙身以上雕栌斗及枋三层，四隅刻力神，正面中央复隐出饕餮一。枋上薄石一层浮雕人物、走兽，形态简约，略近图案化。再上，石面向外斜出，上刻蜀柱及斗栱，正、背面各二朵，侧面一朵。其正面做法，先于二蜀柱上各挑出栱头，上施曲栱，左、右相联，若后世鸳鸯交手栱之状。转角处置一蜀柱，撑于栱外端下缘。侧面则易栱头为枋头，其上之栱略似正规栱，而栱身较长，且两端略下垂。栱上再施散斗、交互斗、枋头等，与橑檐枋相交。蜀柱两侧所饰人物数种，姿态生动，富幽默感，充分表现了汉代雕刻的特征。

阙顶四注式，其檐橼、瓦脊大体与冯阙相近。惟出檐较大，戗脊未有反翘，且正、背二面重叠屋面之瓦陇上、下交错，略示区别耳。

此阙铭记：东阙镌"汉谒者北屯司马左都侯沈府君神道"。西阙镌"汉新丰令交趾都尉沈府君神道"。而墓主名与字悉付阙如，平生事迹亦无从稽考。然据阙之形制雕饰，其为东汉遗物，自无可疑义。

十、四川渠县拦水坝无铭阙

拦水坝位于土溪场西北十二公里，距崖峰场仅三公里许。官道北百余米处，有石阙一座孤立田陇间（图 11），面南微偏西。据遗迹推之，知现存部分为东阙之母阙，其子阙与西阙均已片石无存。

此阙之面阔、进深与高度，与沈府君阙甚为接近，而结构层次与雕饰之题材、构图，亦大体相符（图 12），几疑出于同一匠师之手。惟局部手法，尚有数端与沈阙稍异：

（1）阙之收分略小。

（2）朱雀之形制不侔。

（3）斗栱部分之石面，斜出不若沈阙之甚。其侧面斗栱改为曲栱。

（4）背面蜀柱间浮雕轮车一具，为汉代车制极珍贵之资料。

阙无铭刻，不审其为墓阙，抑建于祠庙前。依体制判断，当亦东汉时物。

十一、四川渠县赵家坪南侧无铭阙

阙在赵家坪赵氏宗祠南侧官道旁，南向略偏西。现仅存东阙阙身及其上之斗栱。

阙下石座延至阙之外侧，足证原建有子阙，但已崩毁。阙身隐起方柱、地栿，但柱之上端未置横枋，

图 11　四川渠县拦水坝无铭阙　　　　　　　　图 12　渠县拦水坝无铭阙详部

其间亦无朱雀及铭文。阙身以上雕栌斗及枋三层，纵横相压，一如常式。但其正面之饕餮饰已类兽首，足为年代较晚证。其上施无雕饰之薄石一层。再上于正、背二面，琢一斗二升斗栱二朵，侧面置曲栱一朵。栱身比例单弱，其下施花蒂及束竹纹以代蜀柱。自此以上，复有一向外斜出之石，表面刻人物、车骑，惜大半剥蚀。

此阙无铭记，其形制、装饰绝非汉制，疑为晋代物。

十二、四川渠县赵家坪北侧无铭阙

阙在赵氏宗祠东北约二百米处土岗上，南向微偏西。现阙顶倾坠，子阙无存。阙之形范与面阔、进深，与前述赵氏祠南侧无铭阙几无轩轾，惟阙身略高，正面刻朱雀，西侧刻玉璧及苍龙，但龙身凸出较高，其形态与雕刻手法亦与当地诸阙稍异。上部蜀柱高耸，斗栱仅曲栱一种。栱下杂饰人物，有双髻童孩立蜀柱旁，极婉妙可爱。虽非汉刻，当亦建于晋时。

十三、四川渠县王家坪无铭阙

自土溪场经赵家坪至王家坪，为程约十公里。官道北二百米处，有石阙一座（图13），南向略偏东。阙顶与子阙已毁，据残存部分观察，显与赵家坪二无铭阙同属一系。惟阙身正面方柱间，于朱雀上刻横枋一层，上施中柱，甚为奇特（图14）。西侧所琢苍龙，与沈府君阙颇为接近。上部斗栱载于枋头上，正、背二面各刻一斗二升斗栱两朵，侧面施曲栱一朵。所雕人物，其衣袖及下裳皆尖端向外，略呈反翘，已启南北朝造像服饰之渐。故疑此阙建于西晋末或南朝初期，为国内石阙年代较晚之一例。

图 13　渠县王家坪无铭阙　　　　　　　　　　　图 14　渠县王家坪无铭阙

川、康地区汉代石阙实测资料 *——1940 年——

1. 两阙间之距离（米）

二杨阙	高颐阙	平杨府君阙	沈府君阙
11.29	13.60	26.19	21.26

2. 阙之方向

二杨阙	南偏东 22° 40′
高颐阙	北偏西 13° 30′
平杨府君阙	北偏东 65°
冯焕阙	南偏西 15° 45′
沈府君阙	南偏东 31° 30′
拦水坝阙	南偏东 6° 30′
赵家坪南阙	南偏西 49°
赵家坪北阙	南偏东 14° 30′
王家坪阙	南偏东 6°

3. 台基尺寸（厘米）

	阙身面阔	进深	高	子阙面阔	进深
二杨阙	30+134+10	缺	约 30		
高颐阙	256	165	46	71	76
平杨府君阙	269	193.5	41	缺	缺
沈府君阙	199.5	192.5	30	缺	缺
拦水坝阙	185	148	缺		
王家坪阙	268（阙身及子阙）	137.5	缺		

4. 阙身平面尺寸（厘米）

	下面阔	下进深	上面阔	上进深	平面比例
二杨阙	134	89	121.5	80.5	约 3：2
高颐阙	160	90	缺（160？）	缺（96.5？）	8：4.5
平杨府君阙	161	93.5	缺（160.5？）	缺（95.5？）	8：4.5
冯府君阙	96	59	88.5	58	3：2
沈府君阙	113.5	76.5	109.5	71	3：2
拦水坝阙	118.75	82	108	74.5	3：2
赵家坪南阙	118	72	103	61.75	3：2
赵家坪北阙	114	69	99	62.5	3：2
王家坪阙	119.5	77.5	107	66	3：2

* [整理者按]：此测绘资料作于 1940～1941 年，未经作者发表。所积累之各种数据甚为详尽，堪作今后汉阙研究及修整之参考。

5. 阙身高（厘米）及构石层数

二杨阙	272	阙身五层石
高颐阙	267	阙身四层石
平杨府君阙	244	阙身六层石
冯焕阙	271	阙身一石
沈府君阙	278	阙身一石
拦水坝阙	270	阙身二层石
赵家坪南阙	276	阙身一石
赵家坪北阙	272	阙身一石
王家坪阙	缺（287？）	阙身一石

6. 阙身柱、枋、地栿尺寸（厘米）

	柱宽	地栿高	枋高	心柱宽	心柱高
二杨阙	21（或18.5）	34	30		
高颐阙	23或（24）	—	50		
平杨府君阙	26（或25）	24.5	34.5		
冯焕阙	16.5（或14）	21.5	21.5		
沈府君阙	20（或15.5）	23.5	—		
拦水坝阙	21（或16.5）	24.5	—		
赵家坪南阙	18（或17）	23	18.25	17.25	45
赵家坪北阙	17～18.5（或13.5～14.5）	—	—		
王家坪阙	缺（或11）	21.5	19.75	17.25	47

7. 子阙平面尺寸（厘米）

	下面阔	下进深	上面阔	上进深
高颐阙	110	53	108？	53.25？
平杨府君阙	119	70.5	缺？	缺？

8. 子阙高（厘米）

高颐阙	155	一石
平杨府君阙	135	四层石

9. 子阙柱、枋、地栿尺寸（厘米）

	柱宽	地栿高	枋高
高颐阙	14（或12）	—	32
平杨府君阙	17.5（或16.5）	缺？	缺？

10. 檐下各部高度（厘米）

	第一层石高	第二层石高	第三层石高	第四层石高	共高
二杨阙身	43	48	28.5	52	171.5
高颐阙阙身	38	42.5	19	45	144.5
高颐阙子阙	29.5	32.75	12	31	105.25
平杨府君阙阙身	41	38.5	19	43	141.5
平杨府君阙子阙	34	33.5	14.5	35	117.0
冯焕阙	44	20	47		111
沈府君阙	57	15.5	54.5		127
拦水坝阙	54	18	58		130
赵家坪南阙	40	48.5	31.0		119.5
赵家坪北阙	46	60	39		195
王家坪阙	48	52	31.5		131.5

11. 枋之尺寸（厘米）

	高×宽	高×宽		高×宽
二杨阙	13×14.5	11×14.5		
高颐阙	10×11.5	10×12	10×11	子阙：8×9.5
平杨府君阙	9.5×15	10×14.5		子阙：8.5×12
冯焕阙	9×12	11.25×11.75	11.25×12	
沈府君阙	16.5×13.75	19×11	19×10.5（侧面）	
拦水坝阙	18×13.75	17×13.25	18×13（侧面）	
赵家坪南阙	8×11	10×13.75	10×13.5（侧面）	
赵家坪北阙	11×16.5	14.5×12	14.5×10.75（侧面）	
王家坪阙	10.75×14.5	11.5×14（侧面）		

12. 栌斗尺寸（厘米）

	斗宽	斗口宽	斗度宽	通高	耳高	平高	欹高
二杨阙	30.5	14.5	24.5	13.5	6.5	3.5	3.5
高颐阙阙身	46 或 47、47.5	12	29 或 28.75	14.5	7	3	4.5
高颐阙子阙	25.5 或 26	—	15.5 或 16.5、18.5	11	4	2	5
平杨府君阙阙身	44	15	34	15.5 或 16	6	3.25	6.25
平杨府君阙子阙	30.5	12	缺	12 或 12.5	5.5	3	4.0
平杨府君阙子阙	27	缺	缺	12.5	4.5	2.75	5.25
冯焕阙	26 或 28	12	19	11.5 或 12	5.75	2.5	3.25
沈府君阙	30.5	13 或 13.75	20	12.25 或 12.5	6.5	2.25	3.5
拦水坝阙	27 或 26.5(侧)	13.75 或 13(侧)	19.5 或 19(侧)	11.75 或 12.25	7	1.5	3.25
赵家坪南阙	27.75 或 28(侧)	11	20.75、22、21.5(侧)	12.5	5	4.5	3
赵家坪北阙	30 或 26(侧)	16.5	缺	11.5	2.25	6.5	2.75
王家坪阙	28 或 28.5(侧)	缺	21	15 或 15.5	3.5	8	3.5

13. 齐心斗尺寸（位于蜀柱上）（厘米）

	斗宽	斗口宽	斗底宽	通高	耳高	平高	欹高
二杨阙	21.5	—	16.5	15	7.5	2.5	5
高颐阙阙身	19 或 19.25	—	12	11.5 或 12	6.5	2.25	3.25
高颐阙子阙	15.5 或 14.5	—	10	8.5 或 9	2.0	4.5	2.5
平杨府君阙身	19.5	—	12	9	4.5	1	3.5
冯焕阙	16 或 17	—	11	9	4	2.25	2.75
沈府君阙	16.5	—	9.5	7.5	2.5	2	2.5
拦水坝阙	19 或 11.5(侧)	—	13.5 或缺(侧)	11.25 或 11.5 或 11(侧)	5.5 或 4.5(侧)	1.25 或 2.5(侧)	4.75 或 4(侧)
赵家坪南阙	20.5	—	15	6.75 或 7	4.5	0.25(？)	2
赵家坪北阙	17 或 16.5(侧)	—	12	7 或 7.5	5	0.5	1.5
王家坪阙	17	—	12	8	4	1.25	2.75

14. 散斗尺寸（厘米）

	斗宽	底宽	通高	耳高	平高	欹高
二杨阙	22	15	14 或 15	6	4.5	4.5
高颐阙阙身	17	8 或 9	11.5 或 11	6 或 5.25	2.25	3 或 3.25
高颐阙子阙	14.25	9.5	7.5 或 8.25	3.5	2.75	2
平杨府君阙阙身	15	7.5	缺	缺	缺	缺
平杨府君阙子阙	14	9	8.25 或 8.5	4.5	0.75	3.25
冯焕阙	16	11.25	8.25 或 9	耳+平=6.75		2.25
沈府君阙	17 或 20.25(侧)	12 或 10.25(侧)	9.5 或 6.75 或 7(侧)	4.5 或 2.5(侧)	2.25 或 2.25(侧)	2.75 或 2(侧)
拦水坝阙正面	18.75	14.5	10 或 11	2.25	3.5	4.25
拦水坝阙侧面	20	12	9.25 或 9.75	4	1.5	3.75
赵家坪南阙	20.25	15.5	7 或 7.25	耳+平=4.5		2.5
赵家坪北阙	16	12	缺	缺	缺	缺
王家坪阙	16.5	11.25	7.5	耳+平=5		2.5

15. 蜀柱尺寸（厘米）

	高	下宽	上宽
二杨阙	7	12	缺
高颐阙阙身	6.5	11 或 10.5	10
高颐阙子阙	4.5	8 或 7	缺
平杨府君阙阙身	缺	7	缺
平杨府君阙子阙	6	缺	缺
冯焕阙	6.25	9 或 9.5	缺
沈府君阙	5.9	12	缺
拦水坝阙	17	13.25 或 13.25(侧)	9.25 或 11.5(侧)
赵家坪南阙	—	—	—
赵家坪北阙	19.75	11.75 或 11（侧)	缺
王家坪阙	4.5	7 或 7.5(侧)	缺

16. 栱尺寸之一（正规栱）（厘米）

	栱长	栱高	栱身高	栱头高	栱头宽
高颐阙阙身	48.75	11.5	7.5	4	8
高颐阙子阙	44	9.75	6.5	2.75	6
平杨府君阙阙身	46	缺	缺	缺	缺
平杨府君阙子阙	37	9.5	6	4	5.5
冯焕阙	46	10	7	6	8.5
沈府君阙侧面	67	16	9.25 或 7	—	7.25
赵家坪南阙	43	10	6.75	5.5	7
王家坪阙	46.75	10	缺	4.5	缺

17. 栱尺寸之二（弯形栱）（厘米）

	栱长	栱高	栱身高	栱头宽
二杨阙（正）	61	缺	缺	缺
二杨阙（侧）	104	14.5	12.5	15
高颐阙阙身（正）	51	12.25	7.25	9
高颐阙阙身（侧）	52	缺	7.5	8
平杨府君阙阙身（正）	56.5	14	10.5	7.5
平杨府君阙阙身（侧）	43	13.5	7.5	8
冯焕阙（侧）	73	15	9	8.5
沈府君阙（正）	72.75	11	8.25	9.75
拦水坝阙（正）	缺	缺	8.25	缺
拦水坝阙（侧）	66	13.5	8	8.25
赵家坪南阙（侧）	85	13	6.5	10.5
赵家坪北阙（北）	56	缺	缺	12
王家坪阙（侧）	81.5	缺	缺	7.5

18. 栱中面之枋尺寸（厘米）

	宽	高
二杨阙	6.5	7.0
高颐阙阙身	5.0	7.0
高颐阙子阙	4.75	4.75
平杨府君阙阙身	缺	8.5
冯焕阙	9.0	9.0
沈府君阙	9.75	11.5
拦水坝阙	10.0	12.25
赵家坪南阙	7.0	9.0
赵家坪北阙	11.0	7.5
王家坪阙	7.5	9.5

19．现存阙顶尺寸（厘米）

	高	面阔	进深	正脊长	脊高
二杨阙	30	326	176.5	180	
高颐阙阙身	117	376	280	115	54
高颐阙子身	38	166	166	61	
平杨府君阙身	53	370	292	194	
平杨府君子阙	缺	140 或 139	148 或缺	80 或 87	
冯焕阙	缺	285	121.5	141	
沈府君阙	52	368	203	154	
拦水坝阙	38	302	209	110	

20．瓦垅、瓦当尺寸（厘米）

	瓦垅中距	瓦当直径	瓦厚
高颐阙阙身	40，42，43，45，46，47，50	14，15	5.6
平杨府君阙身	缺	10，12.5	缺
冯焕阙	缺	缺	2
沈府君阙	缺	12.5	2
拦水坝阙	缺	14	2.5

21．阙体通高尺寸（自阙身下皮，至现存屋顶最高点）（米）

二杨阙	4.735	（内自阙身下皮至屋顶下皮 4.470）
高颐阙阙身	5.465	（内自阙身下皮至屋顶下皮 4.115）
平杨府君阙阙身	3.955（？）	（内自阙身下皮至屋顶下皮 3.855）
冯焕阙	4.380（？）	（内自阙身下皮至屋顶下皮 3.820）
沈府君阙	4.600	（内自阙身下皮至屋顶下皮 4.020）
拦水坝阙	4.420	（内自阙身下皮至屋顶下皮 4.040）
赵家坪南阙	3.955	（内自阙身下皮至屋顶下皮 3.955）
赵家坪北阙	4.170	（内自阙身下皮至屋顶下皮 4.170）
王家坪阙	4.185（？）	（内自阙身下皮至屋顶下皮 4.185）